Is the Present the Key to the Past or the Past the Key to the Present?

현재는 과거의 열쇠인가? 과거가 현재의 열쇠인가?

James Hutton and Adam Smith versus Abraham Gottlob Werner and Karl Marx in Interpreting History

아담 스미스와 제임스 허턴의 역사해석

vs.

칼 마르크스와 아브라함 고틀로프 베르너의 역사해석

저 자 **알리 메메트 세랄 셍괴르** (Ali Mehmet Celâl Şengör)

옮긴이 **이철우, 고주영**

충북대학교 출판부

현재는 과거의 열쇠인가?
과거가 현재의 열쇠인가?

아담 스미스와 제임스 허턴의 역사해석
vs.
칼 마르크스와 아브라함 고틀로프 베르너의 역사해석

저 자 | 알리 메메트 세랄 셍괴르 (Ali Mehmet Celâl Şengör)
역 자 | 이철우, 고주영
발행처 | 충북대학교 출판부
발행인 | 정의배
주 소 | 28644 충북 청주시 서원구 충대로 1 (개신동)
전 화 | (043) 261-2952, 3014
팩 스 | (043) 274-1256
이메일 | presscbu@chungbuk.ac.kr
등 록 | 제1983-2001-7호
초판1쇄 | 2023.2.28
인쇄처 | 다해 (02-2266-9247)

* 이 저서는 2022학년도 충북대학교 국립대학 육성사업에 의하여 지원 발행되었음.

ISBN 979-89-7295-543-6 93450

값 16,000원

A.M.C. Şengör
İ.T.Ü. Maden Fakültesi
Jeoloji Bölümü
Ayazağa 80626
İstanbul, Turkey

SPECIAL PAPER
355
Geological Society of America
3300 Penrose Place
P.O.Box 9140
Boulder, CO 80301-9140
USA
2001

* 한글판의 출간을 허락해 준 미국지질학회(The Geological Society of America, Inc., GSA)에 깊이 감사드립니다.
* 죤 클럭(John Clerk of Eldin)의 그림 세 점(geological drawings)을 한글판 그림3에 활용할 수 있도록 허락해 준 저작권자 로버트 클럭 경(Sir Robert M Clerk Bt.)께 깊이 감사드립니다.
* 한글판의 표지와 그림2에 실린 아담 스미스와 제임스 허턴의 이미지 자료를 제공해 준 스코틀랜드의 국립 초상화 미술관(National Galleries Scotland, Portrait Gallery)에 감사드립니다.
Two images in the upper row on the front cover (Left: Adam Smith,1723 - 1790. by Unknown Artist; Right: James Hutton, 1726 - 1797. by Sir Henry Raeburn) are owned by National Galleries of Scotland. Those were given by J.H. Romanes 1945 / Purchased with the aid of the Art Fund and the National Heritage Memorial Fund 1986.

아리프 샤를라와
도날드 B. 맥킨타이어에게
감사하며......

가설이 잘못되었다는 사실은
아무런 해도 끼치지 않기 때문에
틀린 가설이라도 있는 편이 가설이 없는 상태보다 낫다 ;
그렇지만 틀린 가설이 널리 받아들여지고 사회에 깊이 뿌리내려
아무도 의심하지 않는 일종의 신념이 됨으로써
가설을 문제 삼는 사람이 없어지면,
그 가설이야말로 수 세기 동안 인류를 고통스럽게 만드는
진짜 악이 된다.

요한 볼프강 폰 괴테, 1829[1]
Johann Wolfgang von Goethe, 1829

차 례

---

* 미주(본문에서 1, 2, 3 … 로 표기)는 저자의 설명이고, 각주(본문에서 1), 2), 3) … 로 표기)는 옮긴이(고주영)의 설명이다.

머리말

나는 이 논문에서 암석과 지층으로부터 지구 역사를 재구성하는 지질학 연구의 철학적 기초를 고찰하고자 한다. 이 주제에 관한 나의 관심은 초등학생 시절에 싹텄다고 할 수 있다. 왜냐하면 그 시절에 나는, '지층과 암석을 어떻게 연구해 왔을까?'라는 궁금증으로 어렴풋하게나마 지질학사에 호기심을 품었기 때문이다. 지질학사에 관한 나의 막연한 관심은, 지질학도로서 실제 연구를 수행하는 동안 연구 활동을 뒷받침하는 철학의 중요성을 깨달으면서 진지한 모색이 되었다. 다시 말해, 뉴욕 주 올버니(Albany)의 뉴욕주립대학 재학 시절 나는 버크(Kevin Burke) 교수의 격려 덕분에 이런 철학지식의 중요성을 명확히 깨달았다. 그 시절에 나는, 지질학자들은 야외조사에 나가기 전에 누구나 어떤 가설을 머리에 그려두고 있어야 한다는 견해를 열렬히 지지하였다. 나는, 지질학자들은 자신이 생각한 가설이 맞는 지 틀리는 지 알아 볼 목적으로 야외조사에 나간다고 생각하였다. 그 당시 대다수 지질학자들의 견해는 이와 달랐다. 그들에 따르면, 지질학자들은 열린 마음으로 다시 말해 *백지상태(tabula rasa)*와 다름없는 마음가짐으로 야외조사에 임해야 하며 야외에서의 관찰을 기초로 여러 가지 작업가설을 이끌어 내려고 노력해야 한다. 나는 그런 견해를 받아들이기 어려웠다. 나는 지질학자들이 그런 방식으로 일한다고 믿지 않았다. 내가 보기에 그런 식의 연구는

사실 짜 맞추기(post factum)에 불과했다. 지질학사를 훑어보면, 지질학자들은 크게 두 부류로 나뉜다. 곧, 자신들이 신중히 고찰해 온 가설을 야외조사를 통해 검증한 다음, 필요한 경우 생각을 바꿀 줄 아는 지질학자와 그렇게 할 줄 모르는 지질학자. 나는 버크(Kevin Burke) 교수와 듀이(John Dewey) 교수가 내 견해를 지지하고 있음을 알았으나, 우리와 같은 견해를 지닌 사람들이 아주 소수일거라고 생각했다. 내가 버크 교수에게 이런 생각을 내비쳤을 때, 그는 "그렇지 않네! 과학철학 전체가 우리 편일세. 포퍼(Popper)의 저서를 꼭 읽어 보게." 라고 말했다.

나는 그 때까지 포퍼에 대해 들어 본 적이 없었다. 버크 교수는 자신이 갖고 있던 브라이언 매기(Bryan Magee)의 **칼 포퍼**(Karl Popper, 1973)라는 책을 나에게 빌려줬다. 매기의 저서는 나에게 커다란 깨달음을 준 책 가운데 하나다. 그 책을 읽은 후, 나는 대학 구내서점에서 포퍼의 저서들이 눈에 띄는 대로 모두 사서 읽었다. 놀랍게도 내가 읽은 포퍼의 저술에서는 다윈의 진화론을 과학적인 가설이 아니라 형이상학적 주장으로 다뤘다. 포퍼 자신이 여러 번 강조한 바와 같이, 다윈의 진화이론에 대한 그러한 접근방식이 다윈의 진화이론에 관한 이성적인 토론을 부질없는 논의로 만들지는 않는다. 포퍼의 고찰에 따르면, 다윈의 진화이론은 검증될 수 없기 때문에 형이상학적이다. 나는 포퍼가 그렇게 믿었다고 결론지었다. 왜냐하면, 포퍼는 역사의 본질에 대한 그의 위대한 통찰[1]에도 불구하고 다음과 같은 흄의 주장 곧, "*우리가 아직껏 경험하지 못한 사례*(미래)*가 우리가 경험한 사례*(과거)*와 닮았다*는 점을 증명해 주는 *확정적인* 논증은 있을 수 없다"라는 명제에 담긴 현재를 중심으로 한

---

1) "역사 자체는 목적도 의미도 없지만 우리는 거기에 의미와 목적을 부여하는 결심을 할 수 있다. 우리는 우리 운명의 제작자가 되어야 한다. 역사는 그것을 절실히 바라고 있다."(The Poverty of HIstoricism, 1957), (한글판: 칼 포퍼 저, 이한구, 정연교, 이창환 옮김, 2016, 역사법칙주의의 빈곤, 철학과현실사),

시간의 완벽한 대칭성[2]이 역사 재구성에 부여하는 의미를 제대로 파악하지 못했기 때문이다. 내가 이 논문에서 주장하듯이, 나는 역사 서술은 가설적이어야 하고 물리학이나 화학처럼 과학적이어야만 한다고 믿었다. 그렇지만 포퍼는, 과학은 일반성(특히 법칙)을 다루며 역사는 개별적인 사실을 다룬다는 신칸트주의 철학자 하인리히 리케르트(Heinrich Rickert)의 관념에 동의하였다. 따라서 포퍼는 흄의 법칙의 대칭성과 그 함축성을 제대로 이해하지 못했다. 포퍼의 해석에 따르면, 지질학은 과학이 아니라고 할 수도 있다. 그러나 나는 지질학자들이 물리학자들만큼 많은 이론을 정립했고 검증했다고 알고 있다. 이와 같은 예는 진화생물학 분야에서도 볼 수 있다. 그랜트 부부(Paul & Rosemary Grant)의 갈라파고스 되새(Galapagos Finch)에 관한 최근 연구는 독창적인 방식으로 다윈 진화이론의 예측능력을 다시 입증해 주었다. 위웰(Whewell)이 지칭한 바와 같은 전체적인 맥락에서, 여러 사실을 결합시켜주는 '개념'은 모두 가설적이며 동시에 검증될 수 있는 특성을 지닐 수 있다.

나는 아담 스미스의 경제사관과 제임스 허턴의 지구역사관을 비교 검토해 보고 나서 흄이 말한 시간의 대칭성(흄의 법칙)과 그에 대한 이해의 중요성에 관심을 갖기 시작하였다. 로이 포터(Roy Porter)가 "***지질학의 형성***"(*The Making of Geology*)에서 허턴과 스미스의 사고방식을 비교하고 흄의 철학에 대한 그들의 관계를 밝히기 이전에도, 나는 오랫동안 그들의 유사성에 깊은 인상을 받았다. 그러나 허턴과 스미스 그리고 베르너와 마르크스 등은 흄의 법칙의 대칭성(또는 대칭성의 존재자체)을 파악하지 못한 채 자신들의 이론을 정립했다. 나는 이들의 이론을 비교 검토하고 다음과 같은 결론을 내렸다. 많은 학생들이 배웠던 지질학사에서의 대립적인 견해 곧, 수성론 대

---

2) 우리가 미래에 대해 잘 알 수 없는 것과 마찬가지로 과거에 대해서도 잘 알 수 없다는 의미, 곧 현재를 기준으로 과거와 미래 모두 똑같이 제대로 이해하기 어렵다는 뜻에서 서로 대칭이라 할 수 있다.

화성론, 격변론 대 균일론, 부동론 대 변동론이라는 전통적인 대립 이론은 모두 지질학뿐만 아니라 인간의 모든 사고의 밑바탕에 깔린 인식론적 이분법에 그 뿌리를 두고 있다.

1997년에 스코틀랜드의 에딘버러에서 개최되었던 허턴 서거 2백주기 기념 학술회의의 발표를 준비하면서 이 논문을 집필하기 시작하였다. 매킨타이어(Donald B. McIntyre)씨의 주선으로 초대받았던 그 학술회의에서 나는 처음으로 이 논문의 기본 개요를 제시했다. 그 후에 독일의 마인쯔에서, 구체적으로 얘기하면 내 친구 크로너(Alfred Kroner) 교수를 기리는 특별 심포지움에서 비슷한 요지를 발표하였다. 이 논문은 독일 마인쯔에 위치한 요하네스-구텐베르크대학의 우베 링(Uwe Ring) 박사와 미국지질학회의 과학편집자인 아비짓 바수(Abhijit Basu) 교수의 격려와 도움에 힘입어 출판될 수 있었다.

이 논문은 요약이라 할 수 있다. 이 논문에서 다루는 개념은 내가 여기서 제시한 내용보다 훨씬 더 복잡하다. 내가 보기에, 그리고 이 논문을 검토했던 사람들이나 이 논문내용이 처음으로 발표될 당시에 편집자가 적절하다고 여겼던 짧은 지면으로는 내가 검토했던 역사적인 관련사항과 그 원전을 모두 자세히 제시할 수도 없었고, 이들 자료와 관련된 모든 철학적 토대와 그 함축적 의미를 제대로 논의하지도 못했다. 그러나 나는 제한된 지면으로나마 독자들이 내 주장의 근거를 이해할 수 있을 만큼 간결하고 충실하게 기술하려고 노력하였다.

2001년 2월 19일
튀르키예의 이스탄불에서
A.M.C. 셍괴르

요약

현재는 과거의 열쇠인가, 아니면 과거가 현재의 열쇠인가?

아담 스미스와 제임스 허턴의 역사해석 vs. 칼 마르크스와 아브라함 고틀로프 베르너의 역사해석

A.M.C. Şengör

İ.T.Ü. Maden Fakültesi. Jeoloji Bölümü. Ayazağa 80626 İstanbul. Turkey

역사가는 기록으로 보전된 사물로부터 과거를 재구성한다. 우리가 과거의 사건을 모두 알아 낼 수 있다고 추정하는 소박한 관점은 다음과 같은 두 가정에 근거를 두고 있다. 첫째 과거에 존재했던 모든 대상들이 보존되었으며, 둘째 이미 밝혀진 지식을 활용하여 과거 사건의 전체 모습을 알아 낼 수 있다. 그런데 우리가 '무언가 안다'는 사실을 과연 어떻게 확신할 수 있을까? 이 질문에 대해, 소크라테스 이전부터 사람들은 "관찰에 근거한 이성적 비판을 통해서"라고 대답해 왔으나, 이러한 초기의 통찰은 데이비드 흄(David Hume)이 귀납적인 추론의 오류를 밝혀내면서 그 의미를 잃어 버렸다.

경제학자 아담 스미스(Adam Smith)와 지질학자 제임스 허턴(James Hutton)은 현재와의 비교로부터 역사(과거)를 해석하기 시작해야 한다고 보았다. 곧 아담 스미스는 동시대 사람들의 행동과 시장 발달의 조건에 관한 이해를 바탕으로 경제사를 저술했으며, 제임스 허턴은 현재의 자연 현상에 대한 관찰을 바탕으로 지구 역사를 기술했다.

이와 대조적으로, 지질학자 아브라함 고틀로프 베르너(Abraham Gottlob Werner)는, 전 세계 바다가 점진적으로 축소된다는 그 당시의 주류 가설을 옹호하고 더 발전시키고자 연속적인 지층은 바다가 축소되면서 점진적인 퇴적작용이 일어난 결과로 해석된다고 가르쳤다. 한편, 최후의 구원이라는 개념을 제시한 경제사학자 칼 마르크스(Karl Marx)는, 경제사를 원시사회로부터 자본주의를 거쳐 공산주의 사회에 이르는 인간사회의 불가피한 전진적 진화과정[1]으로 보았다. 발전된 사회의 초기단계에 머물러 있는 몇몇 저개발사회를 모델로 삼아 마르크스가 고찰한 내용을 제외하면, 베르너와 마르크스는 그들이 조사 연구했던 현상들의 최종단계만이 연구에 직접적인 도움이 된다고 가정했다.

베르너와 마르크스는 교육에 열성적이었다. 그들은 귀납적 추론을 통해 역사적 진화이론을 발견했으며 - 비록 그들이 자신들의 의도와 달리 방법론이나 개념 양쪽에서 종교적 편견을 드러냈지만 - 그 진화이론의 내용을 맞춰볼 필요가 있을 경우에만 추가적인 관찰이 필요하다고 가정했다. 반면에 허턴과 스미스는 과거에 발생했던 사건의 실상을 알아내고자 애썼다. 대담한 유추와 치열한 논쟁을 거듭하면서 진보하는 과학은 관찰내용과 가설(이론)[2]을 잠정적으로만

---

1) 마르크스의 역사관 용어로는 진보사관(進步史觀) 혹은 사적 유물론(史的 唯物論, Historical Materialism).

2) "과학계에서 사용하는 가설, 이론, 법칙 등과 같은 용어는 헷갈릴 수 있기 때문에 이 책에서는 가장 일반적으로 받아들여지는 의미에 초점을 맞추었다. 가설이란 비교적 제한적인 현상에 대해 현재의 증거에 근거하여 제시하는 설명이다. 가설은 또한 실증적으로 검증(또는 반증)할 수 있어야 한다. 예를 들어 계층적으로 구성된 관계 패턴(분기도)에서 종 A가 종 C보다 종 B와 더 밀접한 관계의 공통 성질을 보인다고 하자. 일반적인 형태의 계보는 비교적 안정적이지만, 비슷하게 생긴 관련된 종의 계보는 새로운 특징에 관한 정보 또는 새로운 종이 발견되거나 기존의 정보가 새로운 방법으로 분석되면 자주 변경될 수 있다. 이론은 보다 많은 부분으로 이루어진 폭넓은 현상에 대한 일반적인 설명이다. 보통 이론은 가설보다 포괄적이고 반증하기도 더 어려운데, 반복된 관찰로 여러 차례에 걸쳐 확인된 것이기 때문이다. 이론은 엄밀히 말해 법칙과 다른데, 가끔 법칙으

수용하곤 한다. 과학의 이러한 특성에 대해 허턴은 다음과 같이 언급했다. "과학의 진보과정에서 사실과 오류는 서로 다투게 마련이다. 자연철학(자연과학) 내에서 진리가 정립될 가능성은..... 과학이 잘못된 개념을 제거해 내는 능력에 비례할 뿐이다."

스미스와 허턴이 현재를 통해 역사(과거)를 해석한 반면에, 베르너와 마르크스는 역사(과거)를 통해 현재를 해석하였다.

로 표현되기도 한다. 그 예로 중력이론, 자전설, 상대성이론, 자연선택에 의한 진화론 등이 있다. 과학적 법칙은 사물이 특정 조건하에서 예외 없이 항상 어떻게 움직이는지를 설명한다. 가장 간단한 예는 A=B, B=C, A=C이다." (Lance Grande, Curators: Behind the Scenes of Natural History Museums, 2017, 399~400p)(한글판: 랜스 그란데(김새남 옮김), 2019, 큐레이터 : 자연의 역사를 읽는 사람들, 소소의책)

Is the Present the Key to the Past
or the Past the Key to the Present?

1. 서론

1. 서론

이 논문의 주제는 역사서술의 기본원리다. 이 논문에서는 실제론(實際論, actualism)을 *고인과학*(*古因果學; palætiological sciences*: 그리스어의 παλαιος, old 와 αιτια, cause에서 유래; Whewell, 1840, p.95을 참조)이라는 일반적인 역사과학(Whewell, 1837, p.481-482)의 틀 안에서 논의한다. 그러한 논의를 통해 실제론이 지식의 증진에 관한 비판적이며 합리주의적인 관점의 산물임을 입증함으로써 실제론의 빛나는 성과를 보여주고자 한다. 이런 목적을 달성하기 위해 나는 먼저 역사적 지식의 성격이 이론적인 비역사적 지식과 본질적으로 크게 다르지 않음을 입증하였다. 다시 말해, 역사적 지식과 이론적인 비역사적 지식이 모두 대개 불완전한 자료 집합에 근거를 두고 있다는 점에서 서로 다르지 않음을 밝혔다. 그 다음, 나는 지식의 본질을 밝히기 위해, 그리고 실제론이 지질학의 중심 가설로 받아들여지게 되었을 당시의 실제론의 철학적 배경을 강조하기 위해 지질학자 두 분과 경제사가 두 분의 견해를 비교분석하였다. 이 분석을 통해, 나는 관찰대상과 사건의 원인을 고려하지 않은 채 대상의 관찰과 기술에만 의존하는 귀납을 통해 과학적 지식을 얻을 수 있다는 견해("실증주의는 귀납적 사고의 일반화에 지나지 않는다"는 포퍼의 주장을 참조; Popper and Kreuzer. 1986, p.30; Şengör, 1996, note 19도 참조), 곧 *실증주의*(*實證主義, positivism*)가 흔히 역사학에서 비실제론적 방법을 초래한다는 주장을 이끌어 냈다. 반면에 *비판적 합리주의*(*批判的 合理主義, critical rationalism*), 곧 어떤 근거에 의해서든 연구대상의 어떤 특성에 대한 가설을 설정하고 그 가설을 관찰내용에 비추어 검증함으로써(가설의 설정과 검증은 근본적으로 다음 질문, "어떻게 발생하는가 또는 어떻게 발생했는가?"라는 질문에 답하기 위한 시도다; Popper, 1935, 1980) 과학적 지식이 진보한다는 사고는 실제론으로 연결된다.

이 논문에서의 인용 가운데 정방형의 괄호 안에 이탤릭체로 된 부분은 원저의 내용이 아니라 추가한 보충설명(대개는 본 논문 저자의 주석)을 가리키며, 정방형의 괄호로 둘러싸인 숫자는 재인쇄, 재출판 또는 재판 간행 연도를 나타낸다.

Is the Present the Key to the Past or the Past the Key to the Present?

2. 실제론과 균일론

2. 실제론과 균일론

2.1 정의와 의미

이 책에서, 실제론(實際論, actualism)이란 용어의 의미는 옥스퍼드 영어사전(Simpson and Weiner,1989)의 actual(실제의)에 대한 다음과 같은 정의를 근거로 삼았다.

> "Actual(실제의): ① 행위나 사실로 존재하는; ② 정말로 행해졌거나 행해지는; ③ 실행된, 진짜의; ④ 잠재적으로 있을 법한, 가능한, 가상적인, 이론적인, 이상적인 것에 대한 정반대; ⑤ 특정 시점, 곧 지금 작동 중 또는 존재하는."

따라서 지질학에서 실제론(實際論, Actualism)은, 과거의 모든 지질학적 작용이 현재의 모든 지질학적 작용과 유사하다고 주장하는 가설에 해당한다. 이것이 실제론에 관한 일반적인 이해다(예를 들면, Visser, 1980, p. 1; Solov'ëv, 1985; Jackson, 1997).

이와 대조적으로, *균일론*(均一論, Uniformitarianism; Whewell, 1832, p. 126)은, 지구가 형성된 이후 지금까지 지질학적 과정의 특성과 변화속도가 크게 다르지 않았다고 보는 가설이다. 균일론은 지질학적 현상이 표준적인 상태와 변화속도에서 어느 정도 벗어나는 경우가 있더라도 지구는 항상 정상상태에 있다고 본다(e.g. Dott, 1969, p.140; Rudwick, 1971; Visser, 1980, p.1; Solov'ëv, 1985; Jackson, 1997). 찰스 라이엘(Charles Lyell)이 활동했던 19세기에도 "자연법칙은 과거의 모든 시간에 걸쳐 균일하게 작용해 왔다"고 가정했다. 그리고 위의 가정에 따라, 지각이 용융상태에서 형성되기 어려울지라도, 지각의 형성은 혁신적이거나 격변적인 과정이 아닌 이러한 법칙의 균일한 작용에 의한 결과로 보아야 한다는 가정이 제시되었다(e.g., Page, 1865, p.449-450; 대륙 전체에 걸친 홍수도 라이엘 자신이 인정한 바와 같이 균일론으로 볼 수 있다 [Lyell, 1830, p. 89]).

커다란 혜성 또는 운석의 지구 충돌과 같은 격변적인 사건을 (e.g., Alvarez et al., 1980; Hsü, 1980, 1987, 1989; Olsen, 1986; Prinn and Fegley, 1987; Marvin, 1990; Sharpton and Ward, 1990; Sharpton et al., 1993; Rocchia et al., 1996) 제외하면, 균일론과 실제론이란 두 용어는 대부분 비슷한 의미다. 아주 예외적으로 보이는 격변적인 사건도 장구한 시간의 관점에서 보면, 실제론적인 사건이지, 균일론적인 사건은 아니다. 시생누대[1]와 현재를 비교해 보면, 시생누대에는 달이 지구에 근접해 있었으며 지구의 자전속도가 빨랐고, 태양으로부터 지표에 도달하는 단위 면적당 에너지는 약 25% 정도 적었다. 그 당시 지구내부로부터 지표로의 열전달속도가 현재보다 거의 6배 정도 빨랐기 때문에 판의 움직임도 빨랐으며 이에 따라 판의 경계부 길이가 길었고, 결과적으로 지금보다 판의 크기는 작고 숫자는 많았다. 초염기성 암석[2]인 코마타이트(komatiites)와 같은 독특한 암석이 형성되었고 커다란 대륙은 존재하지 않았으며 일반적으로 생명체 또한 드물었다(시생누대의 특성에 대한 요약은 Burke (1997)을 참조). 이처럼 시생누대의 지구는 여러 면에서 오늘날의 지구와 상당히 다르기 때문에 시생누대의 환경은, 오늘날의 기준으로 보면, 비실제적인 환경으로 볼 수 있을 정도이나 육상식물이 광범위하게 출현한 이후의 지구환경은 오늘날과 상당히 유사하게 되어 실제적인 환경으로 볼 수 있다 (cf. Lyell, 1830, p. 75). 그렇지만, 다양한 환경조건에서 진행된 지구의 진화는 비균일론적이다. 따라서 앨러비와 앨러비(Allaby and Allaby, 1990, p.389)가 지적한 바와 같이, 균일론과 실제론이란 두 용어를 서

---

1) 시생누대(Archean Eon, 始生累代). 지구 형성초기의 시대를 말하며 구체적으로는 40억년 전에서 25억년 전까지의 시기를 가리킨다. 과거에는 시생대라 하였다.

2) 초염기성 암석(ultramafic rocks). 마그네슘과 철 원소가 많은 광물로 주로 구성된 암석으로 어두운 짙은 색을 띤다. 주로 지각 아래의 맨틀 상부에서 기원한 암석으로 알려져 있다. 감람암이 대표적인 초염기성암이다.

로 호환하여 사용하는 것은 적절치 않다(실제론과 균일론의 차이점과 각각의 역사적 흐름은 솔로베브(Solov'ëv, 1985, p. 108-109)의 저술에 잘 설명되어 있다). 사실, 허턴(Hutton)과 라이엘(Lyell)은 적어도 1859년 이전에는 실제론과 균일론의 차이를 인식하지 못했거나 그 차이가 중요하다고 생각하지 않았다. 왜냐하면 그들은 선캄브리아 시기[3]의 지구 환경을 알 수 없었으므로 그들은 모두 실제론자이면서 균일론자가 될 수밖에 없었다. 이 논문에서는 여러 용어를 사용하지 않으려고, 달리 지적하지 않는 한 위와 같은 실제론과 균일론의 두 개념을 모두 실제론으로 표기하였다. 실제론과 균일론의 차이를 강조해야 할 경우에만 두 용어를 구별하여 사용하였다.

실제론은 어떤 특정한 과정을 의미하지 않는다. 우리가 현재의 자연작용을 이해하면 이해할수록, 실제론은 더욱 다양한 과정을 포함하게 된다. 예를 들면, 북미대륙에 존재했던 거대한 빙하호[4]의 붕괴와 그에 따라 발생할 수 있는 엄청난 홍수와 같은 격변적인 사건이라 하더라도 현재 자연계의 구조를 설명하는 것이라면, 라이엘(Lyell)은 기꺼이 그런 격변적 사건을 자신의 사고틀(균일론) 안에서

---

3) Precambrian time. 고생대 캄브리아기(5억 3천 8백만년~4억 8천 5백만년 전) 보다 앞선 시기를 하나로 묶어서 표현한 비공식적인 용어. 곧 고생대 보다 앞선 지질시대를 모두 포함하는데, 이 시기는 명왕/하디안 누대(Hadean Eon, 45.6억~40억 년 전), 시생누대(Archen Eon, 40억년~25억년 전), 원생누대(Proterozoic Eon, 25억년~5억 3천 8백만년 전)로 나뉘며 생물체 화석이 흔치 않으나 시간 길이로는 지구역사의 대부분(80%)을 차지한다. https://stratigraphy.org/ICSchart/Chronostrat Chart2022-10.pdf 참조.

4) 빙하호: 대륙빙하가 녹은 물(융빙수)이 빙하에 의해 막혀 형성된 호수. 빙하호의 댐 역할을 하는 골짜기의 빙하가 녹아 붕괴되면 막대한 양의 호수 물이 일시에 하류지역으로 쏟아져 내려가 거대한 홍수를 일으켰다. 이러한 초대규모 홍수(mega flood)-현재 미시시피강이나 아마존강에서 유출되는 물의 양보다 최소 100배 이상의 유량이 일시에 방출되는 홍수-가 마지막 빙하기 말에 북미대륙과 유라시아 대륙에서 발생하였다. 빙하호 붕괴에 의한 거대홍수의 대표적인 사례는 미술라 홍수가 있다(the Missoula floods; 참조 https://en.wikipedia.org/wiki/Missoula_floods).

고려했을 것이다. 허턴(Hutton, 1788, p.242)도 그의 실제론적 세계관 안에서 메시나절(節) 염도이상(Messinian 鹽度異常)5)에 대한 착상을 다음과 같이 예견하지 않았는가?

> "자, 지브롤터(Gibraltar)의 좁은 해협을 가로질러 지중해와 대서양을 분리시키는 암층이 있다고 가정하자(이런 가정은 충분히 가능하다). 그러면 지중해의 수분 증발량이 지중해로 유입되는 물의 양보다 많기 때문에 지중해 바닥은 확실히 소금으로 가득 차게 될 것이다".

굴드(Gould, 1965), 호이카스(Hooykas, 1963, p.3-4 및 1970, p.7-9), 그리고 루드윅(Rudwick, 1971) 등이 설명한 여러 가지 균일론은, 허턴이나 라이엘이 생각했던 균일론과 부분적으로만 연관된다. 왜냐하면, 허턴이나 라이엘은 모두 전지구적이거나 그에 버금가는 규모로 발생했으며 매우 급격하게 진행되었던 정말로 격변적인 차원의 사건들("오늘날 흔히 볼 수 있는 사건들과는 판이하게 다른 사건이면서 엄청난 규모로 진행되므로 *"격변적 재난"*으로 표현할 수밖에 없는 커다란 변화; Whewell, 1837, p.606, 및 1857, p.506, 이탤릭체 부분은 웨웰(Whewell)이 표기함)에 대한 가설적인 설명(격변론)을 반박하는데 관심을 기울였기 때문이다. 균일론자는, 오늘날 진행 중인 지질학적 과정으로 설명할 수 없는 지질학적 기록이 필연적으로 과거의 커다란 격변적 사건의 발생을 의미하지는 않음을 보여 주고자 노력했다.

루드윅(Rudwick, 1971)의 주장과 달리, 웨웰(Whewell, 1832, p.126; 1837, p.606-624; 1857, p.506-520)은 그런 논의를 격변론자 대 균일론자의 대

---

5) Messinian 鹽度異常: 지금으로부터 724.6만년 전부터 533.3만년 전 사이-이 시기를 메시나절(節)(Messian Epoch)이라 함-에 지브롤터 해협이 막히는 바람에 강으로부터 유입되는 물의 양보다 증발량이 많은 지중해에서 바닷물이 말라버려 지중해 해저에 최대 1km두께의 증발잔류암(암염층)이 형성된 사건을 가리킨다. 이 사건의 실체는 지중해에서의 심해저시추작업을 통해 얻은 증발잔류암층의 주상시료(core, 岩芯)로 입증되었다. 이에 관한 자세한 내용은 Hsü(1985)를 참조.

립논쟁으로 보았는데, 이는 두 진영의 사고를 충실히 반영한 것이다(Page, 1971, p.234; Zenger, 1986a, 1986b). 그 논의는 정상상태를 옹호하는 이론가인 라이엘과 정향론자(定向論者) 간의 논의와는 구분되었다(cf. Dott, 1969; Rudwick, 1971). 특히, 라이엘이 당시까지 알려진 지질학적 기록을 오늘날 발생하는 사건으로 아주 적절하게 설명할 수 있음을 사려 깊게 자세히 입증하였다고 보는 경우에 균일론은 환경조건의 시대적 변화를 인정하지 않는 정상상태 균일론이 되어 버리기 때문에 정상상태의 시대적 변화를 고려하는 정향론자의 균일론과 구별된다. 이러한 라이엘의 견해는, 격변론자들이 구상했던 다음과 같은 사례와 대비된다. 팔라(Pallas)의 착상에 따르면, 히말라야, 순다 열도 및 필리핀 열도의 갑작스런 융기로 인하여 매머드 및 털북숭이 코뿔소 사체들이 거대한 해파(海波)앞 쪽에 위치한 시베리아로 휩쓸려 들어가 버렸다(Pallas, 1796, p.158; Carozzi and Carozzi, 1991, p.32). 그리고 큐비에(Cuvier)는 화가 존 마틴(John Martin)이 그린 묵시록과 같은 *대홍수*(1826, 1828년에 동판으로 새긴 것은 Rupke, 1983의 그림 7을 참조하고, 1834년에 유화로 캔버스에 그린 것은 Borges, 1997, p.24-25를 참조) 그림을 찬탄하면서 대홍수 범람이 혜성의 도래에 의한 것이라는 휘스톤(Whiston, 1696)과 핼리(Halley, 1705)의 주장에 동조하기도 했다(Rupke, 1983a, p.77; 1983b. p.40을 참조)[2]. 그리고 레오폴드 폰 부흐(Leopold von Buch)는 알프스의 융기가 아주 급격히 일어나 원래 알프스 위에 있던 해수가 거대한 폭포처럼 흘러내려갔기 때문에 알프스 지역의 색다른 암편들이 스위스의 몰라세(Molasse) 평원을 가로질러 쥬라(Jura) 산맥의 꼭대기까지 한꺼번에 운반시켰다고 주장했다(von Buch, 1827)[3]. 또한 라이엘과 거의 동시대 인물인 엘르 드 보몽(Elle de Beaumont)은 안데스 산맥의 아주 갑작스런 융기로 발생된 쓰나미(해저 지진에 의한 해파; 津波라고 함)가 전세계로 퍼져나가 전대륙을 덮쳤으며 이것이 성서에 기록된 노아의 홍수라는 주장을 폈다. 이런 식으로 설명한 격변적인 사건은 라이엘과 허턴이 생각했던 실제론적 사건과 반대되는 비실제론적 사건의 예이다. 왜냐하면 우리들은 지금도 실제론적 사건의 작용을 여전히 관찰할 수 있기 때문이며, 우리가 실제론적 사건의 작용을 직접 관찰할 수 없을지라도 현존하는 지질학적 작용으로부터 합리적으로 유추할 수 있기 때문이다.

2.2 역사에서 비실제론적 사고의 종교적 기원

종교는, 선사 시대 사람들이 기억하는 유별난 사건이나 인물을 초자연적 사건과 인물로 변형시키고 아울러 그에 대한 기억으로부터 일상적인 사건들의 모습을 지우고 신화로 압축함으로써 형성되었다(Şengör, 2000). 예를 들어 낮과 밤의 순환, 달마다 반복되는 생리현상, 계절의 순환, 보다 긴 천문학적 순환 등 우리 주위에서 흔히 볼 수 있는 자연적인 순환에 의한 주기성을 중시하고 그 주기의 특성을 파악해 보려는 사람들의 성향 때문에 일반적으로 유별난 사건은 규칙적으로 반복되는 양상으로 설명된다. 따라서, 원시적인 종교는 드물게 발생하는 초자연적 사건과 비범한 인물로 뒤범벅된 비실제론적 이미지로 가득찬 세계역사를 만들어 냈을 뿐만 아니라, 오늘날 일어나는 현상으로부터 파악할 수 없는 인위적인 규칙성을 지닌 역사상을 만들어 냈다.

이러한 종교적 세계관에 대해 처음으로 의문을 가진 사람들은, 소크라테스가 활동하기 전인 기원전 6세기의 이오니아 학파 철학자 탈레스(Thales)와 아낙시만드로스(Anaximander)다(Burnet, 1930; Heidel, 1933; Kahn, 1960; de Santillana, 1961; Barnes, 1981, 1987; Blumenberg, 1987; Popper, 1989a, 1998; Schmitz, 1988; Conche, 1991; Heuser, 1992). 아낙시만드로스의 지구 역사에 관한(비신화적인) 현세적인 이론은 명백한 실제론적 요소를 지니고 있었으며, 신화에 의해 제시된 세계상보다 훨씬 덜 규칙적인 모습을 띠고 있다(Kahn, 1960, p.102-103, p.109-110에 실린 Aëtius, Alexander of Aphrodisias, Hippolytus, Pseudo-Plutach 및 Censorinus 등에 의한 증거들을 참조; 그리고 Heidel, 1921을 참조). 이와 반대로, 이후의 모든 종교

는 원시종교의 격변론적 관점과 규칙론적 관점을 물려받았다. 또한 종교적 세계관의 영향을 반영하는 모든 견해는 그 종교와 똑같은 모습을 지니고 있다(Şengör, 2000 참조). 나는 이 같은 견해를 고려하여 이 논문에서 다룬 네 학자의 종교적 배경과 개인적 신념 그리고 종교를 자주 언급하였다. 종교적 색채를 띤 실증주의적 세계관은, 자연에 관한 해석에서 종교적 귀의와 비견될 만큼 확고부동한 신념을 형성하는 경향을 보인다. 그런데 그러한 신념은, 사람들로 하여금 이오니아(Ionian) 학파가 제시한 비판적 합리주의적 접근방식을 따르지 못하게 만들어 버렸다(Popper. 1989a, 1998 참조).

3. 역사에 대한 정의

3. 역사에 대한 정의

역사는 세 가지 방식으로 정의될 수 있다. 그 가운데 가장 일반적인 정의로서, 이 논문에서 사용한 정의는 다음과 같다. 역사란 과거에 속하는 모든 대상과 사건을 포괄하는 것이다. 사건이란 "어쨌든 영속하는 어떤 것"이라는 의미에서, 당연히 모든 대상은 사건이기도 하다(Mandelbaum, 1938, p.222, 및 그 안에 인용된 참고문헌). 이 논문에서, 나는 실제로 일어난 일을 가리키는 경우 *사건*이라 하였고, 어떤 사건에 개입되는 실체를 *대상*이라 하였다. 어떤 방법으로든 우리가 접할 수 있는 과거의 대상과 사건들이 아주 작은 부분에 불과하다는 점은 분명하다. 그리고 우리는 그 제한된 사실을 바탕으로부터 제한된 내용만을 추론할 수 있다.

어떤 사람들은 역사에 대한 개념을 이처럼 알 수 있는 부분과 그것이 얘기해 주는 바에 한정시키고(예를 들면, Walsh, 1967. p. 16), 알 수 없는 부분은 모두 고려하지 않으려 한다. 이들은 어쩌면 "말할 수 없는 바에 대해서는 침묵해야 한다"라는 비트겐슈타인의 충고(Wittgenstein, 1922 [1990], p. 189)에 따라, 사람들이 쓸데없는 이야기로 여길 수 있는 내용을 다루지 않으려는 듯하다. 그런데 인간이 궁극적으로 알아 낼 수 있는 내용과 알아 낼 수 없는 내용이 무엇인지 우리들은 좀처럼 분간해 낼 수 없으므로, 나는 위와 같은 개념이 틀렸다고 생각한다. 역사적 실체는 어떤 시기에서든 우주의 움직임(자연)에 관한 우리의 이해를 바탕으로 정의될 뿐만 아니라, 우주의 움직임에 대한 우리의 이해가 끊임없이 변화한다는 사실을 바탕으로 정의된다. 따라서, 우리는 우리가 무엇을 알 수 있고 알 수 없는지 절대적으로 확신할 수 없다.

과거를 모두 합쳐 놓은 것으로 이해되는 역사의 또 다른 부분집합은 인간적인 것의 부분집합, 아니 훨씬 더 제한적으로 보면 사상의 역사다. 콜링우드(Collingwood, 1946, p.215)는 "모든 역사는 사상사"

라고 주장했다. 낭만주의 역사가인 레오폴드 폰 랑케(Leopold von Ranke)가 역사를 *문화과학(Kulturwissenschaft)*으로 분류한 이래, 대부분의 역사가들은 이 제한적인 관점에 찬동해 왔다(Mandelbaum, 1938, p.9). 역사(말하자면, 과거)를 연구하는 학문분야도 문화과학으로 지칭되나, 일부 학자들은 문자로 기록된 인간사회의 역사만이 문화과학에 적합한 대상이라고 여긴다(von Ranke, 1880 [undated], p. 17). 나는 이 논문에서 어떤 유형이든 역사적 연구(Whewell의 의미)로 말하자면 고인과학적(古因果學的, palætiological science) 연구의 모든 분과를 *역사분야 학문(historical principles)*으로 부름으로써, 역사(이를테면, 과거)와의 혼동을 피하고자 한다.

역사가 무엇인지 또는 역사는 어떠해야 하는지에 대한 논쟁은 그다지 유익하지 않다. 따라서 그 문제에 대해 더 이상 자세히 논의하지 않을 것이다. 그러나, 만일 인류와 인류가 만들어낸 사회가 과학적 조사연구 대상으로 여겨진다면, 로마제국의 역사 연구와 테티스海(Tethyan Ocean)1)의 역사 연구는 방법론에서 원칙적으로 어떤 차이도 있을 수 없다는 점을 지적하고자 한다. "역사는 과학이며, 그 이상도 그 이하도 아니다"(Walsh, 1967, p. 35에서 인용) 라는 베리(Bury)의 언명과 마찬가지로 나는 어떤 역사분야 학문도 지질학, 생물학 또는 물리학만큼 자연과학이라고 믿는다(Şengör, 1993). 이들 학문을 역사과학이라고 부를 것이나, 논의의 목적을 위해 자연과학(이 논문에서 간단히 과학으로 언급된 것)과 역사분야 학문(역사적 자연과학을 포함하여)을 따로 생각하여, 역사적 자연과학을 비역사적 자연과학과 구별하고자 한다. 이 논문에서 역사과학은 단순히 지질학과 생물학과 같은 역사적 자연과학을 가리킨다. 모든 자연적 역사과학을 포괄적으로 재치 있게 표현한 "자연사(Natural History)"라는 용어가 아주 적절

1) 인도양이 형성되기 이전 중생대에 곤드와나 대륙과 로라시아 대륙 사이에 있었던 바다. 참고: https://en.wikipedia.org/wiki/Tethys_Ocean

하게 고안되었음에도, 이 용어가 우리시대에 특히 영어권에서 매우 협소한(때로는 경멸적이기도 한) 의미를 갖게 되었으므로2) 이 논문에서 자연사라는 용어를 사용할 수 없었던 점이 못내 아쉽다.

2) 알파입자 산란실험으로 노벨화학상을 수상한 영국의 물리학자 어니스트 러더퍼드(Ernest Rutherford, 1871~1937)는 "자연과학은 물리학이거나 아니면 그저 우표수집에 불과하다(All science is either physics or stamp collecting)."는 유명한 경멸성 발언을 남겼는데, 그에 따르면 물리학과 같은 비역사적 자연과학은 '보편지식(일반법칙)'을 탐구하는데 반해 역사적 자연과학인 '자연사(Natural History)'는 개별적인 사례(현상)를 단순 기술하는 '특정지식'이므로 자연과학이라 볼 수 없다고 생각했다. 이에 관한 저자의 비판은 본문 50쪽 참조.

4. 역사분야 학문의 근본적인 문제

4. 역사분야 학문의 근본적인 문제

과거에 대한 시간 인식과 과거에 대한 관심은 인간의 초기 문서에 기록되어 있다(예를 들면, Clark, 1992). 프랑스 남부의 쇼베 동굴에서 발견된 약 3만2천년 전 그림[Chauvet et al., 1996; Balter, 1999]과 이태리 북부의 푸마네 동굴에서 발견된 3만2천년에서 3만6천5백년 사이에 그려진 그림[Balter, 2000]을 포함하여 가장 오래된 동굴벽화를 그린 사람들은 자신들의 일생동안의 경험만을 기록했을지라도, 그들은 미래 세대에게 자신의 경험에 관한 메시지를 전달하고 싶었을지도 모른다. 그 미래세대의 사람들은 벽화가 그려진 동굴을 방문하여 거기에 기록된 다양한 생활모습을 들여다보았을 지도 모른다(다음 문헌을 참조; Leroi-Gourhan, 1971, p.34-37; Pfeiffer, 1982; Balter, 1999, 이 문헌에는 쇼베 동굴을 방문했던 어린이들의 흔적이 보고되었다).

과거에 대한 인식과 관심을 암시하는 이러한 표식은 인간이 최초로 분명하게 기록해 둔 정보, 다시 말해 메소포타미아 지방에 위치한 라가쉬(Lagash)와 움마(Umma) 두 도시간의 경계분쟁 내력을 담고 있는 수메르 문서보다 거의 3만 년 이전에 만들어진 것이다. 이 수메르 문서는 수집 자료를 기초로 작성된 것으로 거의 2 세기에 걸친 두 취락지 간의 분쟁을 다룬 하나의 역사적 기술이다. 그러나 수메르 문서를 해독해낸 사람이나(Poebel, 1926), 수메르 문서를 역사편찬의 초기 형태로 본 사람(예를 들면, Collingwood, 1946, p.11-12 및 인용된 문헌), 또는 수메르 문서를 "최초의 역사가"의 작품으로 언급했던 사람(Kramer, 1981, p. 36) 등은 모두 실제로 그것을 진정한 역사편찬의 일부로 생각하지는 않는다. 왜냐하면 수메르 문서의 저자는 "역사가에게서 기대되는 객관적이고 사실적인 형태의 서술구조를 사용하지 않았기" 때문이다. "그 대신에, 그는 역사적 사건을 자신의 신정주의(神政主義)적 세계관이라는 용인된 체계 속에 꿰어 맞추려 애씀으로써, 어느정도 독특한 문어체를 개발하였다. 그 문체는 인간과 신의 행위를 끊임없이 섞어서 엮어내는데, 종종 그 둘을 구별하지 못하기도 한다"(Kramer, 1981, p.38-39). 따라서 "그러한 역사서술은 과학적이지 않다"(Collingwood, 1946, p. 11). 역사를 편찬하는 대부분의 다른 역사가는 진정한 역사편찬에 관한 연구의 시작을 18세기 후반에 두는데(예를 들면, Collingwood, 1946, p. 86-204; Walsh, 1967, p. 12; Rossi, 1984, p. 192; Clark, 1992, p. 87), 그러한 역사편찬을 다양한 의미의 "과학적인"(Collillgwood and Rossi), "분석적인"(Clark) 또는 간단히 "근대적인"(Kramer,1981, p.36-37) 역사라 부른다.[1])

이러한 학자들이 근대적인 역사편찬과 전근대적인 또는 비과학적인 역사편찬을 구분하는 기준은 객관적인 서술구조, 다시 말해, 똑같은 자료를 접한 모든 사람이 이해할 수 있는 기록(이야기)을 작성하는데 필요한 일차 자료를 취급하는 방식에 달려있다(객관성의 역사에 대해서는 Daston, 2000을 참조). 객관적인 서술구조에 대한 일관된 요구는 19세기와 20세기의 일부 역사가를 상대주의적 절망으로 밀어넣었다. 왜냐하면 동시대의 사건에 대해서조차 객관적인 서술구조의 구성요소에 대한 합의가 불가능함이 드러났기 때문이다(Mandelbaum, 1938; Collins, 1981, Feyerabend, 1988; Lefkowitz, 1996; Windschuttle, 1996; 과학적 사고를 위한 역사적 상대주의의 위험한 결과에 대해서는 Evans, 1997과 Daston, 2000을 참조). 주관적인 서술구조와 객관적인 서술구조의 차이는 궁극적으로 자료의 신뢰성을 평가하기 위한 원전연구가 이루어 졌는지 그리고 그 원전연구가 얼마나 효과적으로 이루어 졌는지에 달려 있다.

---

1) 사마천(司馬遷, BC145~BC86?)이 사기(史記)를 저술하면서 기전체(紀傳體)의 역사 서술형식을 정립했을 뿐만 아니라 태사공자서(太史公自序)에서 '지난 일을 서술하여 후세 사람들이 자신의 뜻을 볼 수 있게 한다(述往事 思來者)'라고 저술 목적을 분명하게 밝혔으므로 역사편찬 연구가 18세기에 시작되었다는 주장은 서구적 관점에 불과하다.

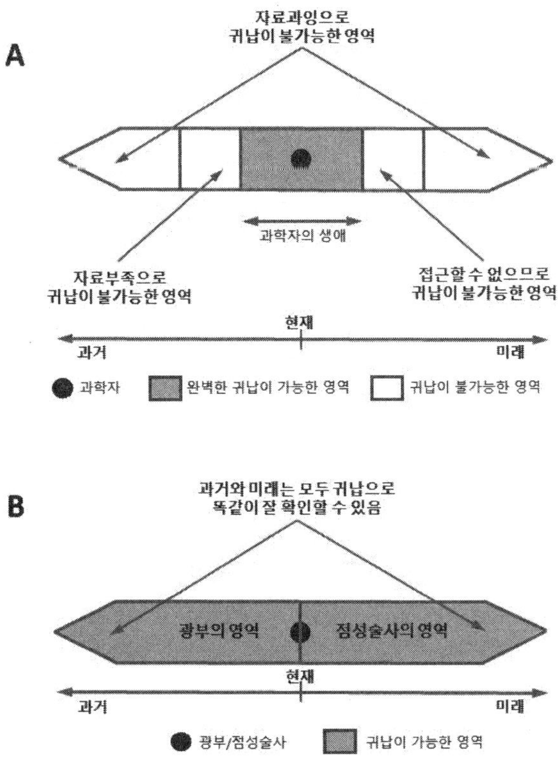

그림 1. A: 흄(Hume)의 법칙의 엄정한 대칭. 과학자는 살아 있는 동안 온전히 보이는 모든 대상에 대해 귀납을 실행할 수 있다. 대상이 너무 크거나(예: 대륙, 행성, 우주), 감춰진 부분 때문에 완전한 조사가 제한적인 경우(예: 지구의 내부, 블랙홀), 즉, 완전한 조사는 미래에나 가능한 경우, 대상을 인식할 수 있는 방법은 가상적인 방법 외에는 없다. 이런 영역은 연구 대상에 완벽하게 접근할 수 없기 때문에 귀납이 더 이상 가능하지 않은 영역이다. 대칭적으로, 완전한 조사가 이뤄질 수 없는 과거의 대상도 마찬가지다. 비록 그렇다 하더라도, 조사 대상의 중요성 때문에 가능하지 않은 다른 귀납이 필요할 수도 있기 때문에, 그런 대상에 관한 우리의 이해는 빈약한 기록으로 인해 영원히 가설로 남을 수밖에 없다. 만약 우주가 무한하다면, 우주는 너무 커서 현재, 과거, 미래에도 귀납으로 연구될 수 없다.
B: 노발리스(Novalis)의 단순한 대칭. 광부가 암층을 통해 과거를 되짚어 볼 수 있다는 믿음과 똑같은 절대적인 확신으로 점성술사들은 별자리로 미래를 볼 수 있다. 이 논문에서 논의한, 실제론자이자 비판적 합리주의 역사가인 아담 스미스와 제임스 허턴은 흄의 법칙의 엄정한 대칭성을 받아들여 그 법칙에 어긋나지 않게 역사적 지식을 얻을 방안을 궁리해 내려고 노력했다. 반면에 복고주의자이면서 실증주의 역사가인 칼 마르크스(Karl Marx)와 아브라함 고틀리브 베르너(Abraham Gottlob Werner)는 노발리스의 대칭을 당연하게 받아 들여, 과거에 대한 지식을 가정하고 그에 힘입어 미래에 대한 확신을 갖게 되었다.

4.1 흄의 법칙

근대역사학, 비근대역사학과 전근대역사학을 구별하려는 소수의 역사학자는 비평의 수용여부가 전적으로 비평의 근거에 달려있음을 깨닫지 못하는 듯하다. 역사 자료로부터 우리의 추론을 향상시키려면 역사 자료를 어떻게 비평해야 하는가? 버트란드 러셀(Bertland Russel)이 언급한 바와 같이, 우리들의 기억을 포함하여 전체로서 우리가 보고 느끼는 우주가 5분 전에 생겨나지 않았다는 사실을 누가 우리에게 얘기해 주겠는가?[2] 흄(Hume, 1739)의 혁명적인 통찰에 따르면, "*우리가 아직껏 경험하지 못했던 사례가 우리가 경험해 왔던 사례와 닮았음을* 증명해 주는 *확정적인* 논증은 있을 수 없다"(Hume,1978, p. 89 [이탤릭체는 원문 그대로임]; Hume, 1902, p. 32). 다시 말해, "'필연'은 '사실'로부터 연역될 수 없다"[3](Grice, 1970,p. 89)는 사고방식이, 아직 발생하지 않은 사건이나 아직 관찰되지 않은 대상에 관한 추론에 일반적으로 적용된다. 흄의 법칙이 경험할 수 없는 미래 사건에 적용되는 것처럼 흄의 법칙은 경험하지 못한 과거 사건에도 적용된다(Fig. 1A). 이처럼 흄의 법칙은 현재를 기준으로 엄격한 시간적 대칭성을 띤다. 흄은 그의 저서 ***인간의 이해와 윤리의 원리에 관한 탐구***(*Enquiries Concerning Human Understanding and Concerning the Principles of Morals*)에서 이 점을 특히 강조하여 다음과 같이 설명했다: "지나간 *경험*에 관해 얘기하자면, 그것은 인식 아래 놓인 딱 알맞은 대상에 대해서만 그리고 정확한 시기에 대해서만 직접적이

---

2) 과거도 미래만큼 '알 수 없는' 미지의 대상(사실)이다. (과거에 관한) 증거 ≠ (과거의) 사실. 그러나 실증주의자들은 과거란 우리에게 분명히 주어진 '사실'이고, 확정적으로 알 수 있는 '진실'이라고 단언한다.

3) 실증주의자들과 다른 사고방식은 다음과 같다. 과거의 증거를 바탕으로 미래를 예측할 수 있다는 가정은 착각이다. 왜냐하면 과거에 관한 증거로부터 과거의 '사실'을 분명히 파악할 수 있다는 주장은, "과거는 홀로 진실하다"(과거에 관한 사실은 과거에 관한 증거 자체다.)는 잘못된 가정 위에서 성립하기 때문이다.

고 확실한 정보를 주도록 허용될 수 있다"(Hume, 1777 [1902], p.3; 이탤릭체도 원문 그대로임). 그 과거의 사건은 지나가 버렸고 그 사건을 실제로 경험했던(그리고 사건을 완벽히 기억하고 있다고 가정할 만한) 사람이 주위에 아무도 없다면, 우리가 경험자의 기록이라고 인정할 수 있는 사물로부터 유추하는 방식 이외에는 사건을 재구성할 어떤 방법도 없다.[4] 심지어 목격자들이 현존하는 경우에도, 목격자들이 사건의 발생과정을 객관적이고 믿을만하게 설명해 준다거나 설명해 낼 수 있으리라는 보증은 없다. 따라서 과거에 관한 추론은 흄의 법칙을 고려하지 않을 경우에만 가능하다.[5] 다시 말해, 흄의 법칙을 그저 가설이라고 무시할 수도 있겠지만 과거에 대한 재구성 작업에서는 언제나 흄의 법칙을 고려하여 신중을 기해야 한다.

4.2 역사기록의 불완전성

어떤 역사분야 학문이든 그 목적은 과거의 재구성이다. 재구성하려는 이상적인 과거는 (1) 과거 속의 대상과 (2) 과거 속의 사건으로 편리하게 구분 지을 수도 있다(나는 과거에 있었던 의견을 대상으로 분류하고, 그 의견을 형성한 사고 과정을 사건으로 분류하였다). 우리가 알 수 있는 어떤 사건이든 몇몇 대상에 영향을 미치지 않고(적어도 양자역학적 의미로[6]) 발생할 수는 없다. 따라서 사건은 단순히 대상에게 일어나

---

4) 과거의 '증거'가 곧 과거의 '사실'인 것은 아니다. 따라서 개별적인 과거의 증거들을 수집하면(언젠가 그것의 총합으로써) 과거의 사실을 알 수 있을 것이라는 생각은 오류다. 수집된 자료들은 어디까지나 방증(傍證)에 불과하기 때문이다. 랑케식 근대역사학과 대별되는 부분이다.

5) 흄의 법칙을 고려하면 여전히 그것은 '진실(사실)'이 아닌 하나의 '가설'로 남을 수밖에 없기 때문이다.

6) 양자물리학자 베르너 하이젠베르크(Werner Karl Heisenberg, 1901~1976)의 불확정성 원리에 따르면 미시세계에서는 심지어 관측자 마저도 대상에 영향을 미치기 때문에 입자의 위치와 운동량을 동시에 아는 것이 불가능해진다. 자세한 내

는 어떤 것으로 여겨질 수 없다. 사건의 영향은 일시적이거나 영속적일 수 있다. 일시적인 영향은 일반적으로 역사적 기록으로 보전되지 않으므로(보존되는 과정에서 영향을 받을 수 밖에 없는 대상이 원래 상태로 화석화되지 않는 한), 과거의 재구성에서 첫 번째 불확실한 요인이 된다. 중요한 어떤 사건이 아무런 기록도 남기지 않는다면, 우리는 그것을 어떻게 알아낼 수 있을까? 그러나 영속하는 영향이라도 다양한 이유 때문에 보전되지 않을 수도 있다. 사건의 영향에 대한 기록은 인식할 수 없을 정도로 지워지거나 여러 토막으로 쪼개지거나, 아니면 그냥 닳아 없어질 수도 있다. 기록을 지닌 대상이 파괴되거나, 변형되거나 아니면 숨겨질 수도 있다. 다윈(Darwin, 1859, ch. 9, p.279-311)이 꼼꼼히 관찰했듯이, 역사 기록의 보전은 법칙이라기보다는 예외다.

콘스탄티노플(Constantinople)의 성벽은 훌륭하게 보전되어 있다. 그 성벽이야말로 성벽을 건설했던 사람들의 창의력과 근면성 그리고 실제 공사과정에 대한 영구적인 기념물이다. 그러한 성벽들은 대개 그것을 바라보는 사람들에게 저렇게 거대한 성벽은 보전되기 마련이라는 느낌을 준다. 그러나 우리가 역사상 이제까지 존재하였던 성벽으로 둘러싸인 도시의 수를 헤아려 보고, 그 가운데 오늘날까지 남아 있는 성벽이 얼마나 되는지 생각해 본다면, 어떤 도시의 성곽이 일부나마 보전될 가능성이 얼마나 낮은지 깨닫게 될 것이다. 콘스탄티노플의 콘스탄티누스(Constantinian) 성벽은 대부분 사라져 버렸고(얼마간 남아 있던 부분이 1509년 9월 10일 지진으로 모두 파괴됨; Ambraseys and Finkel, 1995, p. 38), 오늘날 볼 수 있는 부분은 실제로 테오도시안(Theodosian) 성벽의 일부(바닷가와 염하구지역에 걸쳐 있던 성벽은 대부분 파괴되었다)에 지나지 않는다. "카라 무스타파(Kara Mustapha)의 공격을 이겨내었던"(Suess, 1862, p.4) 비엔나 성벽은 제국의 포고령으

용은 본문 158쪽 각주 47) 참조.

로 1857년에 헐려서 도로(*Ringstraße*)가 되어 버렸다. 따라서, 보전된 역사기록이 매우 불완전하다는 점이 역사적 재구성의 두 번째 장애가 된다.

우리는 과거에 일어난 사건의 일시적인 영향을 모두 잃어버릴 뿐만 아니라, 영속적인 영향에 대한 기록의 대부분을 잃어버리기도 한다. 이러한 불완전성의 영향으로 시간이 기록되는 방식은 불완전할 수밖에 없다. 곧, 과거 사건들의 파편화된 기록은 우리에겐 항상 뒤죽박죽된 대상처럼 보인다. 그 가운데서 시간적인 순서를 알아내는 사람이 역사가다. 우리는 과거에 일어난 사건이, 우리에게 친숙한 똑같은 유형의 사건이라고 단정할 수 없다(흄의 법칙: 콘스탄티노플의 성벽이, 적어도 부분적으로, 팔이 열 개이고 다리가 셋인 자줏빛 피조물에 의해 건설되지 않았다는 것을 우리가 어떻게 확신할 수 있는가?). 역사가는 과거에 발생했던 사건의 유형을 추론해 낼 근거를 찾아내야만 한다.

앞에서 나는 사건을 집중적으로 논의했다. 그런데 단일한 대상에 대해서 여러 가지 주장이 동시에 제기될 수도 있다. 완전하게 보전되는 대상은 거의 없다. 대상의 파편(예를 들면, 도자기 조각, 원고의 일부, 성벽의 일부, 화석 조각 또는 화석의 부분, 또는 예전의 산맥의 존재를 가리키는 지질학적 단서)을 발견하는 경우가 훨씬 많다. 더구나 여러 대상 가운데 시간적 순서를 알려주는 직접적인 표시를 지닌 대상은 거의 없다. 과거의 모든 대상이 오늘날의 세계에서 1대1로 대응되지는 않으며, 과거의 몇몇 대상은 우리에게 완전히 낯선 사물일 수도 있으나(예를 들면 지질학에서 시생누대의 초염기성 코마타이트(komatiite) 용암 또는 동굴벽화에 나오는 추상화된 인물들), 역사가는 그것의 정체를 밝히고 해석할 방법을 찾아내야만 한다.

5. 역사분야 학문과 자연과학

5. 역사분야 학문과 자연과학

앞서의 논의로부터, 역사분야 학문의 주요 문제가 충분한 자료의 부족임이 분명해졌다. 이것은 물리학과 화학과 같은 소위 비역사적인 자연과학에서 충분한 자료의 부족과 같은 문제이다. 우리의 관찰이 항상 형편없이 적은 사례로 제한될 때, 우리는 어떻게 총괄적인 보편적 특성을 지닌 “자연법칙”을 발견할 수 있을까? 이 질문은 헤라클레이토스(Heraclitus) 시대로부터 현재까지 모든 과학 철학자들을 괴롭힌 문제인데, 내가 아는 유일한 만족스러운 해법을 칼 포퍼경(Sir Karl Popper: 1902-1994)이 제시하였다.

포퍼(Popper, 1933, 1935, 1980)는 흄의 법칙으로부터 논의를 전개하였다. 그는 흄이 입증한 바와 같이 지식 알아 내기 어려운데도 불구하고 어떻게 우리가 매우 많이 아는 것처럼 생각할까라고 자문했다. 포퍼는, 칸트(Kant)에서 러셀(Russell)에 이르기까지 흄이 입증한 장애를 극복하려는 모든 시도들을 조심스럽게 재검토했다. 포퍼가 보기에, 그 시도들은 선험주의에 호소하거나 어떤 식으로든 흄의 법칙이 유효하지 않다고 주장한다는 점에서 그들이 제시한 해결책이란 진정한 해결책이 아니다. 왜냐하면, 다음과 같은 이유로 포퍼는 그러한 입장을 수용할 수 없기 때문이다. 포퍼에 따르면, (1) 어떠한 보편적 명제도 사실에 바탕을 둘 수 없다. 따라서 모든 보편적 명제는 우리들 이성의 순수한 창조임에 틀림없다. (2) 모든 존재적 명제는 (즉, “......... 존재한다”라는 명제) 관찰에 의해 입증될 수 있다. 포퍼는, 우리가 우주에서 출현 가능한 현상을 모두 관찰할 수 없으므로 어떠한 보편명제도 검증될 수 없다고 추론하였다. 그렇지만, 모든 보편적인 과학적 가설은 가능한 모든 관찰에 적용될 수 있는 진리를 주장하는 형식을 지니고 있으므로, 만약에 이러한 가설 가운데 하나가 새로운 관찰(사례)을 통해 오류로 밝혀진다면 보편명제의 타당성은 전체적으로 부정된다. 이리하여 포퍼는 보편적인 명제에는 논리적 비대칭성이 있다고 주장했다. 그러한 명제에 대해서는 단지 오류여부만 입증할 수 있을 뿐이라는 점에서 비대칭적이다.

우주(자연)를 이해하는 유일한 방법은 될 수 있는 대로 재빨리 많은 가설을 만들고, 그것을 하나하나 차근차근 검증해 보면서 그러한 검증을 통과하지 못하는 가설을 제거해 내려고 노력하는 것이다. 우리들의 검증을 통과한 가설은 그 가설이 적용되는 우주의 일부에 대한 참된 기술로 잠정적으로 받아들여진다. 그러한 가설은 진실로 참된 기술일 수도 있다. 그렇지 않다면, 우리는 그 가설이 잘못되었음을 알아 볼 수 있는 적절한 검증을 발견하지 못했을 지도 모른다. 가설이 우연히 참된 명제가 된다면, 그것은 우리의 어떠한 검증이든 통과할 것이나, 우리는 아직도 그 가설이 참된 명제라는 것을 결코 알지 못할 것이다. 왜냐하면 우리는 그 가설을 입증하기 위해 필요한 모든 관찰을 완수할 수 없기 때문이다. 일단 한 번의 부정적인 관찰로써 어떤 가설이 폐기되면, 그 다음의 가설은, 그 전의 (그릇된) 가설을 이끌어 낸 데이터베이스뿐만 아니라 그 가설을 폐기하게 만든 자료까지 추가하여 새로운 데이터베이스를 바탕으로 도출되어야만 한다. 이런 식으로 지식의 기초가 다져진다[4].

자연과학(또는 과학)은 일반성을 추구하는 학문으로 개별적인 사례 자체보다는 일반적인 법칙의 연구인 반면, 역사분야 학문은 명백히 개별적인 사례에 관한 연구라는 주장에 대해 역사 철학자와 과학 철학자가 동의해 온 것처럼 보인다(Rickert, 1910, p. 53; 1921. p. 165; Bucher, 19,16. p. 183; Popper, 1966b, p. 264). 특히 20 세기에, 인류의 과거를 연구하는 대부분의 역사가는 인류역사의 진로를 지배하는 일반법칙을 공표하는데 관심을 두지 않으려고 애썼다. 그런 작업은 사회학이 할 일로 여겼다. 인류역사에 대한 연구는 과거에 대해서만 믿을만한 서술구조를 만들어 내는 작업으로 비춰지거나, 레오폴드 폰 랑케(Leopold von Ranke)가 표현했듯이 그저 "과거가 진실로 어떤 모습이었는지"를 보여주는 노력에 지나지 않는다[5]. 이 같은 태도는 아마도 역사가의 의무는 "사건이 어떻게 일어났는지 정확하게 밝혀내는 일"(*역사 서술방법론, How to Write History*에 나옴; 이것은 Grant, 1995, p.94에서 인용됨)이어야만 한다는 루치안(Lucian)의 명제에 의해 고취된 듯하다.

나는 위와 같은 구분이 틀렸다고 생각한다. 왜냐하면 그런 식의 접근은 흄의 법칙의 핵심과 시간의 대칭성을 제대로 파악하지 못했음을 의미하기 때문이다. 모든 보편 명제가 가설적일 뿐만 아니라, 불충분한 자료에 기초를 둔 모든 일반화 역시 가설적임에 틀림없다. 그것이 과거나 현재에 관한 것이든 또는 미래에 관한 것이든 상관없이 가설적이다. 이러므로, 관찰될 수 없는 실체에 대한 개별적인 기술과 일반화 사이의 논리적인 구별은 완전히 사라지게 된다. 다음의 논증은 이같이 결정적인 내용을 보다 분명하게 알려 준다(Şengör, 1993).

무한한 수의 경우로 구성된 집합 U 곧, U={n}, n=∞인 집합 U가 우주를 나타내며, 명제A는 조건 c가 모든 n에서 충족된다는 주장이라고 치자. 이것은 A가 완벽하게 입증되려면 우리가 무한한 수(n)의 관찰을 하여야 함을 의미한다. 따라서 이것은 명제A가 집합 U에 대해서 영구히 가설인 채로 남을 수밖에 없음을 의미한다.

이제, 우주를 대변하는 집합 U의 부분집합을 집합 *S*라 하고 *S*는 한 개보다 많은 수의 유한한 경우로 구성되는 집합, 곧, $S \subset U$ *그리고* $S=\{n\}$, $n > 1$라 하자. 집합 $S=\{a, b\}$라 하고, *S*의 원소인 *b*가 몇 가지 이유로 관찰될 수 없는 것이라 하자. 그리고 특정 조건 q가 a와 b에서 충족된다고 주장하는 명제를 *W*라 하자. 이것은 *W*가 완전하게 검증되기 위해서는 우리가 *a*와 *b*를 모두 관찰해야만 한다는 것을 의미한다. 우리가 *b*를 관찰할 수 없기 때문에, *W*는 *S* 에 관해서 영구히 가설인 채로 남아있어야만 한다.

따라서 집합 U에 대한 명제 A와 집합 S에 대한 명제 W간의 어떠한 논리적인 차이도 없다. 그러나 우리는 습관적으로 집합 U에 속하는 총괄(all-inclusive) 명제들을 보편명제 또는 일반 명제라 부르며(이것은 자연법칙을 포함한다), 집합 S에 속하는 명제들을 개별 명제 또는 특정명제라 부른다. 여기에서 제시된 논의에 따르면, 어떤 가설이 일반적인 경우에 적용되든 특별한 경우에 적용되든 상관없이 불충분한 정보를 통해 검토된 가설은 어떤 것이든 동일한 논리적 기초 위에 있음을 알 수 있다.

만약에 전 우주가 우리가 연구하는 특정한 대상으로 고려된다면, 그리고 물리학 법칙이 모두 그저 하나의 특정한 우주(예를 들면, 개별적인 대상)를 기술하기 위해 정립된 우리의 가설에 지나지 않는다면, 이러한 관점은 훨씬 쉽게 파악될 것이다. 스톡스(Stokes 1998, p.27)가 말한 바와 같이, "그 방법론적 요점은 과학자가 여러 이론을 두고 검토하면서 결정을 내릴 때, 역사가의 해석기술 가운데 몇 가지를 활용할 필요가 있을 것이라는 점이다."[1] 역사를 이론적인 사례가 아닌 오로지 개별적인 사례로만 다루고자 하는 사람들은 적어도 원칙적으로 역사적 사례를 완벽하게 알아낼 수 있다고 생각하기 때문에 잘못을 저지른다. "우선, 역사가 참이기 때문에, 역사는 소중하다: 그리고 비록 역사의 가치 전체는 아닐지라도, 이 점이 그 모든 나머지의 기초와 조건이 된다."(Bertrand Russell, 1910[1994], p. 60 및 p. 68: "과거는 홀로 진실하다"). 우리가 역사 연구에서 순수한 자료로 취한 여러 대상이 가설적인 특성을 지녔다고 볼 경우[2], 우리는 그러한

---

1) '해석'기술이라는 표현이 암시하는 바는 이미 역사가의 주관적 관점이 투영된, 즉 시작부터 중립적이고 '순수한' 자료가 아니라는 사실을 가리킨다. 그런데 그 가운데 '몇 가지를 활용할 필요가 있을 것'이라는 표현은 우선 성급한 '해석(가설)'을 배제하고, 언제까지나 '판단중지' 상태로 성실하게 '몇 가지가 아닌 전체에 가깝게' 사료(史料)를 가치중립적으로 수집하다보면 언젠가 역사적 진실이 드러날 것이라는 역사가의 안이한 태도에 대한 비판이다. '대담한 추측'을 통해 지식의 진보를 밀고 나가는 과학자가 보기에 안이하다는 의미다.

2) 그 '순수한' 자료, 즉 랑케식 근대역사학에서 말하는 1차 문헌에 상응하는 전거(典據)는 모두 과거에 관한 확실한 '사실적 지위'를 보장받기 어려울 수도 있다. 예를 들면, 조선왕조실록은 사초의 내용을 요약 정리한 기록으로 사관이 그 내

(가설적) 견해를 전적으로 정당화시키지는 말아야 한다.

그렇지만, 어떤 대상이나 사건에 대한 우리의 지식이 그 대상이나 사건과 동일하지 않다는 명백한 사실을 지적함으로써 역사에 대한 상대주의적 해석을 뒷받침하기 위해 자료의 불충분성이 이용되어서는 곤란하다(Mandelbaum, 1938, p. 83-86의 논의를 참조). 왜냐하면 불충분한 자료를 해석하기 위해 만들어진 어떠한 가설적 명제도 더 많은 자료에 의해 검증될 수 있기 때문이다. 다시 말해, 그러한 추가적 자료를 바탕으로, 아니면 여러 가지 다른 방식으로 가설적 명제를 합리적으로 논의하고 비평함으로써 그 명제가 어떤 다른 명제보다 우리들의 추론을 진실에 가깝게 만들 수 있다(Popper, 1974, p.118-121; 1980, p.206: 1982, p.160; 1983, p.8).

그래서, 사전예측(事前豫測, predictions)과 사후추측(事後推測, retrodictions: Dott, 1998, p. 17 참조, 또는 postdictions: Simpson, 1963, p.45 참조) 둘 다 똑같이 검증될 수 있는 것처럼 보인다. 다윈진화론은 검증될 수 없기 때문에(Popper, 1974, p. 133-143; 이러한 견해에 대한 비평과 포퍼의 관념과 다윈진화론의 관계에 대한 추가적 해설을 보려면 Watkins, 1995을 참조), 진화론은 형이상학적인(다시 말해, 과학적이지 않은) 주장이라는 포퍼의 주장에 대해 몇몇 과학자, 역사가, 그리고 과학철학자(예를 들면, Kitcher, 1982) 등은 크게 당황했다. 흄의 법칙의 대칭성과 아울러, 내가 이 논문에서 제시한 논의는 이와 같은 주장이 참일 수 없음을 보여준다(Simpson, 1963; Roberts, 1996). 히말라야 북부의 타림분지 동부에 있는 롭노르(Lop Nor)호수의 주기적 (위치) 변동을 발견해낸 것처럼, 슐리만(Schliemann)의 트로이(Troy)의 발견은 역사에 관한 가설 구축과 검증에 대한 훌륭한 예다. 롭노르(Lop Nor)호수의 주기적 변동은 위대한 지리학자 훼르디난드 폰 리히트호펜(Ferdinand von Richthofen) 남작에 의해 처음으로 추정되었는데, 결국 그의 문하생 스벤 헤딘(Sven

---

용이나 표현을 취사선택한 만큼 사실 그 자체라고 보기 어려운 부분이 있다.

Hedin)에 의해 입증되었다(Hedin, 1942). 폰 리히트호펜은 지형학적 자료와 역사적 자료를 검토하여 롭 노르 호수가 최근에(과거 수백 년 이내에) 그 위치가 변했으며 남쪽으로 이동했다고 가정하였다. 스벤 헤딘은 상세한 지형학적, 지질학적, 고고학적 연구를 통해 그 호수가 바람에 의한 융발 때문에 수백 년마다 주기적인 변동을 겪었음이 틀림없다는 착상을 갖게 되었다. 롭 노르 호수의 주요 유입수로인 콘체 다르야-쿰 다르야(Kontsche Darya-Kum Darya) 수계(현재는 콩치 헤 Konqi He)는 1921년에 일어났던 가장 최근의 주기적 변동을 통해 갑작스레 북쪽으로 이동해 버렸다.

그러나 모든 사후추측이 그렇게 성공적인 것은 아니며, 바로 그 점 때문에 과학적인 이론과 비과학적인 이론을 가름하는 포퍼의 기준이 위력을 발휘한다. 거의 반세기 동안 떠받들어졌던 스틸레(Stille)의 치밀하고 정교한 조산운동 이론(Stille, 1922, 1924, 1940)은, 그 이론이 근거로 삼았던 실험적 증거뿐만 아니라 그 이론의 핵심을 이뤘던 전세계 지형분포에 대한 설명이 합리적이지 않다고 판명됨에 따라(Şengör, 1991를 참조) 오류임이 성공적으로 입증되었다. 스틸레의 전세계 지형분포에 대한 설명은 판구조론을 뒷받침하는 자료들에 의해 오류임이 밝혀졌다. 스틸레의 이론은 오류였으나 오류임이 밝혀질 수 있었기 때문에 그것은 과학적이었다. 성서의 노아의 홍수는 지질학적 근거와 생물학적 근거에 의해 오류임이 밝혀진 또 다른 예다(그러나 노아의 홍수이론은 흔히 오류검증가능성을 따질 수 없는 가설로 취급된다 - 그러므로 비과학적이다 - 왜냐하면, 우리가 알고 있는 자연법칙을 무력화시킬 수 있는 전지전능한 분(신, God)의 능력에 호소하기 때문이다[3]). 지질학의 역

3) 어떤 가설이나 이론을 교조적으로 받아들여 아무도 검증하려고 하지 않는 순간 그것은 이미 과학이 아니다. 왜냐하면 그것은 '믿음'의 대상이므로 '신(종교)'과 같기 때문이다. 이와 같은 관점에서 칼 포퍼는, 마르크스와 엥겔스가 '과학적 사회주의 이론'으로 주장한 역사발전법칙을 비과학적이라고 비판하였다. 이에 관해서는 188쪽의 각주 4) 참조.

사를 보면 생물학과 고생물학의 역사적 사례와 마찬가지로 오류로 판명된 이론의 예가 아주 많다. 따라서 나는, 포퍼(1935, 1980)가 흄의 법칙에 비추어 구별한 역사분야 학문의 과학적 위상에 의구심을 가질 이유가 없다고 본다.

지금까지의 논의로부터 밝혀진 중요한 사실은 역사분야 학문과 자연과학간의 논리적 차이는 없고, 따라서 역사적 자연과학에 속하는 지질학적 사고에만 적용되는 독특한 논리도 없다는 점이다. 이것은 도트(Dott) 자신이 제시한 중요한 질문(Dott, 1998)에 대한 도트의 대답과 정반대다.4)(그러나 사회적 역사과학과 자연적 역사과학 간에는 커다란 윤리적 차이가 있다: Lindgren [1969]과 Popper [1996b, p.264] 참조)

---

4) 도트 논문(Dott, 1998)의 주제는 '지질학은 과학인가?'이다. 그에 따르면, 지질학은 시간과 연관되어 있으면서(time bound) 물리학과 같이 시간과 연관되지 않은(timeless) 특성도 지닌다. 아울러 지질학은 연구 대상과 연구방법 측면에서 독특하며 끊임없이 진리를 추구하기 때문에 과학이라 할 수 있다. 그렇지만 지질학의 과학적 위상에 관한 도트의 문제의식과 결론은, 이 논문의 저자가 보기에 이 논문에서 고찰한 일반적인 지식창출과 역사적 자연과학의 본질에 비추어 잘못 짚은 셈이다.

6. 아담 스미스와 제임스 허턴의 역사과학

6. 아담 스미스와 제임스 허턴의 역사과학

아담 스미스(Adam Smith)와 제임스 허턴(James Hutton) (그림 2)은 모두 과학적으로 성립된 현대 경제학과 지질학의 기반을 다진 학자로 유명하다. 이들이 각각 기여한 두 학문분야가 상당히 다르기 때문에 두 사람이 오래된 과학적 문제해결에 함께 기여했다고 생각하기 어렵다. 일반적으로 현대 경제학의 아버지로 불리는 아담 스미스의 위상은, 1990년에 스코틀랜드의 에딘버러에서 개최된 스미스 서거 200주년 기념 학술회의의 발표자 11명이 모두 노벨 경제학상 수상자였던 점으로도 확인된다. 일부 논란이 있기는 하지만 허턴도 이와 유사하게 현대 지질학의 아버지로 인정받는다. 아담 스미스는 위대한 사회과학자이고, 제임스 허턴은 위대한 자연과학자이다. 서로 친구였던 두 사람은 에딘버러에서 함께 활동했던 스코틀랜드 계몽주의 시대의 가장 뛰어난 학자들이었다는 점 이외에는 알려진 바가 거의 없다. 그들이 공유한 바가 무엇인지에 대해서도 아직까지 분명히 밝혀지지 않았다. 내가 아는 한, 이 두 학자가 비록 서로 다른 각도에서 접근하였을지라도 둘 다 똑같은 해답을 제시했던 공통적인 문제에 몰두했다고 언급한 사람은 아무도 없었다. 스코틀랜드의 또 다른 위대한 학자이면서 스미스와 허턴의 친구이기도 했던 데이비드 흄(David Hume)의 철학이 제시한 인식론적 확신을 기초로 삼아 두 학자들이 자신들의 학문에 기여했다는 것을 알아 챈 학자는 내가 알기로 포터(Porter, 1977, p. 189-190)가 유일하다. 그러나 포터는 내가 그들이 해결했다고 생각하는 문제를 명시하지 않았다. 그 문제와 그들이 그 문제에 대해 제시한 해법을 이해하려면, 무엇보다도 먼저 스코틀랜드 계몽주의 시대[7]의 공인된 지도자였던 흄부터 살펴보아야 한다(Porter, 1977, p. 189).

그림 2. 역사에 관한 실제론의 이론가들 (스코틀랜드 국립 초상화 미술관의 양해 하에 전재).
A: 사회과학분야의 아담 스미스(1723-1790) (신원미상 화가의 작품)
B: 자연과학분야의 제임스 허턴 (1726-1797) (헨리 레이번 경의 작품)

6.1 스미스와 허턴의 과거 탐구에 관한 고찰: 흄의 철학과의 연관성

스미스와 허턴이 각자 해결하고자 애썼던 공통의 문제는 역사 지식 자체에 관한 문제였다. 곧, 그들은 역사에서 다루는 과거를 알아내는 방법을 진지하게 고찰했다. 스미스가 과거를 알아내는 원리에 관한 지식을 필요로 했던 이유는, 그가 "대다수 사람들의 재산형성을 설명하기 위해 다시 말해 시대에 따라 나라마다 대다수 국민의 연간소비를 뒷받침했던 자금의 성격을 규명하고자" 노력하였기 때문이다(Smith, 1784[1976],p. 11-12; Johnston, 1977, p.7을 참조). 한편, 허턴은 1785년에 "지구라는 행성이 동식물들을 지탱하는 하나의 세계로 존재해 온 시간을 가늠하기 위해, 다시 말해 이미 지나가 버린 사건을 고려함으로써 지구가 겪었던 변화에 관해 추론하고, 아울러 지구시스템의 종말 또는 멸망이 얼마나 멀리 있는 지 헤아려 볼 수 있는 지 알아내고자"(Hutton, 1975, p. 3-4) 과거를 알아내는 방법에 관한 지식을 필요로 했다. 두 사람이 그 때까지 밝혀진 지식에 의지하여 문제를 해결해 보려 했다는 분명한 흔적은 전혀 보이지 않는다: 스미스는 탐구심을 접어둔 채, 하느님의 섭리가 그런 자금의 원천이라는 신앙에 기대어 문제를 해결하지도 않았다. 그리고 허턴이 성서의 연대기에 기초하여 계산된 연대들을 고려했다는 어떠한 암시도 없다. 그러나 그들은 모두 자신들의 조사연구에서 역사적 자료를 활용하고자 마음먹었다; 스미스는 문서 기록을 활용했으며, 허턴은 암석 기록(지층)을 활용하였다. 우리가 여기서 검토해 보려는 내용과 연관 지어 흄을 언급하는 까닭은 우리들의 작업 자체가 이와 같은 과거의 자료를 활용하는 것이기 때문이다. 다시 말해, 완벽하게 귀납해 낼 수 있지 않는 한, 자료란 우리에게 과거에 대한 믿을만한 지식이나 일반성에 관한 믿을만한 지식을 제공하는데 아무런 쓸모가 없다[1]. 스미스나 허턴 둘 다 완벽한 귀납을 통해 자신들이 다루고자 하는 과거를 완벽하게 알아냈다고 주장할 수 없었기 때문에, 그들이 할 수 있는 최선책은 자신들의 주장이 그저 소박한 가설에 불과하다는 선언이었을 것이다. 절대적인 지식이나 진리를 습득했다고 주장할 수는 없었을 것이다. 그런데 그들이 그 정도에서 만족했을까? "누구나 읽어 보아야 하는 원리이면서 모든 국가의 법률의 기초가 되어야만 하는 원리"(Stewart, 1793[1980], p. 109; 스미스의 *도덕정서론, Theory of Moral Sentiments*의 결론에서 인용)를 확인하고 싶어 하지는 않았을까? "허턴 박사는 무지 이외의 그 어떤 것도 두려워하지 않았다"고 플레이훼어 교수(Playfair, 1805, p.96)가 우리에게 장담하기도 했다. 이 두 학자가 어떤 의미 있는 지식을 성취할 수 없었다면, 그들이 기울인 노력의 성과는 흄의 즐거운 조롱거리[2]로 남게 되었을 것이다. 그들이 어느 정도 성과를 거두었기에 흄은 1771년

1) 인식론적 비관주의를 뜻한다.

2) 흄이 주장하는 과거 탐구에 관한 인식론적 비관주의에 따르면 헛된 시도의 당연한 결과다.

에 스미스에게 보낸 우정 어린 편지에서 다음과 같이 비꼬았다. “당신의 추론 가운데 많은 부분에서, 특히 당신이 내 법칙을 무시했다고 비난받을 수 있는 불운마저 감수하면서까지, 지식을 만들어 내려는 잘못된 길에 들어섰다고 확신합니다”3)(Jones, 1996, p.49).

6.2 아담 스미스 (1723-1790)

스미스와 허턴은 개별적인 사실로부터 일반론으로의 이행에 관한 문제를 각자 독립적으로 다루어 보고자 애썼는데, 이것은 그들보다 먼저 흄이 ***인성론***(人性論, *Treatise on Human Nature*)에서 입증했던 문제이다. 스미스는 이 문제의 비중에 대한 자신의 생각을 다음과 같이 숨김없이 털어놓았다. “보편개념의 본질을 설명하고 그 기원을 해명하는 것은 오늘날에도 관념철학에서 가장 어려운 문제다”(Smith, 1795[1980], p. 125).

스미스는 그의 저서인 ***천문학사***(*History of Astronomy*)의 서론에서 놀람, 경이 그리고 경탄의 감정을 검토 고찰하였다. 그는 새로운 발견이 반복적이고 습관적인 관찰로부터 유도되는 성과가 아니라 기대하지 않았던 유추로부터 나온다는 점을 강조했다. 여기에서도 스미스는 지식의 부족한 부분(gaps)을 채워 주는 가설의 필요성을 아주 분명하게 피력하였다. 이런 관점은 그대로 허턴의 입장이기도 하였다. 아마 허턴도 스미스와 상관없이 독자적으로 그런 견해를 도출하였을 것이나 허턴과 스미스가 흄으로부터 영감을 받았음은 분명하다(Smith, 1795[1980], p.42에 있는 편집자의 주를 참조).

스미스는 그의 저서 ***천문학사***(*History of Astronomy*)에서 다음과 같이 기술했다 (Smith 1795[1980], p.45-46).

---

3) “당신은 내가(흄) 주장한 인식론적 비관주의에도 불구하고 의미 있는 지식을 만들어 내려고 노력했고 어느 정도 성과를 거두었으나 내 뜻을 제대로 반영한 방식은 아니다”라는 의미로 해석할 수 있다.

> 철학은 자연의 연결원리에 관한 학문이다. 관찰을 통해 얻을 수 있는 모든 경험에 따르면, 자연에는 예전에 일어났던 모든 사건들과 별도로 일관성이 없어 보이는 사건들로 가득 찬 것처럼 보인다. 따라서 이들을 서로 연관시켜 상상하기는 쉽지 않다. 다만 일부 사람들이 얘기하듯이, 그 사건들에 관한 여러 가지 생각이 불현듯 머리에 떠올라 꼬리에 꼬리를 무는 식으로 마음을 사로잡는다. 그러므로 어떤 의미로는 개별적인 사건이란 앞서 언급했던 바와 같은 혼란을 일으키고 정신을 흩뜨려 놓기 쉽다. 철학은, 언뜻 보기에 서로 분리된 모든 대상을 연관 지어주는 보이지 않는 연결고리를 드러냄으로써[4] 외관상 전혀 달라 서로 어울릴 것 같지 않은 현상들 간의 혼돈에 질서를 부여하려 애쓴다[5]. 그럼으로써 철학은 우리의 상상력이 일으키는 혼란을 가라앉히는 한편, 우주의 거대한 순환을 탐구하면서 대상(자연)에 고요와 평정을 되돌려 주려 노력한다. 그러한 평정과 고요는 모두 그 자체로 가장 바람직한 것이고 사물의 본성에 가장 알맞은 속성이다. 따라서, 철학은 상상력에 호소하는 학술(arts)의 하나로 볼 수 있을 것이다.

스미스는 이러한 평정상태가 자연의 본성에 가장 알맞은 이유[6]를 말하지 않았다. 그러나 스미스는 프톨레미(Ptolemy 또는 프톨레마이오스)의 천문학을 설명하는 가운데 동심원을 이루는 행성의 궤도에 대한 개념을 토의하면서 다음과 같이 언급했다(Smith, 1795[1980], p.61-62).

---

4) '보이지 않는 것'을 추구할 때 추상(抽象, abstraction)의 단계로 도약한다. 추상은 여러 가지 사물이나 개념에서 공통되는 특성이나 속성 따위를 추출하여 파악하는 작용이다.

5) 유추(類推, analogy)를 뜻한다. 유추는 두 개의 사물이 여러 면에서 비슷하다는 것을 근거로 다른 속성도 유사할 것이라고 추론하는 일이다.

6) 포퍼의 주장에 따르면, 이론에서 가장 추상적인 차원의 가정은 '공리적 성격'이 강하므로 '형이상학'일 수가 있다. 상대성 이론에서 광속불변의 법칙과 같이 모든 위대한 이론의 가정이 그렇다고 할 수 있다.

철학의 궁극적인 목적이 상상력의 조화와 평정임을 잘 보여 준 예로는 행성의 궤도가 이처럼 동심원을 이룬다는 착상보다 더 분명한 예를 들 수는 없을 것이다. 천체의 움직임은 그 속도나 방향에서 모두 단속적이며 불규칙하게 보였다. 따라서 천체의 움직임을 추적하려 할 때마다 사람들의 상상력은 무기력해지고 혼란스러워질 뿐이었다. 이심권(離心圈, Eccentric Spheres), 주전원(周轉圓, Epicycles) 그리고 이심권 중심의 공전에 대한 발상/착상 등은 이러한 상상력의 혼란을 가라앉힐 뿐만 아니라, 외견상 서로 어긋나 있는 것처럼 보이는 것들을 한 데 연결시켜줌으로써 천체들(행성들)의 운행에 대한 관념에 조화와 질서를 부여하였다. 그 착상은 그런대로 쓸모 있었으나 불완전하였다. 다만 새로운 착상은 천체(이 경우 행성)의 실제 운동방향에 규칙성과 일관성을 부여하였다. 그러나 한 대원(공전궤도)을 따라 움직이는 행성의 속도가 실질적으로 결정될 수 있는 유일한 점, 곧 그 대원의 중심으로부터 조사해 보았더니 각 행성들의 속도는, 이전의 모델과 마찬가지로 다소나마 일관성[7]을 결여하고 있었으므로 여전히 상상력을 당혹스럽게 만들었다. 그러나 사람들은, 이러한 착상이 나오기 이전에 지구에서의 관측결과, 각 행성의 공전궤도의 움직임이 얼마나 불규칙하게 보였던가를 떠올려 보면서, 그런 당혹스러움을 조금이나마 가라앉혔다. 왜냐하면 새로운 착상에 따르면 각 공전궤도마다 하나의 중심점이 존재하고 그 중심점으로부터의 관측에 의하면 각 행성의 공전은 완벽하게 일정하고 규칙적으로 보일 것인바, 그것은 상상력으로 쉽게 그려볼 수 있는 내용과 같기 때문이다. 이런 학자들은 상상 속에서 자신들을 그러한 가상적인 궤도의 중심으로 옮겨 놓고 거기에서 그들이 천체들에 부여하려는 속성이면서 그들의 연구 목적인 조화와 질서에 따라 배열된 천체들의 가설적인 운행을 조사하는 쾌락을 누렸다[8]. 그들은 마침내 여기서, 정교한 가

7) 모든 증거가 특정 이론 안에서 내부적 모순이 없이 논리적으로 꼭 맞는 질서정연한 모습을 가리킨다. 이를 과학 이론에서 정합성(整合性, coherence)이라고 한다.

8) 과학연구의 쾌락이란 과학자가 마치 우주의 절대자나 신이 되어 적어도 상상 속에서는 세계에 제멋대로 질서를 부여하고 자유롭게 창조할 수 있는 듯한 절대권력을 누린다. 이것은 소설가나 예술가들이 느끼는 쾌락과도 일맥상통한다. 그

설들의 미로를 뚫고 나와 그들이 추구해 왔던 평정과 평온을 즐겼다. 아울러 그들은 자연이라는 거대한 무대의 가장 아름답고 웅장한 부분이 새롭게 파악되어 구조화되는 과정을 지켜보게 되어 편안하고 즐거운 마음으로 이 과정에서 일어났던 모든 혁신과 변화에 주목할 수 있었다.

스미스는, 자연적으로 평정상태를 추구하는 주체는 다름 아닌 정신임을 밝히고자 한 듯하다[9]. 그런데 이 평정상태는 끊임없이 연결된 인과율의 연쇄, 곧 하나의 원인이 앞 선 원인에서 자연적으로 이어져 나오는 연결 고리[10] 속에서 발견되므로, 만약에 중간에 방해요소가 끼어들게 되면 만물은 더 이상 단 하나의 초기원인[11]으로부터 유래될 수 없다고 볼 수 있다[12]. 그는 이 점을 먼저 논의해야 한다고 생각했다(Smith, 1795[1980], p.48, 50).

법, 질서 그리고 안전장치 등을 확립하기 이전, 곧 사회를 형성한 초창기에 인류는, 서로 분리된 자연의 겉모습을 하나로 묶어 주는 사건들의 감추어진 연결고리를 찾아내려는 호기심[13]이 거의 없었다. 생

렇지만 과학은 예술과 다르게 그 질서가 '참'임을 검증하려고 노력하기 때문에, 과학은 예술만큼 무한정 자유롭지 않다. 포퍼에 따르면 '완벽한 입증'은 불가능하고 반증만 가능한, 논리적 비대칭성이 있기 때문에 엄밀히 말하면 과학도 예술만큼 폭넓은 상상이 허용된 셈이다.

9) 철학자 앨프리드 화이트 헤드(Alfred Whitehead, 1861~1947)에 따르면, 혼돈에서 조화와 질서를 발견하려는 '이성'만큼 인간에게 강력한 본능과 욕망은 없다. 자세한 내용은 113쪽 각주 92) 참조.

10) 철학자 장-뤽 마리옹(Jean-Luc Marion, 1946~)에 따르면, '인과율(因果律, causality)'로 자연에 질서를 부여하려는 노력(원인과 결과의 이중주)도 다름 아닌 자연의 일부인 인간의 본능이 욕망하는 우상(idole), 즉 인간 종 특유의 '가상'이라는 뜻이다.

11) 철학자 아리스토텔레스(BC384~BC322)가 제시한 '부동의 원동자(The unmoved mover)'의 개념과 일맥상통한다.

12) 신플라톤주의(Neoplatonism)에 따르면, "초기원인[부동의 원동자, 일자(一者), 기독교 수용 후 신(神)개념으로 번역]으로부터 만물이 '유출'된다."

존이 불안정하고 매일같이 가혹한 위험에 노출된 삶을 영위하는 미개인들에게는, 발견이라고 해봐야 고작 자연이라는 무대가 머리 속에서 좀 더 연관된 모습으로 비춰진다는 점 이외에는 다른 쓸모가 없는(생존 및 그 유용성과는 무관한) 발견에 집착하면서 즐거워할 여유[14]가 있었을 리 만무하다. 그런 미개인이 한가할 때 호기심에서 자연의 겉모습에 좀 더 주의를 기울이고, 자연의 아주 작은 변화를 세심하게 관찰하여, 그런 현상들을 모두 함께 묶어주는 연결고리가 무엇인지 알아내고 싶게 되었을 것이다. 이러한 그들의 호기심과 그에 따른 관찰은 필연적으로 언뜻 보기에 모두 별개인 현상들 간에 어떤 연결고리가 있으리라고 확신하게 되었다.

스미스는 훌륭한 관찰을 칭찬하는데 조심스러웠는데, *에딘버러 리뷰(Edinburgh Review)*에 실린 도벤통(Daubenton)과 레뮤(Réaumur)같은 학자의 연구에 대한 논평에서도 그러했다(Smith, 1795[1980], p.248-249). 그러나, 스미스는 그의 저술에서 감각을 통한 지각은 훈련될 수 있으며, 훈련된 감각은 훈련되지 않은 감각과는 자연을 다르게 인지한다는 점을 반복하여 강조했다. 예를 들면, 스미스의 에세이 *외적 감각에 대하여(Of the External Senses*, 아마도 스미스가 흄의 저작을 읽기 전에 썼던 저술: Wightman, 1980b. p. 133; Raphael and Skinner, 1980, p. 16)에서 스미스는 우리는 단순한 감정과 복잡한 감정을 구별할 줄 알게 된다고 말했다(Smith, 1795[1980], p. 145). 우리는 시각에서도, 만져볼 수 있는 유형(有形)적인 형상과 가시적이지만 표상적인 형상을 구별한다(Smith, 1795[1980], p. 151-152). 이에 대해 그는 윌리엄 치슬든 박사(Dr. William Cheselden)의 백내장 환자가 겪은 경험을 언급했는데, 그 환자는 시각을 회복한 다음에 두 형상의 차이를 구별하여 설명할 수 있었다

13) '보이지 않는 것'을 추구할 때 추상(抽象, abstraction)의 단계로 도약한다. 전술된 61쪽 각주 4) 참조.

14) 무상성(無償性)의 발견은 예술의 기원과 이어진다. 순수과학도 그런 의미에서 예술과 유사한 성질을 갖는다.

(Smith, 1795[1980], p. 153-154). 스미스는 ***도덕정서론****(The Theory of Moral Sentiments)*에서 만져볼 수 있는 유형(有形)적인 형상과 가시적이지만 표상적인 형상의 차이점을 논의하고, 참된 지각을 위해서 우리가 보게 되는 잘못된 이미지를 정신이 어떻게 바로 잡는지 언급했다 (Smith, 1756[1976], p. 134-135).

시각의 본질을 연구하고, 우리들의 관념 생성에서 시각이 차지하는 역할을 탐구하기 위해 스미스는 새를 비교 관찰하였는데, 그러한 관찰은 그의 연구방식을 잘 보여 주는 좋은 예다. 실제 야외관찰 결과를 바탕으로 자신의 가설을 점검해 보려는 그의 시도는 그의 친구인 제임스 허턴(James Hutton)의 접근 방식을 생각나게 한다. 여기서 허턴의 방식이란 스스로 유추해 낸 가설을 검증하기 위해 야외에서 광범위한 관찰을 수행하는 연구방식을 가리킨다(Smith, 1795[1980]의 162쪽과 편집자 주 30을 참조).

스미스는 자신의 저서인 ***천문학사****(History of Astronomy)*에서 코페르니쿠스식 사고가 받아들여지는 과정을 논의하는 가운데, 학식 있는 사람들이 사고의 일관성(정합성)을 유지하기 위해 자신들의 감각으로 확인한 내용을 얼마나 쉽게 무시하려 드는지 언급하였다[15](Smith, 1795[1980], p.77).

> 코페르니쿠스의 이론이 그 당시까지 알려진 물리학의 모든 지식과 일관성을 유지할 수 없음[16]에도 불구하고, 나아가 훨씬 더 실질적인 다수의 반대 논증들에도 불구하고 천재적인 여러 천문학자들에게 곧

---

15) 이러한 태도와 반대로, 자료를 무시하지 않는 태도를 포퍼는 '비판적 합리주의'라 일컬으며 과학자 사회가 공유하는 '근본규범'이라고 설파한다. 그러나 토마스 쿤은 그렇게 생각하지 않았다. 그는 과학자들이 그렇게 이상적으로 합리적이라 생각하지 않았다. 인간이 완전하게 이성적 존재라는 근대유럽의 철학적 인간학은 부정되었다. 자세한 내용은 70쪽 각주 23) 참조.

16) 과학철학자 토마스 쿤(Thomas Kuhn, 1922~1996)의 용어로 '공약불가능성(Incommensurability)'에 해당한다. 자세한 내용은 70쪽 각주 23) 참조.

바로 인정받았다는 점은 철학(자연과학)계에서 가장 놀라운 패러독스라 할 수 있다. 그런데 이런 수용과정이 다른 어떤 사례보다도 분명하게 예증하는 바는 학식 있는 사람들이 그들의 상상력에 따른 관념의 일관성을 유지하기 위해 자신들의 감각적 증거들을 아주 쉽게 내던져 버린다는 점이다.

사람들이, 서로 분리된 각각의 관찰을 연결하기 위해 구축해 내는 이론적인 시스템을 스미스는 기계로 비유했는데(1795[1980], p.66), 이와 같은 비유는 산업혁명기인 18세기에 유행했던 비유 가운데 하나다.

많은 점에서 시스템은 기계를 닮았다. 실제로, 기계는 장인(匠人)들이 작업하던 여러 가지 다른 공정(작업)과 그 결과를 하나로 연결시키는 것은 물론 각 공정을 수행하게끔 만들어진 작은 시스템이라 할 수 있다. 이론적인 시스템은 이미 실제로 일어나는 자연적인 작용과 그 효과들을 상상 속에서 하나로 연결시키기 위해 고안한 하나의 가상적인 기계다.

위에 인용된 내용은 18세기 후반의 그 어떤 과학 문헌보다도 이론적인 모델의 핵심을 잘 기술하였다. 같은 페이지에서, 스미스는 모델이 개선됨에 따라 모델이 더욱 간단해 진다[17]는 점을 강조했다. 스미스의 전기 작가 스튜워트(Dugald Stewart)는 역사에 대한 스미스의 업적을 평가하면서 다음과 같이 지적하였다. "우리가 한 사건이 ***생성되어 온*** 과정을 추적할 수 없을 때, 그 사건이 어떻게 자연적 원인에 의해 생성될 수 있었는지 그 개연성을 보여주는 것이 중요하기도 하다[다음과 같은 태도에 제동을 걸기 위해].... 나태한 철학은 자연세계든 도덕적인 세계든 어느 곳에서나 겉으로 드러나는 모습에

---

17) 고도의 추상화, 즉 오컴의 면도날을 가리킨다. 자세한 내용은 201쪽 각주 19) 참조.

상관없이 기적을 언급하면서[18] 제대로 설명해 내지 못 한다"(Stewart, [1793]1980, p.293; Skinner, 1996. p.96-97).

우리는 스미스의 저서인 ***도덕정서론****(The Theory of Moral Sentiments)*을 통해, 사람들이 완전하게 알려지지 않은 사물들에 대한 모델을 어떻게 구축해 내는 지 배우게 된다. 그 책의 두 번째 문단에서, 스미스는 다음과 같이 지적했다(Smith, 1756[1976], p.9).

> 우리는 다른 사람의 감정을 즉각적으로 경험할 수 없으므로, 다른 사람들이 영향 받는 방식에 대해 어떠한 관념도 형성할 수 없다. 그러나 우리는 비슷한 상황에서 우리들 자신이 느낄 수밖에 없는 감정을 떠올려 볼 수는 있다. 형제가 아주 괴로운 처지에 있더라도, 자기 자신이 편안한 상태에 있는 한, 우리의 감각은 결코 우리에게 어려움에 빠진 형제의 고통을 일깨워 주지 않을 것이다. 우리의 감각은 우리 자신을 벗어나 다른 이들에게 전해지지도 않고 전해 질 수도 없다. 우리가 고통 받는 이의 감정에 대해 어떤 생각을 떠올리려면 오로지 상상에 의존할 수밖에 없다[19]. 만약에 우리가 고통 받는 이의 처지를 생각한다면, 그 때 우리가 느끼는 감정은 고통 받는 이가 직접 경험하는 인상이 아니라 단지 우리들 자신의 감각에 대한 인상에 지나지 않는 것으로 우리들의 상상력이 복사해낸 것이다.

---

18) 철학(과학)보다는 종교에 가까운 태도에 해당한다. 종교적 태도는 인간이 자연현상을 이해하려고 시도하지 않고, 경외에 찬 태도로 준엄한 신의 천벌을 두려워한다. 인간이 인식주체로서 자연을 제대로 이해하고, 신의 자리를 차지한 세상의 주인으로서 자연을 '통제'할 수 있다는 믿음에 기초한 인본주의(人本主義, humanism) 이전의 전근대적 태도다. 자세한 내용은 84쪽 각주 43)과 85쪽 각주 45) 참조.

19) 인간의 정신은 공감과 초월의 범위를 주변 인간(타인)에서 자연(크게는 우주)으로까지 확장한다. 예를 들어, 노벨생리의학상 수상자 유전학자 버바라 매클린턱(Barbara McClintock, 1902~1992)은 옥수수 유전자와 자기 자신 사이의 구별을 흐리게하여 '물아일체(物我一體)'하는 연구방식을 채택했다.

스미스는 이 점을 다음과 같이 거듭 강조하였다:

> 한 사람이 지닌 모든 능력은 다른 사람이 지닌 비슷한 능력을 가늠하는 척도이다. 나는 내 시력으로 상대방의 시력을, 내 청력으로 상대방의 청력을 그리고 내 이성으로 상대방의 이성을, 내 원한으로 상대방의 원한을 그리고 내 사랑으로 상대방의 사랑을 가늠해 본다. [이 말은 스미스가 틀림없이 알고 있었을 '사람이 만물의 척도[20]'라는 프로타고라스(Protagoras)의 말과 유사하다.] 나는 이와 다른 방식으로 사리를 판단하지 않으며 그렇게 할 수도 없다.

주로 유추를 통해 가설이 만들어 진다는 이러한 견해는 스미스뿐만 아니라 그로부터 1세기 후에 지질학자 길버트(Gilbert, 1896)도 지지했다. 스미스는 가설이란 어떤 규칙을 통해서가 아니라 거의 우연처럼 도출된다(직관)는 점도 온전히 깨닫고 있었다. 그의 깨달음은 거의 2세기 후의 아인슈타인의 깨달음(Einstein, 1934[1982], p.110-111)에 비견된다. "우리보다 앞선 시대의 사람들은, 공기도 무게를 갖는다는 사실과 그를 입증하는 실험을 전혀 생각해 내지도 못했는데 오늘날 우리가 생각해낸 이유는 우리가 엄청나게 총명해졌기 때문이 아니라 순전히 우연 때문이다"(Smith, 1795[1980], p.109).

앞의 인용문은 가설체계의 수립과정에 관한 완벽한 이론을 제시한 것으로 볼 수 있다. 스미스는 가설이란 정신의 산물로서 상상력

---

20) 소설가 프란츠 카프카(Franz Kafka, 1883~1924)가 자신의 연인(가장 가까운 관계)을 마주할 때마다 그 모습이 항상 달라져서 언제나 '영원한 미지'(언제나 낯섦)라고 묘사한 그런 인식론적 딜레마와 같다. 그에 따르면 아무리 친밀한 관계라 해도 영원히 그 사람에 대한 '완벽한 경험적 자료'를 수집할 수 없을 뿐더러 자신과 다르기에 본질적으로 타인은 '알 수 없지만' 자신과 같은 인간이기에 적어도 비슷할 것이라 '가정'한 상태로 '추론'하는 것이다. 이러한 노력이 '인식론적 비관주의'에 빠져 아무런 가설(판단)을 세우지 않는 것보다 낫고 그것이 포퍼가 말하는 과학이 다른 학문과 구별되는 독특한 그리고 유례없이 성공적인 태도다.

으로 구축된다는 점을 분명히 밝히고 있다. 칸트까지도 뉴턴이 진리를 발견했다고 생각했던 시기에 스미스는 자신의 '*천문학사*(*History of Astronomy*)'에 뉴턴의 이론을 소개하면서 다음과 같은 여운을 남겼다(Smith, 1795[1980], p.105).

> 이제까지의 모든 철학체계란 서로 상관이 없는 자연현상을 관련지어 보려는 단순한 상상력의 소산에 불과하다고 강변해 왔음에도 우리는 여전히 이러한 철학원리를 자연의 여러 작용을 하나로 묶어주는 진실한 연결고리와 같다고 여겨 이 연결원리를 표현하는 언어의 활용에 골몰하고 있다.

스미스는 거짓으로 판명된 모델은 폐기되게 마련이라는 견해를 다음과 같이 밝혔다. "세상 사람들이 정립된 사고체계에 포함된 오류를 수정해야 한다고 느끼면 그들에게 그런 체계의 폐기를 설득하기란 그다지 어렵지 않다"(Smith, 1795[1980], p.71). 스미스는 프톨레미(Ptolemy 또는 프톨레마이오스)의 천문학을 폐기시킨 코페르니쿠스의 천문학을 그러한 예로 들었다.

이처럼, 스미스는 흄의 딜레마[21]에 대해 가설의 수립과(스미스가 가설을 수립해 나갔던 방식에 대한 구체적인 내용은 Lindgren, 1969을 참조) 가설의 검증, 그리고 오류의 검증을 통한 가설의 폐기 또는 수용 등으로 지식의 진보를 설명했다. 스미스는 지식이 논리적인 최종진리에 도달하지 못하더라도 끊임없이 성장한다고 믿었다(Thomson, 1965). 스튜어트(Stewart, 1793[1980], p.293; Skinner, 1996, p.96 참조)는 스미스의 생애와 업적을 설명하면서 이러한 방식(주의主義)의 역사기술(description)을 "이론적 또는 사변적 역사(Theoretical or Conjectural History)"라고 불렀다[22]. 내가

---

21) 인식론적 회의주의(비관주의) : 경험론자인 흄은 과거나 미래나 우리가 완벽히 통제할 수 있는 '경험'에서 벗어나 있기에 마찬가지로 둘 다 정확히 알기 힘들다고 주장했다.

보기에 이것은 칼 포퍼가 이론적 지식의 진보에 기여하는 방식이라고 제시했던 추측과 논박 가설(Karl Popper, 1933, 1935, 1980)과 똑같다[9]. 와이트맨(Wightman)은 스미스의 천문학사에 대해 언급하면서 이 점을 완곡하게 지적하였다. "과학적 지식의 문제에 관한 스미스의 해결책은 흥미롭게도 칼 포퍼가 제시한 '귀납 및 오류검증방식'과 일맥상통하는 점이 있다(Smith, 1795[1980], p.41)." 그렇지만 와이트맨이 쿤(Kuhn)의 게슈탈트 이론(Gestalt theory)23)을 근거로 삼은 점은 적절치 않아 보인다. 더욱이 스미스의 역사관을 오거스트 콩트(Auguste Comte)의 역사관과 비슷한 실증주의로 본 포퍼의 입장에서는(Porter, 1976, p.96) 앞서 밝힌 지식의 성장방식에 관한 스미스의 견해를 해명할 수 없었다(그러나 포터는, 허턴과 스미스는 실증주의자가 아니라고 적어도 고지식한 실증주의자는

22) 과거의 개별적 사실들의 단편들을 그러모으다 보면 '언젠가' 확실한 과거의 진실을 알 수 있을 것이라는 실증주의 또는 랑케가 내세운 근대역사학의 방식(주의)과는 완전히 다른 태도로, 역사를 자료로 이해하려 하지 않고, 먼저 '대담한' 추측의 사변적인 과정이 선행한다고 보는 입장을 가리킨다. 역사학자 에드워드 카(Edward Hallett Carr, 1892~1982)에 의하면 '순수한 자료'와 같은 것은 없다. (What is History?, 1961) (한글판 : 에드워드 카(김택현 옮김), 2015, 역사란 무엇인가, 까치) 참조.

23) 형태주의 심리학(게슈탈트 심리학, Gestalt psychology). 무언가 인식하기 위해서는 '자료(데이터)'를 그러모으는 차원을 넘어서, 사전에 그것이 인간에게 어떤 '형태(형상)'로 보이게끔 만드는 '인지의 틀(도식圖式, schema)'이 무의식에 미리 주어져야 한다는 생각이다. 토마스 쿤은 칼 포퍼의 비판적 합리주의를 비판하며, 과학은 과학자 사회가 공유하는 거대한 세계관, 즉 패러다임(paradigm)을 무의식적으로 공유하고 있기에(형태, 도식, 형상) 과학연구란 그 패러다임에 맞추는 '퍼즐 맞추기'에 가깝다고 보았다. 즉, 지극히 합리적이고 비판적으로 작동하는 '추측과 논박'이라는 의식적 이중주로 과학이 '이상적으로' 작동한다고 보지 않았다. 이 같은 쿤의 과학관은 칼 포퍼와 다르게, 오랜 시간 동안 패러다임(일종의 합리적이 않은 '편견')을 공유하는 '보수적인'(비판적 합리주의가 생각보다 잘 적용되지 않는, 어쩌면 특정 이론을 '교조화하는') 과학자 사회가 정상과학을 유지하려 하다가 갑자기 패러다임이 뒤바뀌는 '과학혁명'을 통해서 과학이 성장한다고 보았다. 자세한 내용은 (The Structure of Scientific Revolution, 1962)(한글판 : 토마스 쿤(김명자, 홍성욱 옮김), 2013, 과학혁명의 구조, 까치) 참조.

아니라고 설명하였다; Porter, 1977, p.190-191)[10].

만일 스미스의 방식대로 이론적인 연구에서 주로 유추를 통해 가설을 수립함으로써 지식이 진보한다면 역사적 실체를 제대로 이해하기 위해 무엇을 비교대상으로 삼아야 하는가? 스미스는 이 의문에 대한 고찰을 자신의 저서 '***고대 물리학사****(History of Ancient Physics)*'에서 아주 명쾌하게 제시했다. 스미스가 다룬 고대 물리학은 오늘날의 지질학을 포함하고 있으므로 지표에서의 자연적인 과정에 관한 인식의 변화도 충분히 언급하였다(Smith, 1795[1980], p.106-107).

따라서 만일 상상력을 천국의 모습이나 그려 보는 일쯤으로 치부하는 경우, 상상력은 종종 엉뚱하고 기괴한 생각을 이끌어 내는 부자연스러운 사고방식으로 비춰지게 마련이다. 그런 상상력으로 이 땅위에 있는 대상을 바라보고 그 대상들의 움직임과 변화를 추적하려고 애쓴다면 상상력은 훨씬 더 황당한 사고방식이 될 것이다.

서로 다르고 동떨어진 대상들이 뒤섞인 혼돈상태로 이 세상을 바라보는 우리들의 인식에 질서와 일관성을 부여하기 위해서는 우리에게 아주 익숙하고 친근한 몇몇 사물로부터 각 사물의 특성과 작용 그리고 변화법칙을 연역해 내야 한다. 이런 식으로 상상력이 발휘된다면 상상력은 자연스럽고 의미 있는 생각을 원활하게 만들어 낼 것이다. 그러나 굴뚝에서 나오는 불꽃이 보일러 연소 작용의 결과임을 입증하지 않으면, 굴뚝의 열기로부터 보일러의 열기를 연역해내려는 노력은 부질없을 것이다. 마찬가지로 일상적인 사물의 참모습이 가려져 있다 해도 그런 사물이 드물게 관찰되는 독특한 현상의 구성요소로 취급되지 않는다면 자연의 예외적인 모습에서 관찰되는 변화법칙과 변화양상을 우리에게 좀 더 익숙한 사물로부터 연역해내기는 불가능하다. 따라서 자연이라는 거대한 무대["지구"를 가리킨다. 아리스토텔레스의 표현과 흡사하다.]에 상상력을 부여하는 자연스런 과정에는 두 가지 가정이 필요하다. 첫째, 낯선 대상이라 하더라도 우리에게 아주 익숙한 소수의 요소들(기초적 사물)로 구성된다. 둘째, 낯선 대상의 특성, 작용, 변화법칙은 기초적 사물을 통해 오랜 동안 접해 왔던 속성들의 색다른 분화에 불과하다.

이것으로 실제론이라는 가설이 아주 분명하게 설명된다. 스미스는 미지의 현상을 어떻게든 우리가 알고 있는 사물로 이루어진 구성요소로 환원해야 한다고 말했다. 스미스의 이 주장은 미지의 사물에 대한 관찰에서 흔히 문제되는 불충분한 정보(gaps)를 보완해주는 가설의 수립을 가능케 하는 유일한 방식이다(앞에서 제시했던 Stewart, 1793[1980], p. 293의 인용구절을 참조). 스미스는 ***국부론**(Wealth of Nations)*에서 이 방식을 반복적으로 활용하여 각 사회의 경제활동의 발달을 해명하였다. 사회이론서로서 *국부론*의 가장 두드러진 특색은 인간의 특성, 곧 인간 행동의 복잡 미묘함을 자주 강조했다는 점이다. 스미스는 글래스고우(Glasgow)에서 법학과 윤리학을 강의하는 동안 인간의 특성에 대해 자세히 공부했다. 스미스는 자신의 첫 번째 저서이자 고전이 된 ***도덕정서론***(*The Theory of Moral Sentiment*; Smith 1759[1976])에서 인간 지성과 감성의 복합적인 결과를 분석했다. 스미스는 법학강의에 *도덕정서론* 등에서 얻은 자료들을 활용하여 자신이 파악한 인간의 속성이 어떻게 개인 간의 상호관계와 개인과 정부 간의 관계에 영향을 미치는지 설명했다. 스미스가 인간 사회를 유지시키는 재화의 원천을 탐구하기 위해 경제활동에 주목한 것은 너무나 자연스러운 과정이다(cf. Johnston, 1977, p.11).

1763년 4월 이전에 썼던 국부론의 초고에서(Smith, 1978의 편집자 서론, p.561을 참조), 스미스는 숙련된 개인 간의 노동의 분업과 협동의 가치를 강조하면서 자신의 고찰을 시작했다. 그는 노동 분업의 원리를 천명하고, 그 원리를 현재(스미스 생존 당시)의 예를 들어 설명했다(Smith, 1978, p.562).

고립된 개인의 '나 홀로 노동'으로는 자신의 음식, 옷, 잠자리 등을 제대로 해결해 내기 어렵다. 그런 노동으로는 부자들만큼의 풍족한 생활을 영위할 수 없을 뿐만 아니라 모든 문명화된 사회에서 가장 가난한 농부의 자연적인 욕구마저도 해결해 낼 수 없다. 영국이나 네덜란드의 평범한 노동자가 누리는 의식주를 눈여겨본다면, 그가 물질적으로는 천여 명의 노예를 부리는 인도의 왕자보다도 월등하게 풍요하다는 사실을 깨닫게 될 것이다.

마찬가지로, 스미스는 수상운송의 이점을 고찰하면서 먼저 그 당시 세계의 사례 다시 말해, 북미대륙의 식민지 발달을 언급한 다음, 지중해 주변의 상업발달사를 추적함으로써 실제론에 입각한 논의를 전개해 나갔다. 스미스는 지중해 주변의 무역을 논의하면서 나일강에서의 수상운송의 중요성을 다음과 같이 설명했다. "수상 운송은 물길을 따라 약간의 기술적 도움으로 통신수단을 제공하여 큰 도시들은 말할 나위도 없고, 모든 중소 도읍들 그리고 시골에 있는 많은 농장들까지도 서로 소식과 정보를 교환할 수 있게 해 주었다. 이것은 오늘날 네덜란드의 라인강과 모젤강을 따라 발달된 운송체계의 모습과 거의 똑같다[11]. 어쩌면 나일강을 통해 내륙으로 깊숙이 항해하기 쉬운 점이 이집트의 초기 발달의 주요인이었을 것이다." 이처럼 스미스는 자신이 주장하는 원리를 설명하기 위해 시간적으로 과거와 현재를 끊임없이 넘나들었다. 그는 자신이 주장하는 바에 상응하는 현재(스미스 생존 당시)의 예를 들어 자신이 주장하는 모든 작용을 직접적으로 관찰하고 확인할 수 있도록 설명해 나갔다[24)].

---

24) 실제론(현재론)의 의미. 현재에서 얻은 영감을 통해 '먼저' 상상한 가설(아이디어)을 중심으로, 과거의 사례(자료)를 '직조'하는[역사적 진실을 그 자체로 보여준다는 게 아니라 마치 인간에 의해서 역사가 구성되고 적극적으로 만들어진다는 의미] 방식으로 스미스는 역사를 이해하려 했다. 흄이 스미스의 성과를 가리켜 잘못된 길에 들어선 것이라고 말한 이유라 할 수 있다.

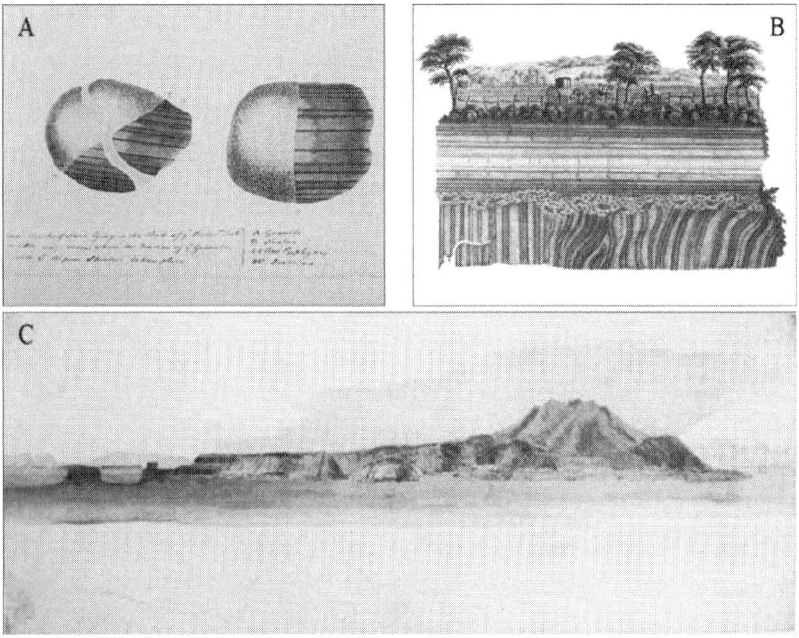

그림 3. 엘딘의 존 클럭(John Clerk of Eldin)이 그린 세 점의 그림은 허턴이 다양한 규모에서 관찰을 실행했음을 보여준다. A: 글렌 틸트(Glen Tilt)의 암석은 교차 절단 관계[잘린 지층은 자르는 지층보다 먼저 형성되었다는 지층형성의 선후관계를 알려주는 원리]를 보여준다. B: 보더(Borders) 지역의 제드버러(Jedburgh) 부정합. C: 플래다 섬(Isle of Pladda)을 포함하여 아란 섬(Isle of Arran)의 남북 단면도. 위 그림은 모두 페니쿠익(Penicuik)의 로버트 클럭 경(Sir Robert M Clerk Bt.)의 양해 하에 전재함.

스미스는 "각국의 부의 증진"에 관한 논의과정에서 역사적인 상황과 현재의 상황을 번갈아 예로 들면서 자신의 가설적 결론을 설명해 나갔다. 스미스는 역사적인 사례와 현재의 사례를 번갈아 논의했을 뿐만 아니라 자신의 관찰범위도 끊임없이 바꿔보곤 했다. 한 제국 전체의 무역을 고찰한 다음에는 상인과 고객의 욕구, 성향 그리고 습관 등이 전반적인 교역에 미치는 영향을 논의하였다. 그런 다음에 상업중심지를 분석하면서 상인과 고객이 어떻게 커다란 국가 경제에 기여하는지 논의하였다. 지질학자는 지구역사를 이해하기 위해 관찰범위를 수시로 바꿔본다는 브록(Brock, 1972, p.5)의 언급처럼, 스미스는 사회과학자로서 자신이 탐구하는 사회현상을 꿰뚫어 보기위해 관찰범위를 바꿔가면서 사고하는 노력을 기울였다. 이런 접근법은 그의 친구였던 자연과학자 허턴이 자연과학에서 활용한 방식이기도 하다(그림 3). 내가 보기에, 부의 축적요인과 부의 축적이 사회에 미치는 영향이라는 커다란 주제를 개별적인 예로부터 풀어 나가는 스미스의 논의방식이야말로 스미스가 세부적인 내용에 관심을 기울였던 이유를 극명하게 보여준다. 나는 마르크스(Marx)가 경제학에서 부의 축적문제를 적절하게 다루지 못했다고 본다. 마르크스가 이론적인 역사학자가 아닌 경제학자였다면 위의 문제를 스미스처럼 비교 고찰하는 편이 적절하다.

마르크스는 자본주의가 언제나 자신의 시대에서와 똑같은 방식으로 기능할 것이라고 생각하였으며, 그 당시의 자본주의 체제를 잉여가치, 경쟁 그리고 이자율 하락[25], 임금 하락에 따른 노동시간의 증가 등을 중심으로 자세히 기술하였다. 그리고 리카르도(Ricardo)의 영향을 받아(cf. OBrien, 1990, p.156) 다음과 같이 결론지었다. 노동자는 결국 자본가의 착취로 자신의 삶이 힘들고 비참해졌다는 사실을 깨달을 것이므로 자본가와 필연적으로 충돌하게 될 것이다. 이에 따라 노동자는 혁명을 일으켜 자본가로부터 생산수단의 소유를 박탈해야 한다고 주장했다.

이와 같은 견해는 경제체제의 제한된 몇 가지 요소만을 고려하고 그 요소들 간의 상호작용으로부터 논리적 결론을 이끌어 냈다. 이 결론은 자본주의 경제체제의 심각한 위기로 비춰지며 실제로 자본주의의 종말을 가리킨다. 그렇지만, 마르크스는 일상생활의 실상과 인간의 삶에 대한 기본적인 열정에 관심을 기울이지 않았다. 자본

25) 금융시장에서 이자율 하락에 따른 자본가의 과잉 투자, 과잉 생산, 상품가격 하락은 부도로 이어질 수 있다.

가가 오로지 자신의 부를 축적하기 위해서만 살아가지는 않으며 노동자가 자신의 비참한 노동에만 의지한 채 살아가지도 않는다. 상식적인 보통 사람이라면 생존수단을 거의 모두 빼앗길 때까지 그저 행운이나 빌고 있지는 않을 것이다[26]. 마르크스의 견해는 경제발달의 냉혹한 법칙이 우리들의 운명을 얽어맨다고 믿게 만든다. 나중에 마르크스가 주장한 개념을 좀 더 자세히 살펴보면서 이 점을 논의할 것이다(마르크스와 관련지어 토인비(Toynbee)가 명백한 오류라고 부른 논의를 보려면 Fisher[1970, p.193]을 참조). 경제체제 내에서 사람들은 하나의 거대한 기계에 들어 있는 눈에 띄지 않는 수많은 톱니바퀴처럼 비춰지기 때문에 스미스는 경제체제라는 거대한 구조에 관한 고찰로부터 시작하는 논의전개를 꺼려했다. 그 대신에 스미스는 일상생활에 관한 고찰로부터 논의에 착수했다. 그 이유는 사람들의 정신 및 심리학적 기질이 만들어 내고 유지시키는 일상생활 속에서 경제적 관계가 발생하기 때문이다(O'Brien, 1990, p.156을 참조). 사람들은 종종 큰 행복을 쫓아 부자가 되려는 열망에 사로잡히곤 하지만 나이가 들면서 대개 물질적 풍요가 그대로 행복으로 이어지지 않음을 깨닫게 된다. 스미스는 이에 관해 다음과 같이 언급했다(Smith, 1756[1976], p.183-184).

> 그러나 권태와 질병의 시름에 잠기는 노년이 되면 고귀한 풍채의 헛되고 부질없는 쾌락은 마음에서 멀어진다. 이런 처지에서는 누구든

---

26) 마르크스가 예측했던 필연적인 역사발전법칙을 가리킨다. 교부(敎父) 철학자 아우구스티누스(Augustinus, 354~430)가 제시한 기독교의 묵시론적(종말론적) 역사철학과 구조적 유사성을 갖는다. 부정한 자본가에 대한 신(혹은 역사발전법칙)의 심판이 미래에 반드시 도래할 것이므로, 당장 생존이 경각에 달렸는데 그저 자신의 운명을 외부에 내맡길 사람이 상식적으로 얼마나 되겠는가? 역사는 인간의 주체적 선택과 행위로 '만들어지는 것'이지 신이나 그에 상응하는 어떤 세속화된 보편법칙[이 법칙마저 인간이 만든 것이다.]에 의해 규정되는 결정론이 아니다. 이것은 스미스의 태도와 유사하다.

예전에 자신이 온 몸으로 부대끼며 추구했던 바를 다른 사람들에게 권면하지 못한다. 그는 결코 충족될 수 없는 욕망 때문에 자신이 얻은 안락을 바보처럼 희생시키면서 흘려보낸 아름다운 젊은 시절의 안일과 나태를 할 일없이 가슴아파하고 마음속으로 야망을 저주한다[12]........ 자연은 바로 이런 식으로 우리에게 짐을 지운다고 볼 수 있다. 인류는 바로 자연의 속임수에 넘어가 끊임없이 근면한 노동을 이어가는 셈이다. 다시 말해, 인류는 자연의 이런 손길 때문에 땅을 갈아 경작하기 시작했으며, 집을 짓고, 도시와 국가를 건설했다. 나아가 인간은 스스로 삶을 우아하고 기품 있게 만들려고 과학과 예술을 창안하고 발전시켰다. 이로써 인류는 지구의 전체 모습을 변화시켰는데, 자연 상태의 거친 숲이 경작하기에 흡족한 평원으로 바뀌었고 사나운 바다가 새로운 생존의 무대가 되었다. 아울러 다른 나라와 교역하기 위해 높은 산맥을 가로지르는 도로를 개설했다. 인류의 이런 노동으로 지구는 생산력을 배증시켜 왔으며 과거보다 훨씬 많은 사람들을 먹여 살릴 수 있게 되었다. 오만하고 냉혹한 지주가 자신의 넓은 들판을 바라보면서 거기에 매인 농군들의 생계를 아랑곳하지 않은 채 자기 소유지의 모든 수확물을 혼자서 모두 차지하여 써버리겠다고 상상해도 그렇게 되지는 않는다. 그런 지주의 욕심은 눈이 배보다 크다는 속언을 잘 입증해 준다. 영주의 뱃속도 가장 가난한 농군의 뱃속과 별반 다를 게 없는데, 그의 욕망은 위장크기와 전혀 상관이 없다. 영주는 자신이 소비할 소량의 수확물을 제외하고 그 나머지는 주위 사람들에게 배분할 의무가 있다. 곧, 영주에게는 영주가 사용할 물건들을 정성들여 만들기만 할 뿐 자신들은 사용해 보지도 못하는 장인들, 영주의 궁전을 관리하는 사람들, 그리고 영주의 위의를 과시하는 온갖 의전을 집행하는 사람들에게 자신의 소유를 배분할 의무가 있다. 이처럼 주변사람들의 생계의 대부분이 영주의 사치와 변덕으로부터 나오므로 그저 영주의 인간애에서 우러나온 정의를 기대하면 낭패를 볼 것이다. 땅의 소출은 언제나 땅이 먹여 살릴 수 있는 사람 수 만큼 유지되었다. 부자들만이 그 소출가운데 가장 귀하고 마음에 드는 것을 선택한다. 부자들은 자신들의 이기심과 변덕에도 불구하고 가난한 사람들 보다 약간 더 소비한다. 그런데 부자들은

> 자신들의 이기심과 변덕을 가리켜 그저 편의를 도모했을 뿐이고, 자기가 먹여 살리는 수천 명의 노동으로부터 기대하는 바가 그 것 뿐이라고 말한다. 그들 자신이 헛되고 충족될 수 없는 욕망을 미화하기 위해서라면 늘어난 소출을 가난한 사람들과 나누어 갖는다. 그들은 보이지 않는 손에 이끌려 생계수단을 거의 똑같이 분배하는 셈이다. 이것은 경작지를 모든 거주민에게 거의 똑같이 배분한 경우와 비슷한 결과가 된다. 따라서 사람들은 깨닫지 못하는 사이에 사회의 이익을 증진시키고 인류의 번성에 기여한다.

스미스는 이처럼 사회는 개인의 욕망과 다른 사람들과의 관계에서 유래한 내재적인 작용 때문에 극단으로 치닫지 않게 된다고 보았다. 스미스가 본 사회는 경제사의 고전적인 견해와 정반대로 라이프니츠(Leibniz)식의 결정론적인 조화상태가 아닌 내부적인 규제와 균형을 유지하는 역동적인 상태에 있다[27](Gordon, 1968, 1991, p.220과 특히 p.225). 스미스의 인간사회의 특성에 관한 견해 가운데 이러한 역동성이 가장 중요한 특징이다(Johnston, 1977, p.17). 지구 표면이 계속 삭박되거나 융기되지 않게 하는 내재적인 작용[28]때문에 역동적

---

27) 결정론적 조화상태는 초월적인(외부적인) 신이 세속의 사람들(내부적인)의 자유의지에 따른 활동과 상관없이, 이미 그 결과(경제원리)를 초래할 것을 예정(조화)해 놓는다. 그러나 실질적으로 살펴보면, 활동(원인)에 의해 '경제현상' 같은 상위의 시스템(결과)이 '창발'하는 것이다. 그런 의미에서, 스미스가 거시적이며 추상적인 경제원리를 제시하기 위해 그가 살았던 '현재', 즉 일상을 살아가는 평범한 사람들의 구체적인 사례(특성)에 관심을 집중한 것은 자연스러운 귀결이다. 이미 주어진 역사발전법칙(보편법칙)이 있고 그것은 마치 신과 같이 역사에 결정론적 압력을 행사하는 필연성을 갖게 된다고 선언하는 순간, 인간은 이데올로기와 보편법칙의 노예로 전락한다. 이것이 마르크스의 사상이 교조화된 원인이며['검토필'을 면제받음으로써 포퍼가 과학을 정의하는 근본규범(비판적 합리주의)을 벗어난다.], 그것이 인간의 삶과 역사를 불행하게 만들었다고 저자는 주장한다.

28) 그 원인은 무엇인가? 외부적인 신이 아니라, 내부적인 원인이다. 현재는 지표면의 현상(결과)을 지구 내부의 멘틀 작용 등의 열역학적 과정(원인)으로 설명한다. 사회과학자 스미스와 자연과학자 허턴 양측 이론은 '유추(類推, analogy)'라

인 상태를 유지한다는 제임스 허턴의 지구관도 이와 유사하다. 허턴에 따르면 지구의 진화과정에서 지형은 평균적인 상태를 중심으로 변동하였다. 마찬가지로 스미스에 따르면 사회도 역사적 변동과정에서 개인적인 부의 총합 곧, 전 지구에 대한 모든 지식과 그 지식으로부터 나오는 인류의 개인별 부양능력도 평균치를 중심으로 변동하였다[29]. 스미스가 사회진화에서 개인의 행동을 중시한 것처럼, 허턴은 지형의 변화에서 해변의 파도와 조그만 하천에서 볼 수 있는 바와 같은 일상적인 지질학적 작용을 중시하였다. 허턴이 현재 관찰할 수 있는 자연적인 과정을 바탕으로 지구 역사를 재구성한 것처럼 스미스는 거의 전적으로 현재의 사회모습에 입각해 사회진화를 고찰했다. 린드그렌(Lindgren, 1969)은 스미스가 자신과 동시대 사람들의 사회적 조건을 고려함으로써 자연과학과 사회과학의 방법론을 구별했다고 언급했지만, 스미스는 고찰 대상의 특성들을 고려하지 않은 어떠한 연구도 불완전하다고 여겼을 것으로 본다[30]. 나

는 뜻의 모범적인 사례라고 할 수 있다.

29) 과거도 미래도, 흄의 시간적 대칭성에 대한 인식론적 딜레마로 인해 어쨌든 똑같이 완벽하게 알 수는 없지만, '현재'와 얼추(평균적으로) '동일한 과정'일 것이라는 추론을 바탕으로 과거와 현재(역사적 변동과정), 그리고 미래까지 안정적으로 추측할 수 있다. '평균적인' 상태를 아득히 넘어서는 단속적인 상태로 이행한다면 그것은 과거와 미래를 현재를 중심을 한 동일과정이라고 설명할 수 없으며, 격변론의 영역으로 넘어간다. 이것은 '현재는 과거의 열쇠다(시간의 순환-계속 되풀이된다.)'라는 말보다는 '과거는 현재의 열쇠다(시간의 화살-단속적으로 결별하고 새로운 단계로 이행한다.)'라는 비유에 더 가까운, 그리하여 미래도 현재를 중심으로 손쉽게 추측할 수 없는 그런 '필연성'보다는 '우연성'의 개입에 의지해야 하는 현상이 발생한다. 대표적인 사례로, 고생물학자 스티븐 제이 굴드(Stephen Jay Gould, 1941~2002)는 생명의 역사를 후자로 인식했으며, 이는 '생명의 테이프 역설'이라는 사고실험에서 잘 드러난다. 굴드의 저서(Wonderful Life : the Burgess Shale & the Nature of History, 1990)(한글판 : 스티븐 제이 굴드(김동광 옮김), 2018, 원더풀 라이프 : 버제스 혈암과 역사의 본질, 궁리출판) 참조.

30) 탐구하려는 대상의 '현재'를 면밀히 조사하고 그것에 대해 생각하지 않고서는 자연과학이나 사회과학이나 모두 연구 자체가 불가능하기에(모두 실제론적 사

는 스미스가 린드그렌의 지적처럼 사회과학과 자연과학의 인식론을 구별했다고 믿지 않는다[31]. 지식에 관한 스미스의 이론은 포괄적이나 가장 구체적인 내용까지도 신중하게 고려한 주장이다. 스미스는 개별적인 사례를 중시해야 하는 이유를 다음과 같이 기술했다(Smith, 1756[1976], p.187-188).

> 사람들이 인간애를 지지하고 잔인성을 비난하는 지 알아보려는 철학자가 언제나 잔인성이나 인간애의 구체적인 개별 행동을 뚜렷하고 생생하게 그려볼 수는 없다. 다만, 그런 특성을 보여주는 행동의 일반적인 모습에 바탕을 둔 어렴풋하고 개략적인 개념에 만족하곤 한다. 그러나 행동의 적절성 여부 또는 이로움과 해로움 등은 개별적인 사건을 통해서만 분명하게 파악할 수 있다. 구체적인 사례가 발생했을 경우에만 자기 자신과 특정 행동주체(타자)간의 감정의 일치 또는 불일치가 분명하게 드러난다. 우리는 다른 사람의 구체적인 행동을 보고 잔잔한 고마움을 느끼거나 그의 분노에 공감하기도 한다. 우리가 미덕과 비행을 추상적이고 일반적으로 언급할 경우, 미덕과 비행은 정서적인 생동감을 거의 불러일으키지 못하며, 그에 따른 감정도 명확히 드러나지 않는 듯하다. 그러나 미덕과 비행이 구체화 될 경우, 미덕의 긍정적인 효과와 비행의 불행한 결과가 생생하게 인식되며 양자 간의 차이가 분명하게 드러난다[32].

고방식을 신봉한다.), 어찌 보면 자연과학과 사회과학의 방법론적 구분은 무의미하다.

31) 아이디어는 분야를 막론한다. 단, 가장 추상적인 차원의 아이디어에 한에서 그들은 '유추' 내지는 '은유'라는 마법으로 어떤 분야든 넘나들며 교류 가능한 형태의 화폐처럼 작용하여 인류 지성사에 기여한다.

32) 창조하는 사람이 추상적인 일반법칙의 착상을 발견해 낼 때, 그의 '실존하는 현실'에서의 구체적인 삶, 특히 '정서적인 생동감'을 동반하는 심미적 감각(삶의 질), 즉 '직관의 힘'이 얼마나 중요한지를 알려준다. 아무리 추상적인 높이에서 창조하는 수준 높은 인간(과학자를 포함하여)이라도 '평범하고 구체적인 일상의 삶'을 잘 영위하는 것이 창작에서 얼마나 중요한지를 보여주는 대목이다.

이러한 개별적인 사례를 활용하자면 세심한 주의를 기울여야 하고 합당한 이유가 있어야 한다. 이는 지질학자들이 야외에서 특정 지층의 특성을 무시하거나 결정적인 증거로 삼고자 할 때 신중해야 하는 경우와 같다. 예를 들면 한 사회의 경제 활동을 알아보기 위해 개인의 행동을 고려하면서 스미스는 개인들의 냉철한 이해타산 이외에 다른 것을 기대하지 않았다("사람들의 인간애 또는 정의감을 기대하는 것은 부질없는 짓이 될 것이다."; 참고적으로 Smith, 1756[1976], p.27을 보면 "거지를 제외하고 그 누구도 동료시민들의 자비에 매달리려고 하지 않을 것이다. 거지라 하더라도 다른 사람의 자비에만 의존하지는 않는다"). 스미스가 이처럼 최소한의 인간성을 가정했던 점33)은 포퍼가 "합리성 원칙"을 활용했던 점과 흡사하다. 포퍼의 '합리성 원칙'이란 "행동주체들은 언제나 자신들이 인식한 상황에 적절한 방식으로 행동하는 것"을 가리킨다(Popper, 1967[1985], p.361). 포퍼는 사람들이 종종 이 원리에 따라 행동하지 않음을 안다고 역설했다. 그가 주장하려는 바는 합리성 원칙이 사회이론의 고리 가운데 가장 강력한 연결이 되어야 한다는 것이다. 어떤 사회이론이 실패로 판명 날 경우, 모든 요소들을 검토해 본 다음에 사람들이 주어진 상황에서 합리적으로 행동하려고 노력했는지 그리고 스미스의 주장처럼 자신들의 이익을 지키기 위해 노력했는지 따져봐야 한다. 스미스의 이론이 현실적이면서도 인간적으로 비춰진 까닭은 바로 이러한 인간성에 대한 최소한의 기대 때문일 것이다. 모든 경제적 투쟁에서 그는 최소주의에 입각한 행동을 통해 적절하게 통치되는 사회의 공동 이익을 극대화 시키고 그 사회를 끊임없이 부와 번영으로 이끌어 가는 보이지 않는 손을 깨달았다.

이와 같은 관점은 빌헬름 폰 훔볼트(Wilhelm von Humboldt)의 역사서술 관점이기도 했다(1821년 4월 12일 베를린 왕립 학술원 모임에서 발표된

---

33) 가장 추상적 차원의 '공리적 성격'이 강한 법칙은 포퍼가 말하는 검증을 시도할 수 없는 형이상학이라 할 수 있다.

홈볼트의 강연을 참조 : von Humboldt, 1821[1959]). 그 내용을 상세하게 기술했던 바오임러(Baeumler, 1926, p.CLIX)에 의하면, 훔볼트는 "전체성"을 기초로 삼았다[34]. 나중에 이 전체성은 인류전체의 지식으로 비춰진다. 국민의 영혼이 인간적인 모든 현상을 깊이 느끼면 느낄수록, 전체성은 국민에 의해 좀 더 섬세하고 포괄적으로 그리고 순수하게 이해될 것이며, 참된 의미에서 그 만큼 더 많은 역사가를 갖게 된다(Baeumler, 1926, p.CLXII에 인용된 von Humboldt의 언급). 그리고 나서 바오임러는 훔볼트의 관념과 레오폴트 폰 랑케(Leopold von Ranke)의 관념을 대비시켰다. 랑케가 보기에 그들에게 "인류는 설명 가능하거나 설명 불가하다: "개인, 세대, 국민의 운명은 때때로 하느님의 손에 달려 있기 때문에...... 랑케에게 이상적인 인류란 존재하지 않으며, 전체성[35]과 신의 계획도 눈에 띄지 않는다. 오로지 자연스럽게 접할 수 있는 개인들만 있을 뿐이다[36]..... 하느님으로부터 직접 기원했다는 존재감[37]이 있을 뿐이며 하느님은 전체성이 아니라 맥락 곧 의미이다[38]. 하느님에 대한 믿음은 개인을 신뢰하는 랑케

---

34) 랑케도 역사 연구에서 전체성의 효용 자체를 부정한 것은 아니지만 하느님에 대한 낭만주의적 기대와 그것의 현현에 대한 막연한 예견으로 사전에 그것을 연구의 기초로 삼지는 않았다.

35) 자연법칙(진리)을 다루는 학문에서 고안한 추상적인 법칙이나 인류가 쌓아온 지식의 총체에 대한 은유로 이해해도 괜찮다.

36) 현재의 구체적인 일상을 살아가면서 '단편적으로'(전체성을 위시하는 추상적 지식(학문)과 반대되는) 경험하는 세부적 사항들(상식을 위시하는 일상적 삶)을 뜻한다.

37) 모든 것은 '전체'로부터 기원했으며 우리가 보는 것은 그 '보이지 않는' 전체로부터 유출된, 제한된 삶 속에서 마주하는 단편적인 흔적(파편)일 뿐이다. 그 흔적(구체적 단편적 현상)으로부터 '전체'를 '유추'(혹은 연역적 논리적 추론)한 결과가 바로 인류가 학문(과학)을 통해 여태껏 쌓아온 '추상적 지식'의 총체(인류 전체의 지식, 즉 인간이 고안한 전체성)이다.

38) "책은 읽는 것이 아니라 행간 속에 머무르고 거주하는 것이다." 철학자 발터 벤야민(Walter Benjamin, 1892~1940). 여기서 책은 우주(전체성, 진리, 하느님, 일자, 절대적(선험적) 역사해석 모델, 형이상학 등)에 대한 은유로 이해해도 좋

의 기초[39]가 된다." 바오임러는 이 부분에서 훔볼트의 18세기 고전주의와 폰 랑케의 19세기 낭만주의의 차이를 볼 수 있다고 보았다. 내가 보기에는 여기서 계몽주의의 직접적인 영향을 받은 훔볼트의 모습을 볼 수 있다. 그도 스미스와 마찬가지로 역사해석 모델[40]을 필요로 했는데 자신만이 불완전한 역사기록으로도 역사를 재구축해 낼 수 있는 역사 모델을 갖고 있다고 생각했다[41]. 그가 말하기를, "역사기록자의 일이란 과거 사건의 기술이다......... 그러나 우리의 감각으로 파악할 수 있는 과거 사건은 부분적일 수 밖에 없다. 그 나머지는 감(직관에 기반한 유추)으로, 연역적인 사고(논리에 기반한 추론)로 그리고 어림짐작으로 알아내야 한다. 이러한 단편적인 정보들을 제 자리에 놓고 올바로 해석하여 전체적인 모습을 구축하는 일은 직접적인 관찰로부터 벗어나 있다.......... 그 때문에 절대적으로 진실한 사건 기술이 희귀하다"(von Humboldt, 1821[1959], p. 153). 이와 대조적으로 폰 랑케는, 자신이 어떠한 가정이나 모델에 기대지 않고 객

다. 우리는 활자를 읽으며 활자 그 자체를 경험하는 것이 아니다. 그 활자 배후의 '보이지 않는 바'(맥락 곧 의미)를 독자가 다시 머릿속에서 처음부터 끝까지 상상하고 재구성하는 작업을 한다. 즉, 우리는 사실 활자를 경험하는 것이 아니라 그 행간 속에 거주하는 것이다. 그것이 다른 즉물적 매체와 구분되는 활자 매체의 고유한 특성이다. 그것이 바로 영화, 사진, 음악과 다르게 사람들이 독서를 골치 아프다고 기피하는 원인이며, 아는 사람에게는 쾌락을 제공하는 원인이다. 이것은 현상 배후의 '보이지 않는' 추상적 전체를 파악하려는 학문적 작업과도 유사하다. 이는 바로 사람들이 학문을 골치 아프다고 기피하는 원인이며, 아는 사람에게는 쾌락을 제공하는 원인이다.

39) 역사해석 모델을 가정하지 않고 현재의 개인들 사례를 단순히 성실하게 집계하다 보면 하느님(전체성)이 그 모습을 드러낼 것이라고 어떻게 확신하는가? 하느님이 존재하기 때문이라는 랑케식 주장은 동어반복의 순환논증에 빠진다. 하지만 이는 17세기 고전주의 논리(이성) 중심성에서 어느 정도 자유로워진(그래서 논리적 엄밀함에 너그러워진) 18세기 낭만주의 영향으로 생각할 수 있다.

40) 이기주의적 인간성에 기초한 최소가정(공리)에 해당한다.

41) 스코틀랜드 계몽주의 클럽 일원인 경험주의자 흄은 이를 비웃었다. 그 역사 모델은 사실상 경험이 아닌 이성에 의한 순수 창조(영국 경험론보다는 합리론적 태도)이기 때문이다.

관적인 사실만을 기술한다고 생각했다. 그렇지만 랑케도 스미스와 훔볼트처럼 "흄의 십자가에서 벗어나게 해 줄" 모델을 필요로 했고 종교에서 그 모델을 찾았다(Armstong, 1983, p.78). 아쉽게도 랑케는 종교도 다른 모든 모델들처럼 하나의 가설에 불과하며 검증될 수 없다는 점에서 다른 모델들과 다르다는 점을 깨닫지 못했다[42]. 훔볼트가 간직했던 "과거"는 온전하지 않다는 역사 기술 태도는(Baeumler, 1926, p.CLXI) 스미스와 허턴의 입장과 똑같은데(e.g. Hooykaas, 1970; Porter, 1976; Gorld, 1987) 이 때문에 나중에 훔볼트가 비난받았음은 특기할 만하다.

나는 여기서 신학적인 언급을 인용하면서 스미스의 역사관에 대한 논의를 마무리 짓고자 한다. 스미스는 저술에서 자신이 개신교도라는 점을 인정했을 뿐만 아니라(스미스가 1760년에 스트라한(Strahan)에게 보낸 편지; Bonar, 1984), 하느님이 그에게 미친 영향을 언급하기도 했다(스미스가 1777년에 스탠호프(Stanhope)에게 보낸 편지; Ross, 1995, p.257). 스미스는, 역사에서 하느님의 개념 형성을 다음과 같이 연결 지었다(Smith, 1795[1980], p.113).

> 그들(원시인)은 무지와 혼란스러운 생각으로 겁에 질려 필연적으로 미신에 사로잡혔다. 미신은 예기치 않은 거의 모든 사건들을 보이지 않는 조물주의 자의적인 의지의 소산, 곧 특정한 목적을 지닌 현상으로 해석한다[43]. 보편적인 정신, 다시 말해 우주만물을 지으시고 만물

42) 심지어 '흄의 십자가'로 비유되는 그 고약한 인식론적 모델 자체도 검증될 수 없다는 점에서 다른 모델들과 동일선상에 위치한다. 즉, 흄 그 자신도 그가 설정한 십자가형의 덫을 피하지 못하는 것이다. 그런데 저자는 본문 40쪽에서 그 점을 인지하고 있다면서도 "그럼에도 불구하고 간과할 수는 없다."며 실제론적 사고방식의 철학적 기초에 해당하는 흄의 모델을 옹호한다.

43) 원시인들은 '보이지 않아' 구체적으로 상상할 수 없지만 '어떤 현상'이 벌어지기 때문에 그 배후에 무언가 그저 '존재한다'는 '감각'만 갖게 되었다. 원시인들은 그것이 무엇인지 몰라도 분명 어떤 목적이 있을 것이라는 '막연한 예감'만 있는 상태이기에 현상의 '구체적 원인에 대한 설명'은 불가능했다. 이처럼

의 보존과 번성을 뒷받침하는 보편법칙을 통해 그것을 다스리시는 만유의 하느님이란 관념[44]은 원시인들에게 아주 생소한 개념이었다.

이제까지 스미스의 이미지는 상당히 종교적인 사람의 모습으로 비춰진다. 그렇지만 스미스의 생애와 사상의 실상을 좀 더 자세히 들여다보면 정반대의 결론을 뒷받침하는 결정적인 증거를 만날 수 있다. 이런 관점에서 "보이지 않는 손"이라는 개념부터 짚어보자. 이 개념은 스미스의 ***천문학사****(History of Astronomy)*에서 "쥬피터의 보이지 않는 손"이란 표현으로 처음 선보였다(Smith, 1795[1980], p.49). 여기서 쥬피터는 자연 현상을 지배하는 초인의 모습이다. 맥피(Macfile, 1971)는, 쥬피터가 자연적인 사건들의 정상적인 진행과정을 멈추고 방해하며 망치는 변덕스러운 주체[45]를 대변한다고 해석했는데 나는 그런 해석에 동의하지 않는다. 스미스가 자연적인 사건 자체의 진

그들은 이해할 수 없으므로 언제나 '겁에 질린 상태'로 남아 있었다.

44) 원시인들이 '겁에 질린 상태'를 극복해 나가는 과정에서 '하느님'이라는 구체적인 인격신을 상상했고, 그로 말미암은 현상에 대한 '구체적 원인과 설명체계(신화)'를 발명했다는 점에서 미신과 구별된다. 미술사학자 빌헬름 보링거(Wilhelm Worringer, 1881~1965)는 (Absraktion und Einfuhlung, 1908)(한글판: 빌헬름 보링거(이종건 옮김), 2006, 추상과 감통, 경기대학교 출판부)에서 '예기치 못한' 자연현상에 대한 두려움과 내적 불안('겁에 질린 상태')을 극복하기 위해, 인간은 그 현상을 상상 가능한 방식으로 해명해야 했다는 점('추상 충동'), 그 과정에서 인격신이나 신화와 같은 추상적 설명체계가 발명되었음을 논의했다.

45) 인격신의 특성으로 보편성[모두에게 설득력을 갖춘 일관성 있는 원리와 교리체계, 해당 텍스트에서는 설계하고 지배하는 신성(神性)]을 담지하지 못한다. 종교 진화의 과도기적 단계를 암시한다. 모든 고등한 유일신교(해당 텍스트에서는 설계능력을 지닌 유일한 존재)의 특징은 다음과 같다. 1. 그리스적 신(인격신)이 아니다. 즉, 기분(특유한 인격)에 따라 이랬다 저랬다(변덕스럽다) 하지 않는다. 2. 우주를 지배한다. 3. 신은 완전히 선한 자다. 즉, 개별적인 모든 것이 서로 연결된 보편성, '하나의 법칙'이 있다.[모두에게 불편부당(不偏不黨)하고 완전히 선하다.] 4. 인류를 창조한다. 5. 고통, 죽음으로부터 구원해준다(영원하다). 종교는 인간의 시대적 필요에 따라 개발되고 진화하는 일종의 해결책이다.[사회의 내재된 제(諸)문제를 해결하기 위한 상징적인 체계]

행과정을 멈추거나 바꾸는 작용의 주체를 쥬피터라 일컬었을 때, 그는 쥬피터를 "설계능력을 지닌 유일한 존재"(Smith, 1795[1980], p.50)와 비교한 셈이다. 맥피는 이 점을 간과한 듯하다. 스미스가 쥬피터를 직접 관련지어 언급하지는 않았으나 스미스에게 쥬피터는 변덕스러운 존재가 아니라 설계하고 지배하는 신성(神性)이었다.

그러면 스미스가 쥬피터의 이름을 사용하지 않고 "보이지 않는 손"만을 고집한 까닭이 무엇일까? 내 생각으로는 다음과 같은 상황에서 그 이유를 찾을 수 있을 듯하다. 스미스는 '***도덕정서론****(Theory of Moral Sentiments)*'에서 "자신들이 결코 저지른 적이 없는 죄 때문에 죽을 운명에 처하고 영원한 오명을 받게 되어 있는" 불행한 사람들의 최후의 피난처가 종교라고 선언한 다음, 아래와 같은 색다른 견해를 피력했다(Smith, 1756[1976], p.134).

수도원에서의 무익한 금욕을 전쟁터에서 고초와 재난을 이겨내는 의지와 비교하는 것은 이 세상의 위대한 정의의 눈으로 보기에는 수도원에서 보낸 하루 또는 한 시간이 전쟁의 소용돌이에서 보낸 일생보다 훨씬 낫다고 가정하는 것이다. 그 같은 생각은 확실히 우리들의 도덕정서 곧, 자연이 우리에게 경멸과 칭찬을 규율하려고 가르치는 모든 원리와 어긋난다. 그렇지만, 수사와 탁발수도승, 또는 그런 수도자처럼 언행을 조심하는 사람들에게 천상의 영역을 약속해 주면서도 이전 시대의 모든 영웅, 정치가, 입법가 그리고 시인, 철학자 등을 저주하는 기준이 바로 그런 정신이다. 그런 정신을 바탕으로 칭찬할 만한 일을 알아채는 우리의 자연스런 감각은, 인류의 생존과 편의 또는 생활의 광채에 기여하는 기예를 창안하고 개선시키거나 완성시킨 사람들, 곧 모든 위대한 수호자, 교육자 그리고 인류에게 혜택을 안긴 사람들을 최고의 업적과 선덕을 쌓았다고 인정한다. 이처럼 가장 소중하게 여길만한 신조가 엉뚱하게 적용되어 종종 그 정신이, 적어도 독실하고 성찰적인 미덕에 대한 취향이나 관심이 전혀 없는 사람들에게 경멸과 조소의 대상이 되었어야 한다고 생각할 수 있는가?

이 부분에서 라파엘과 맥피(Smith, 1756[1976], p.134의 주)는 합당한 근거에 따라 볼테르(Voltaire)[46]가 쓴 "*오를레앙의 처녀*(*La Pucelle d'Orléans*)" 가운데 제5부 송시(Chant 5)의 영향을 간파해 냈다. "스미스는 교회 경력을 혐오했기 때문에 '종교 문제에 관한한 볼테르의 사도'라 할 수 있다(Ross, 1995, p.409)." 이 모든 사실로 미루어 스미스는 반교회적이었으나 반종교적이지는 않았다. 스미스가 "이미 죽은 데이비드 흄의 절친한 친구로서 종교문제에 관해 그와 똑같은 신조를 지녔다"는 점에서 의외라 할 수 있다(Ross, 1995, p.402). 임종 시에 "자신이 동포들을 기독교적 미신에서 해방시키는 위대한 과업을 아직 완수하지 못했다(Jones, 1996, p.55)[13]"고 선언했던 사람이 "위대한 무신론자(Johnston, 1977, p.9) 흄이기 때문에, 앞에서 인용되었던 종교에 관한 스미스의 언급의 일부가 제시하는 바와는 상당히 다른 각도에서 스미스의 견해를 해석해 볼 수 있다. 이런 측면에서 쥬피터가 큰 의미를 지닌다. 스미스는 인간사회에서 사람들의 임의적인 최소 행동이 공동이익(국부)을 극대화시킨다는 점을 깨달았다. 스미스는 자신이 발견했다고 생각한 그런 법칙과 같은 현상이 정의[47]와

---

46) 프랑스 계몽주의의 기수(旗手)로서, 독일의 철학자 라이프니츠(Gottfried Wilhelm von Leibniz, 1646~1716)가 계몽주의 물결에 맞서 신을 비호하며(변신론) 우리가 사는 세계는 여러 세계 중 신이 창조한 최선의 세계라는 낙관주의적 세계관(최선 세계 가설)을 무자비하게 풍자한 급진적 비관주의 소설(*Candide, ou l'Optimisme*, 1759)(한글판: 볼테르(이봉지 옮김), 2009, 캉디드 혹은 낙관주의, 열린책들)로 유명하다. 즉, 전술된 78쪽 본문과 같은 쪽 각주 27)에서 언급된 라이프니츠의 신에 의한 '결정론적 조화상태'를 과격하게 부정한다.

47) 마르크스는 '자유'나 '정의'가 부르주아지가 자신의 계급이익을 변호(자본형성을 목적으로 공동이익을 극대화하기 위해)하기 위해 고안한 이데올로기라고 보았다. 즉, 스미스의 생각처럼 실재하는 보편적 원리가 아닌 그저 특수한 역사발전 과정에서 생겨난 허위의식(부르주아지 주도의 사회구성원리)이라는 것이다. 그것은 지배계급(부르주아지)이 피지배계급(프롤레타리아트)을 착취하는 역할을 도맡기 때문에 인간해방을 위해서라도 철폐해야 한다고 주장했다. 카를 마르크스(Karl Marx, 1818~1883)와 프리드리히 엥겔스(Friedrich Engels, 1820~1895)의

같은 제한적이고 부수적인 원리의 작용[48] 때문이라고 보았다. 이 법칙과 같은 행위는 실제로 하나의 교정 원리[49]나 다름없으며, 이지적인 주체가 개입한 것처럼 진행된다. 어쩌면 스미스는 자신이 더 이상 믿지 않는 기독교의 하느님(인격신)을 그런 이지적인 주체와 동일시하고 싶지 않았기 때문에 로마의 수호신 가운데 하나이며 종교와 상관없는 신인 쥬피터라는 이름을 선택함으로써 교정원리[50]의 설계된 듯한 특성[51]을 부각시키려 했다(Smith, 1978, p.79). 그렇지만

(*Manifest der Kommunistischen Partei*, 1848)(한글판: 카를 마르크스, 프리드리히 엥겔스(이진우 옮김), 2018, 공산당 선언, 책세상) 45p 참조. "..... 여기에다 자유, 정의 등과 같은 모든 사회적 상태들에 공통적인 영원한 진리가 있다. 그러나 공산주의는 영원한 진리를 철폐한다. 종교나 도덕을 새로 만드는 대신 그것들을 철폐한다. 다시 말해 공산주의는 이제까지의 모든 역사발전에 반대하는 것이다." 이들은 뒤에서 마르크스를 다루면서 살펴 보겠지만, 영원한 진리가 있어 과거, 현재, 미래가 균일한 시간으로 반복(순환)된다고 믿지 않았고 G. W. F. 헤겔(Georg Wilhelm Friedrich Hegel, 1770~1831)의 변증법(辨證法, dialectic)의 영향을 받아 역사가 정반합(正反合)의 운동법칙으로 진화하면서 과거의 상태가 지양(止揚, Aufhebung)되고 단절적(단속적)으로 새로운 상태(현재)로 이행된다고 생각했다(부르주아지에 대한 프롤레타리아트의 '폭력적인 혁명'을 통해). 현재 역시 미래에 지양되면서 직선적으로 역사가 발전(진보)할 것이라는 변증법적 유물론을 주장한다. 이와 같은 역사철학은 '현재가 과거의 열쇠'가 아니라 '과거가 현재의 열쇠'라는 입장이며, '시간의 대칭성(시간의 순환)'이 아니라 '시간의 화살'을 옹호한다. 이와 같은 대립은 근대 지질학에서 균일론(uniformitarianism)과 격변론(catastrophism)의 대립과도 거의 유사한 양상이다. [진화생물학에서는 계통점진론(phylectic gradualism)과 단속평형론(punctuated equilibrium)의 형식적 유사성에 대한 역사적 기원(유추)을 살펴보고, 그 논쟁을 새롭게 되짚어 보면서 지금의 시점에서는 어떤 결론을 내릴 수 있을지 다시 고민해 보겠다는 게 이 논문의 요지다.]

48) '정의'라는 부수적인 원리의 작용(이기적인 행위를 통해 공동이익을 극대화하는 일정한 현상, 즉 교정원리)마저 보다 상위에서 그것을 설계하고 지배하는 신성, 즉 '보이지 않는 손'(세속화된 근본적인 원리)에 기인한다.

49) 겉보기에 무질서한 현상이 알고 보면 연결돼 있고, 마치 특정 의도에 따라 움직이는 것처럼 일정한 방향으로 조정(조직)되고 통제(교정)된다. 마치 그 배후에 '보이지 않는' 누군가(이지적인 주체)가 존재하여 그렇게 되게끔 법칙을 설계하는 것처럼.

50) '정의'라는 제한적이고 부수적인 원리, 스미스가 가정한 인간성에 대한 최소가정

흄도 자신의 생각을 그리스 철학자 에피쿠로스(Epicurus)의 웅변을 통해 언급했지만 '*특별 섭리와 미래상에 관하여*'라는 글에서 우주(설계/창조 대상)의 동인[52]으로 쥬피터를 내세웠다[Hume, 1777{1902}, p.137]. 볼테르와 흄의 견해에 대한 사람들의 적대적인 반응(흄의 최후의 며칠에 관한 설명은 Joyce, 1851, p.3-13을 참조)은 스미스를 놀라게 했을 것인데, 그 때문에 스미스는 "보이지 않는 손"에서 "쥬피터의"라는 수식어를 떼어 버림으로써 신앙심을 지닌 독자들을 자극하지 않으면서 하느님의 도움을 구한다는 인상마저 불러일으킬 수 있었다. 흄이 자신의 반종교적인 견해 때문에 제3대 아르길 공작(the third Duke of Argyll)의 후원을 얻지 못하여(McIntyre, 1997, p.105) 에딘버러나(1745년) 글래스고우에서(1754년) 교수자리를 얻지 못했음을 스미스가 기억했을 것이다(Donald B. McIntyre, 2001, 서신교환). 그 때문에 스미스가 흄의 사후에 흄의 "***자연종교론****(Dialogues concerning Natural Religion)*[53]"의 출판을 거절하였다(McIntyre, 1997, p.114). 스미스는 "신중하게 처신하지 못했고 마음의 평정을 향유하려는 욕심에서 ***자연종교론***의 출판을 주선해 주기 바랐던 친구(흄)의 유언을 외면하였다"고 로스가 강조했다(Ross, 1995, p. 416). 똑같은 문제에 관해 스미스의 친구인 허턴의 견해를 다룬 다음에, 스미스의 성숙한 종교적 신념[54]에 관한 의문을 다시 다룰 것이다. 그러면 그들이 신학적 견해를 정립하면서 고

---

51) 교정원리를 설계(창조)하고 지배하는 그 배후의 신성(神性), 교정원리를 설계(창조)하는 능력을 지닌 유일한 존재, 즉 세속화된 근본원리

52) 히포케이메논(hypokeimenon), 세계인(世界因), 부동의 원동자(unmoved mover), 아르케(archē) : 이 용어들은 만물의 근본(근본원리)에 대해 인간을 억누르는 권위로 작용하는 인격신에 기대지 않고, 인간(철학자) 스스로 독자적으로 생각한 결과인 세속화된 개념들이다.

53) 마치 흄이 "하느님 같은 이지적인 주체를 가리키는 인격신 따위는 없어. 그것은 덜 계몽된 미신일 뿐이야. 그저 존재하는 것이라곤 세속화된 자연의 근본원리일 뿐이다."라고 말하는 듯한 제목이다.

54) 근본원리를 기독교적 인격신이 아니라 세속화된 자연법칙으로 생각했다.

민했던 문제가, 소크라테스 이전의 이오니아학파 철학자들이 겪었던 문제와 동일하다는 점이 분명해 질 것이다(cf, Vlastos, 1952)55).

6.3 제임스 허턴 (1726 - 1797)

여기서는 역사과학에 관한 제임스 허턴의 견해만을 논의할 것이다. 허턴은 역사과학을 언급한 적이 없다는 주장이 제기 되었으나 그런 주장은 허턴의 업적이 지닌 중요한 의미를 간과한 것이다(e.g. Hooykaas, 1970, p.311; Gould, 1987, p.91; Gohau, 1990, p.116, 121). 허턴을 이론적인 역사 연구와 연관시킬 수 있는 직접적인 이유는 지구의 물리적인 역사를 탐구한 그의 업적 때문이다(Ellenberger, 1973는 이 문제를 상세히 고찰하였다).

> 이처럼 형이상학을 적용해 나가면서[14], 나는 내가 생각한 물리적 이론이 올바르다는 점을 확신할 수 있었다.[15] 그리고 나의 형이상학적 고찰을 사실관계 또는 자연 현상과 맞추어 보면서, 나는 다른 과학의 원리들을 활용하는 과학을 추출해 냈다는 자신감을 얻었다. 따

---

55) 신화적 세계관에서 벗어나 만물의 근원[아르케(archē), 만물을 지배하는 우주의 근본원리]을 새롭게 묻던 자연철학자들로 밀레토스 학파의 창시자인 탈레스(BC640/624~BC548/545)가 대표적이다. "만물의 근원은 물"이라 주장했던 그는 사후 아리스토텔레스에 의해 '최초의 철학자'라고 평가되는데, 그 이유는 만물의 원천이 무엇인지를 신에 의존하지 않고 인간이 스스로 원점으로 돌아가 다시 질문하고 독립적으로 생각한 결과를 최초로 제시했다는 점에서 철학의 전범을 보여주기 때문이다. 스미스 역시 사람들의 행동을 지배하는 최소가정의 교정원리('정의')를 당대의 지배적이던 기독교적 인격신(하느님)에 기초해 설명하지 않고, 그 자리에 세속화된 자연법칙(쥬피터의 '보이지 않는 손')을 근본원리로 제시했다는 점에서 이오니아학파 철학자들의 모습이 자연스레 연상된다. 이러한 경향은 전형적인 계몽사조의 산물이다. 그렇다고 이것이 전술된 대로 '반종교적'인 것은 아니고 오히려 '성숙한 종교적 신념'(세속화된 자연의 근본원리)에 가까우며 이는 자연스러운 종교적 진화의 역사적 경로와도 일치한다. 자세한 내용은 고등한 유일신교를 논의한 85쪽의 각주 45) 참조.

라서 나는 과학을 진흥시키고자 하는 열망에 들떴는데, 그 까닭은 과학을 통해 사람들이 *자기 자신을 알게 될 것*이기 때문이다. 그리하여 나는 과학 자체를 위해서 지질학을 연구하였다(1794 a, p. xxxii, 이탤릭체는 허턴이 직접 강조한 부분임).

아담 스미스의 경우처럼, 허턴의 인식론적 연구도 주로 흄의 사상에 그 기반을 두고 있다. 허턴의 광범위한 철학 저술 가운데 대부분은 인식론을 다루었기 때문에(Hutton, 1794a, 1794b, 1794c; 이들의 복각판인 1999a, 1999b, 1999c를 참조) 흄이 허턴에게 미친 영향을 파악하기 위해서는 스미스의 경우보다 좀 더 자세히 살펴볼 필요가 있다.

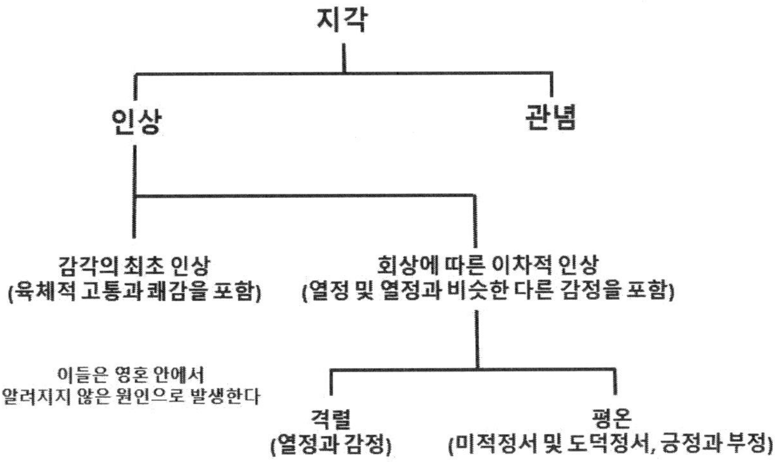

그림 4. 인식에 관한 데이비드 흄의 견해를 요약한 그림 (부분적으로 Smith, 1941로부터 인용). 인식에 관한 흄의 견해는 스미스와 허턴의 인식론적 사고에 커다란 영향을 끼쳤다. 이에 대한 논의는 본문을 참조.

우선 흄이 참된 지식(episteme)과 단순한 의견(doxa, 억견臆見)을 구분했다는 점에 주목해 보자. 참된 지식, 이를테면 지적 통찰은 습득할 수 있으나 오로지 우리 마음속의 관념으로만 얻을 수 있다. 실제 세계를 다룬다고 알려진 다른 모든 지식은 지식이라고 할 수 없고 그저 의견 또는 신념일 뿐이다(cf. Smith. 1941, p.65). 이 같은 견해는 플라톤을 생각나게 한다[56]. 그러나 흄은 관념이란 부분적으로 관습에 의해 지배되는 신념이라고 보았기 때문에 플라톤과 전혀 다른 입장에 있었다[57]. 그렇지만 관념(episteme)은 강한 인상(pistis)에 지나지 않기 때문에(cf. Smith, 1941, p. 111), 우리는 지각(perceptions)으로부터 관념(episteme)을 얻게 될 수도 있다(앞서 계속 보아왔듯이 실제론적 사고방식의 근간이다; cf. 이에 관한 스미스의 견해는 이 책의 26~31쪽을 참조). 흄과 허턴은 모두 외부세계와의 접촉 때문에 지각이 중요하다고 생각했다. 그림 4는 흄의 견해를 요약하여 도식으로 표현하였는데, 지각에 관해서는 부분적으로 스미스의 견해(Smith, 1941)를 따랐다.

---

56) "참된 지식은 정당화된 참된 믿음(신념)이다." 플라톤(BC428/27~BC424/23)의 인식론(지식론)을 다루는 대화편에서 등장하는 대목이다. (Theaitetos, BC369?)(한글판: 플라톤(정준영 옮김), 2013, 테아이테토스, 이제이북스) 현대 인식론에서는 'JTB(Justified True Belief) 조건'이라고 일컫는다.

57) 한편 플라톤의 인식론은 대화편 <국가(Politeia, BC380?)>에서 '선분의 비유'로 잘 알려져 있다. 크게 억견(doxa)과 참된 지식(episteme)으로 대별되고, 전자는 감각(지각, 관습)을 통해 알려지는 것(to Aistheta) 후자는 지성(이성)을 통해 알려지는 것(to Noeta)으로 정의된다. 전자는 상상, 어림짐작에 해당하는 억측(Eikasia)과 실생활에서 얻게 된 관습적 믿음(신념), 상식에 해당하는 확신(Pistis)으로 구성된다. 후자는 수학적 대상에 적용되는 추론적 사고(Dianoia)와 참된 지식의 대상인 이데아(Idea)에 적용되는 지성적 앎(Noesis)으로 구성된다. 플라톤에 따르면, 흄은 억측(Eikasia)에서 지성적 앎(Noesis)으로 이어지는 위계화된 정신작용의 가치체계에서 맨 밑 두 번째에 해당하는 확신(Pistis)을 참된 지식을 얻게 해주는 관념(episteme)이라 승인하는 것이다. 하지만 플라톤이 보기에 그것은 참된 지식(episteme)이 아니라 그저 억측(Eikasia)보다 좀 더 개선된 억견(doxa)에 불과하다. 자세한 내용은 (Politeia, BC380?)(한글판 : 플라톤(천병희 옮김), 국가, 2013, 숲) 참조.

허턴은 1788년에 출간된 *지구이론; 또는 지구상의 대지의 조성, 분해 그리고 회복과정에서 관찰 가능한 법칙에 대한 조사 연구*란 논문(Hutton, 1785[1987])에서, 지구라는 거대한 기계의 작동에 관한 연구에서 자료의 중요성을 다음과 같이 명확하게 설명했다. "만일 우리가 헛된 상상(억측, eikasia) 아닌 이런 목적(관념, 참된 지식)을 추구하면서 우리의 연구재능을 활용한다면 그리고 과학이 올바른 결론으로 이끌 자료들이 발견되게 마련이라면 머지않아 우리는 지구의 역사에 관해 이제까지와 달리 의견(억견, doxa)이 아닌 증거에 의해 밝혀진 지식(episteme)을 갖게 될 것이다(Hutton, 1788, p. 214 : 허턴은 세계를 하나의 기계[58]로 본 점 - 같은 책의 216쪽을 보면 기계로만 취급하지 않았음 - 으로 미루어 이 부분에서 스미스의 견해(Smith, 1756[1976], p.19)와 밀접하게 상응함을 알 수 있다).

흄이 가리키는 감각 안에서(to Aistheta) 이러한 자료들은 어떻게 지식(episteme)이 되는가?[59] 허턴은 철학적인 저서의 첫 권에서 이 문제를 상당히 자세히 논의하였다. 그 책의 서문에서 허턴은 무엇보다도 먼저, 우리가 감각을 매개로 하여 지식을 획득할지라도 그 감각을 믿지 말아야 한다[60]는 점을 다음과 같이 강조했다(Hutton, 1794a, p.xvi-xviii).

우리가 사물에 관해 얻은 관념 또는 생각을 사실 또는 실재와 비

---

58) 예외 없이 설계된 법칙에 의해 정교하게 벌어지는 현상. 왜 법칙이 기계의 비유로 적절한지는 과학계에서 일반적으로 통용되는 가설, 이론, 법칙(원리)의 화용(話用)에 대한 13쪽의 각주 2) 참조.

59) 플라톤에게는 지성 안에서(to Noeta) 참된 지식(episteme)이 가능하다. 감각적 자료가 전혀 필요 없는 순수한 이성의 작용(Noesis)으로 가능하다. 보통 이와 같은 대립은 해당 저서의 시대적 배경인 17~18세기, 앎에 대한 절대적 회의주의(철학의 위기)에 맞서 등장한 영국 경험론(경험주의)과 대륙 합리론(합리주의)의 구도로 철학사에서 재현된다. 흄은 전자의 대표주자 중 하나이다.

60) 흄이랑 갈라지는 지점으로 보인다. 그러나 "외부세계와의 접촉 때문에 지각이 중요하다."라는 기조에서 흄과 같은 경험주의 전통을 승인한다.

교해 보면, 양자 사이에 우리의 이성이 당연시하는 바와 같은 일관성이 없음을 발견하게 된다. 다시 말해, 관념과 실재 간에는 엄밀한 검증이전에 우리가 정말로 존속한다고 상상하는 정도의 일관성이 없음을 알 수 있다.....

이러한 발견에 따르면 의견개진 또는 철학적 추론에서 절대적으로 확신할 수 없게 되는 것은 너무나 당연하다. 이처럼 우리가 생각하기에 가장 확실한 의견이 실제적으로 뒷받침되지 않음을 깨달았기 때문에 그 의견을 부정해야만 한다면 끝까지 무시되지 않을 의견을 어디에서 찾아야 한단 말인가? 따라서 우리는 추상적인 지식에서 확실성을 기대하지 않는 절대적인 회의론자(철학의 위기)가 되든지 아니면 우리의 실수 또는 망상의 원인을 찾아내야 한다. 우리의 직감적인 지식으로 판단하면서 의견을 만들어 내는 재능에 관한 이해와 우리의 사고에 대한 재검증을 통해서만 그 원인을 찾을 수 있다. 여기서 직감적인 지식이란 동물들이 따르는 바처럼 철학자들이 필연적이라 믿어 의심치 않는 더 이상의 분석이나 조사가 불가능한 지식을 가리킨다[이것이 감각에 관한 흄의 최초 인상61)이다[16]].

여기에서 딜레마가 생긴다. 곧, 사람들이 보고 느끼는 것에 관해 모든 사람이 똑같은 의견을 갖는다고 추정하며 그런 보편적인 의견의 진실을 의심하는 것은 인간의 본성에 어긋난다거나 사람들이 지각 있는 의견을 내는 능력을 부정하는 셈이라고 추정하면서 대충 빠져 나갈 수도 없는 딜레마가 생겨난다. 물론 지각 있는 의견에 대해서는 의문의 여지가 없다고 본다. 인간 종 공통의 본성이므로 모든 사람들이 필연적으로 갖게 되는 견해나 우리가 동물로서 살아가는데 보탬이 되는 그런 견해의 진실을 의심할 수는 없다62). 우리는 자연철학에 입문하면서 다시 말해 우리가 사물의 원인을 탐구하기 시작

61) 플라톤의 비유에 따르면 가장 하등한 정신작용인 억측(Eikasia). 이것이 실생활에서 반복적인(관습적인) 확인(관찰, 지각)으로 '상식적인 믿음'이 되면 흄이 '강한 인상'이라고 부르는 확신(Pistis)가 되는데 이것이 참된 지식(episteme)이라고 생각했다.

62) 실재하는 진실이라기보다는 인간도 일차적으로 자연계의 일원인 동물인 이상 그 생존 유용성 때문에 자연적으로 진화된 종 특유의 가상이다.

하면서 채택해야 하는 견해들을 의심해 볼 따름이다.

위와 같이 상당히 에두른 문장에서 허턴은 그저 다음과 같이 말하고 싶었을 뿐이다. 우리의 실수를 발견해 내기 위해서는 (1) 우리가 취한 가설(허턴의 문장에서는 "견해"로 표현됨)을 점검해 보아야 한다. 예를 들면 예전에는 문제 삼지 않았을 진술들을 내적인 일관성과 표면적인 일관성의 관점에서 검토해 보아야 실수를 찾아낼 수 있다. (2) 우리의 관찰("동물적인 지식")을 점검해야 한다. 이를테면, 관찰에 대한 우리의 감각이나 지각[63]이 우리를 기만해 왔을지도 모른다. 허턴은 이 점을 자신의 저서에서 아래와 같이 다시 한 번 강조했다(Hutton, 1794a, p.13-15; 이탤릭체는 원문 그대로임).

> 자연철학에서 보면, 지식을 갖춤으로써 견해문제(가설)만을 관련지어 구별하기 위해 요구되는 바는 우리의 감각에 대한 증거가 아니다. 감각의 증거는 믿음의 경우에 조금도 필요치 않다. 예를 들면, 삼각형의 세 내각의 합이 180°라는 사실은 감각작용의 증거와 상관없이 믿는 지식이다. 감각작용이 없었다면 우리에게 삼각형에 관한 관념이 생겨나지 않았으리라는 유추야말로 부질없다. 삼각형의 세 내각의 합이 180°임은 명백하다. 그러나 수학(기하학)에서 삼각형의 내각을 측정하는 일은 감각작용의 문제가 아니다[64].
>
> 그러면, 지식은 어떤 원리에 바탕을 두고 있는가? 이성에 기초한다고*(흄의 커다란 영향력에 주목할 것)*[65] 단언할 수는 없다. 왜냐하면 이성의 능력은 어떤 사실을 신뢰하거나 부인하는 경우에 그리고 의심하는 경우에도 똑같이 동원되기 때문이다. 비교해 보려는 마음의

63) 흄은 감각이나 지각이 곧 인식(관념, 참된 지식)이라고 보았다.

64) 이러한 종류의 정신작용은 플라톤의 비유에 따르면 감각작용을 넘어선 지성(이성)에만 의존한 추론적 사고(Dianoia)로, 수학적(기하학적) 대상에 적용되는 정신작용이다.

65) 이성에 기초한다는 것은 영국 경험론(흄이 대표주자) 전통과 대립하는 대륙합리론의 기조다.

작용인 이성은 지식을 얻는 수단의 하나임에는 틀림없다. 그러나 이성은 감각과 마찬가지로 지식의 원리가 되기 어렵다..... 더구나 어떤 다른 정신적 능력의 도움 없이 감각에만 의존한 불명확한 이성의 작용(추론)은, 개념은 물론 동물적 생존에 필요한 지식조차도 만들어 내지 못한다.....

그러므로 지식을 창출해 내려면 감각과 이성 이외에, 정신의 또 다른 능력이 요구된다. 거리를 가늠하고 규모와 형상을 파악해 내는 과정에 담긴 인간 지식의 원리를 추적함으로써 탐구해 보고자 하는 바가 바로 그런 능력이다. 우리가 예전에 알고 있던 사물을 조금이라도 더 잘 알아내기 위한 탐구가 아니라 지식의 본질을 알아내기 위한 탐구를 시도해 보자는 것이다. 그런 노력은 우리들의 견해를 좀 더 잘 판단하게 할 것이다. 곧, 합당한 검토(비판적 성찰)를 통해 오류가 있는 것으로 판명날 수 있는 견해를 바로잡는데 도움이 될 것이다.

이처럼 우리가 배워야 할 제3의 능력에 관해 독자들의 궁금증을 불러일으킨 허턴은 자신의 저서 56쪽에 이르러서야 그 실체를 밝혔다. 제3의 능력이란 되짚어 생각해 보는 능력(reflective faculty, 반성하고 뒤돌아보는 능력, 비판적 성찰능력)으로, 허턴은 이 능력의 위력이 무한하다고 보았다. 관측에서 나온 추론은 지식을 산출해 낼 수 없다고 본 점에서 허턴은 흄과 완전히 일치된 견해를 보였다. 그렇지만 허턴은 마음(mind)이 관측을 되짚어 생각해 봄(비판적 성찰)으로써 추론(reasoning)을 여러모로 검토해 볼 경우 참된 지식이 산출된다고 보았다. 그러나 그런 지식조차도 완전하지는 않다. 허턴은 자신의 저서 앞부분에서 우리 모두 영원히 오류를 범할 수 있지만 과학을 불신할 이유는 없다고 말했다. 나는 허턴의 신학적 견해를 그의 친구인 스미스와 흄의 신학적 견해와 비교할 때 이 점을 다시 논의할 것이다[66]. 이제까지의 허턴에 대한 논의를 짧게 요약해 보고자 한다.

흄과 마찬가지로, 허턴도 감각이 우리가 외부세계와 접촉하는 유일한 통로라는 점을 인정하는 동시에 우리의 감각을 신뢰할 마땅한 이유가 없다고 보았다. 허턴은, 우리 주변의 사물의 이치를 따져 볼 경우에 우리는 이성의 도움을 필요로 하지만 이성도 때때로 틀리기 때문에 이성만으로는 충분치 않다고[67] 보았다. 결국 우리가 시도해 볼 수 있는 일이란 고작 우리의 감각과 이성으로부터 배운 바를 되짚어 생각해 보는 것뿐이다[68]. 허턴의 분석에 따르면 되짚어 생각해 보는 이 능력은 우리의 비판능력에 지나지 않으나 우리가 마지막으로 기댈 보루이다. 우리는 그 능력 안에서 비평행위를 통해 우리가 취한 견해를 꼼꼼하게 되새겨 보고 그 견해에서 오류를 범할

---

66) 흄과 허턴은 유사하면서도 다르다. 흄은 감각(경험) 안에서 근본적으로 참된 인식이 가능하다고 생각했다. 단, 모든 자료를 인간의 짧은 생애 안에서 관찰할 수 없기에 인간은 궁극적으로 인식할 수 없다고 생각했다(흄의 십자가). 그러나 허턴은 감각 안에서 애초에 불가능하다고 생각했다. 인간은 신이 아닌 불완전한 동물이므로 감각에는 오류 가능성이 항존하기 때문이다. - 그것은 이성 또한 마찬가지다. - 그렇기에 허턴은 흄처럼 모든 자료를 전부 경험적으로 알아야 참된 지식을 얻을 수 있는 것은 아니다. 그러나 제3의 인식능력인 '비판적 성찰성'은 그 명백한 한계를 극복하게 해주면서 인간이 지닌 최고 인식능력으로 기능하며 우리를 참된 지식으로 이끈다.

67) 플라톤은 이성(to Noeta)에 의한 앎이 참된 지식을 산출한다고 생각했다는 점과 구별된다.

68) 제3의 인식능력인 '비판적 성찰'은 플라톤이 선분의 비유에서 제시한 감각(to Aistheta)과 이성(to Noeta) 양자의 인식능력에 대한 정당성 모두를 회의하고, 회색지대에서 그들의 오류를 감독, 교정할 수 있는 제3의 능력(사실상 최고의 인식능력)으로 승인된다. 비판적 성찰성, 즉 '반성하고 뒤돌아보는 능력'에 대한 소설가 최인훈(1936~2018)의 비유가 탁월하여 짧게 인용한다.(화두 2, 1994), 570~571p "만일 우주선에 탄 우주인이 말 그대로의 '현재'의 자기 환경인 '우주선'만을 자신의 '현재'라고 생각하고 그런 전제에서 행동한다면 얼마나 우스운가. 지상과 연결된 모든 것들 - '뒤'를 없는 것처럼 생각하고 자기 우주선이 마치 아라비안 나이트의 모포인 것처럼 군다면 얼마나 위험한 일인가. 그가 지금 있는 자리에 있는 것은, 그 모든 '뒤'를 잊지 않은 수십억 년의 '기억'들이 있었기 때문이며, 그는 지금 해와 달만 떠 있다고 생각해온 침묵의 우주 공간에 높이 올라와서 모든 일이 거기서 비롯해서 거기서 끝나고, 해와 달과 별들이 그것을 중심으로 돌고 있다고 생각했던 그 중심인 땅 - '지구'를 달을 보듯 해를 보듯, 별을 보듯 떼어놓고 볼 수 있는 자리에 있는 것은 바로 모든 앞세대가 언제나 끊임없이 '뒤돌아보면서' 살아왔기 때문이다."

수 있는 부분을 제거해 나간다. 허턴은, 역사과학에서 이 비평행위가 실행되는 방식을 1788년에 출간된 논문과 1795년에 출간된 *지구이론(The Theory of the Earth)* 제1권에 명쾌하게 기술해 놓았다.

가장 중요한 원리는 우리의 사유를 우리에게 이미 알려진 자연법칙 내에 한정시켜 보아야 한다[69]는 점이다(Hutton, 1788, p. 273; cf. Hume, 1777[1902], p. 137).

> 인류는 타고난 과학자이다. 우리는 효과(현상)에서 원인을, 원인에서 효과(현상)를 추론해 내지만 언제나 실수를 범하지 않고 추론하지는 못한다. 따라서 특정한 외관으로부터 출발한 추론에서는, 일반화하는 방식에 주의를 기울여야만 한다. 우리는 어쩌면 단지 우리가 고안해 낸 상상에 불과할 지도 모르는 법칙을 자연에 부여하지 않기 위해 신중해야 한다.

허턴은 우리가 이론을 정립해 나가는 과정과 관련지어 다음과 같이 기술했다(Hutton, 1795, p. 298-299).

> 우리는, 자연철학(natural philosophy, 과학)이 요구하는 모든 자료를 확보하고 있지 못하므로 현상을 모두 설명해 내는 것처럼 보이도록 가장할 수 없다는 점을 인정해야 한다. 그리고 필연적으로 불완전한 우리의 이론들이 자연계 내의 모든 사물을 설명해 내지 못하는 경우에 우리의 이론에 오류가 있을 수 있다고 보아야 한다. 뿐만 아니라 이미 잘 알려져 있고 의문의 여지가 있을 경우 그 타당성을 비교해 볼 수 있는 자연법칙과 우리의 이론이 배치되거나 어긋나는 경우에도 우리의 이론에 오류가 있을 수 있다고 보아야 한다.

---

69) '특정한 외관으로부터 출발한 추론'(이미 잘 알려져 있어 그 타당성을 비교해볼 수 있는 자연법칙)을 의미한다. 즉, 연역에 기반한 논리적 추론과 그 일반화 방식을 뜻한다.

따라서 우리는 어떠한 관측(to Aistheta)이나 알려진 자연 법칙(to Noeta)과 상충되지 않는(양립 가능한) 이론을 도출해 내야 한다(여기서 허턴은 스스로 모순을 범하는 듯하나[70], 그의 저서 ***지식의 원리(Principle of Knowledge)***를 읽어 본 사람이나 중력의 본질에 대한 그의 견해를 알고 있는 사람이라면 누구나 그가 자연법치조차도, 아니면 적어도 우리가 자연법칙에 부여하는 내용을 단지 가설[71]로만 고려하였다는 점을 염두에 둘 것이다). 아담 스미스와 똑같이, 허턴도 이론을 검증하는 과정에서 관측이 제공할 수 있는 부정적인 사례에 크게 주의를 기울였다. 허턴은 1788년에 출간된

---

70) 허턴은 '어떠한 관측(to Aistheta)'과 '알려진 자연법칙(to Noeta)', 양자의 정당성 모두를 회의할 수 있는 제3의 회색 지대, '비판적 성찰성'을 최고 인식의 능력으로 옹호하는 그의 주장과 다르게, 양자의 정당성 자체를 회의(의심)하지 않고 그 결과물에 '눈치 보며(구속되어)' 그 테두리 안에서 자신의 가설을 노정해야 한다는 점에 저자는 모순을 범했다고 판단한 것으로 해석된다. 그 모순은 허턴이 가장 중요한 원리라고 앞서 언급한 "우리의 사유를 우리가 알고 있는 자연법 내에 한정시켜 보아야 한다는 점이다."라는 부분에서 잘 드러난다. 그것의 정당성을 회의하고 극복해야 한다는 비판적 성찰성(포퍼식으로는 '비판적 합리주의')과 어긋난다.

71) '가설'은 그 논변의 진리성이 불완전하며 오류를 포함할 가능성이 항존한다. 따라서 그것의 지위는 가변적이고 언제나 비판적으로 성찰되고 극복돼야 한다는 의미를 내포한다. 이는 과학을 하나의 '지속적인 과정'으로 본 칼 포퍼가 자신의 반증주의(falsification)<비판적 합리주의>를 설파하기 위해 과학적 연구결과를 '이론'과 '법칙'이 아닌 '가설'이라고 일컫는 이유다. 그렇기에 반증이 불가능한(검증을 통한 비판적 극복이 불가능한), 과학에서 가장 근본적인 추상적 가정(법칙, 원리, 이론)을 '형이상학'이라 부르는 것이다.[본문 51쪽 참조.] 왜냐하면 그것이 가진 공리적 성격 때문이다.[이 같은 가설 중심적 과학사상은 훗날 이론 중심적 과학사상의 토마스 쿤에게 비판받는다.] 이는 다윈의 자연선택 이론, 아인슈타인의 광속불변의 법칙, 뉴턴의 중력 이론 등 순수 논리적 추상(이성에 의한 순수한 창조)으로 설계된 기본 전제[형이상학(철학체계) 외 우주, 전체성, 진리, 하느님, 일자, 절대적(선험적) 역사해석 모델, 패러다임, 세계관, 형상 등으로 지성사에서 다채롭게 일컬어져 왔다.]들을 포함한다. 과학자들은 어떻게 연구하는가? 바로 이 법칙, 원리, 이론을 작업가설(working hypothesis)로 번역하여 '검증 가능한 형태'로 조작화(operationalization)하는 것이다. 즉, 측정 불가능한 것을 측정 가능하게 만드는 것이다. 그것이 바로 '가설(hypothesis)'이다. 과학계에서 일반적으로 통용되는 가설, 이론, 법칙에 대해서는 13쪽의 각주 2) 참조.

논문의 297쪽에서, "우리는 사물의 본질이 아닌 내용이 무엇인지 알아가는 과정에서 단지 사물의 한계를 이해할 뿐이다"라고 말했다. 그로부터 6년 후에 출간된 ***지식의 원리**(Principles of Knowledge)* (Hutton, 1794a, p.xxxii)에서, "우리는 사물의 본질이 아닌 내용이 무엇인지 알아가는 과정에서, 우리는 외적인 사물의 본질을 이해하게 되는 정도에 그칠 것이다"라고 되풀이하였다. 허턴이 언급하기를, "진리와 오류는 과학의 진보에서 함께 다툴 수밖에 없으며, 인간의 지식형성에서 필연적으로 포함되는 잘못된 개념을 과학이 제거해 내는 정도에 비례하여 자연과학에서 진리가 제자리를 찾게 될 것이다(Hutton, 1795, p. 202)." 이 언명 역시 그의 ***지식의 원리**(Principles of Knowledge)* (Hutton, 1794a, p.xxxiv)에서 다음과 같이 되풀이 된다: "...과학이란, 오류가 없는 추론에 의해서가 아니라 오류를 바로 잡아 나아가면서 진리의 원리를 정립함으로써 자연스럽게 진보한다." 허턴은 과학에서 잘못된 개념을 걸러내는 방식도 명시하였다. "사실, 과학이 철학의 목적을 달성하기 위해 또는 모든 자연적인 원인에 관한 지식을 획득하기 위해 일반화를 통한 진보(특정한 외관으로부터 출발한 추론)로 이론을 형성하는 기반은 바로 그 능력이다. 특정 이론의 검증도 여러 사실(관측에 의한 검증)과 이론(어떤 이론이 더 일관성이 있는지)의 비교를 통해서 시도될 것이다(Hutton, 1795, p. 301)." 허턴은, 이러한 시도에 관측이 포함된다는 점을 다음과 같이 강조하였다(Hutton, 1794a, p. xxi).

> ...의견이란,... 자신의 실제적인 지식(현재를 둘러보고 자연스럽게 얻게 된 아이디어)을 고찰하는 인간의 과학적인 정신(내 아이디어가 맞는 지 틀리는 지 따져 보기 위해 연관된 현상을 좀 더 찾아서 관찰해 보고 검증해 보려는 자세)에 의해 형성되었을지라도, 그(관찰자료) 처리과정의 모든 상황을 고려하지 못하기 때문에(어디까지나 자신이 살아가는 협소한 시공간의 현재, 즉 실제적인 범위에서 취득한 자료에 기반하므로) 불충분한 자료를 바탕으로 판단을 내리게 되는

과정에서 오류를 포함하게 된다. 그러한 잘못된 견해가 수정되어야 한다는 점에는 논란이 있을 수 없으나 그 목적을 달성하자면 과학적인 고찰에 입각한 자료들[72]을 신중하게 검증할 필요가 있다.

1805년에 그리너(Greenough)가 지적한 바에 따르면, 허턴은 "자기 자신의 눈으로 보았고....검증되는 과정의 가치를 명백하게 깨달았으며 인식하였다(Greenough, *in* Rudwick, 1962, p. 133)."

허턴은 자기 자신의 이론을 포함하여 여러 이론의 검증에 매우 큰 관심을 기울였다. 그는 규산염암의 수중 침전물기원 가설[73]을 공격하면서 다음과 같이 지적하였다. "물리학적으로 말하면, 규산염 물질은 물에 용해되지 않는다.... 만일 어떤 수를 써서 이 물질이 물에 용해된다거나 어떤 용액으로부터 이 물질이 결정화된다면 그런 경우에 내가 제기한 반론은 부정될 것이다(Hutton, 1788, p. 231-232)." 플레이훼어(Playfair) 교수는 허턴의 추도사에서 허턴이 제기한 화강암의 기원론에 대해 다음과 같이 썼다. "허턴 박사는 자신의 이론(화성론)이 ***결정적인 실험****(instantia crucis)*을 통해 가장 엄밀하게 검증되기를 바랐으며, 곧바로 그런 검증이 이루어 질 수 있는 상황을 찾아 나섰다"(Playfair, 1805, p. 67; 이탤릭체는 플레이훼어의 원문과 같음). 플레이훼어의 해명으로 미루어 보면(Playfair, 1802, p. 527도 참조), 허턴은 화강암이 용액으로부터 침전되어 형성되었다고 주장하는 기존가설(수성기원론 또는 줄여서 水成論)에 대한 자신의 검증(비판) 결과를 화강암의 화성기원론(火成論)으로 제시했다고 여긴 듯하다.(플레이훼어 교수는, 베이컨과 뉴턴의 전통[74]이 강했던 시기에 허턴이 무엇이나 "아무런 물리학적 가설

72) 무분별한 관측에서 포함될 수밖에 없는 부적절한 사례를 제거하기 위해서는, 엄격한 과학적 처리방식에 따른 자료처리과정이 필요하다.

73) 규산염(SiO_2)을 주성분으로 갖는 화강암과 같은 암석이 해저에서 염분의 침전작용으로 형성되었다는 가설. 실제로 화강암과 같은 규산염 암석은 화성활동을 통해 마그마로부터 형성되므로 이 가설은 오류이며 허턴의 반론이 올바른 주장이다.

없이 비판하였음"을 강조하였지만(Playfair, 1805, p. 57), 이는 플레이훼어 자신의 해명과 모순된다75). 왜냐하면 다른 곳에서(Playfair, 1802, p. 511-513 및 p. 525), 플레이훼어는 이론의 반증(falsification)과 지속적인 수정(adjustment)이라는 포퍼식(Popperian) 연구방법-비판적 합리주의-의 요체를 제시했기 때문이다.). 그러나, 스미스나 허턴과 달리 플레이훼어는 뉴턴 이론을 최종진리로 봄으로써 뉴턴 이론의 매력에 굴복했다(Playfair, 1802, p. 512 및 p. 514; 그런데 p. 516을 보면 플레이훼어는 확실한 여러 사례(결정적인 실험 instantia crucis)도 허턴의 가설을 증명해 주리라 믿었던 듯하다).

이상의 여러 설명에 따르면 이론적인 지식의 성장에 관한 허턴의 이론은 칼 포퍼 경의 이론과 동일하지는 않으나 매우 비슷하며(Şengör, 1991, p. 425, 427), 그의 친구 아담 스미스의 이론과는 아주 흡사함에 틀림없다. 허턴 연구자이면서 야외지질학자인 도날드 매킨타이어 교수도 나와 같은 견해를 밝혔다(McIntyre and McKirdy, 1997, p. 25). 그럼에도 불구하고 일부 과학사학자(e.g., Gillispie, 1959, p. 47)와 지질학사에 정통한 야외지질학자(Ellenberger, 1973, p. 527 및 p. 499)는 허턴이 귀납론자였다고 주장하며, 근본적으로는 베이컨식 경험론자라고까지 일컫는 사람도 있다(Trümpy, 1996, p. 87). 허턴의 지질학적인 논의를 자신의 철학적 논의와 비교했던 오루크(O'Rourke)는 서슴치 않고 다음과 같이 단정지었다(O'Rourke, 1978, p. 19).

---

74) 베이컨은 경험주의를 대변하며 뉴턴은 합리주의를 대변한다고 볼 수 있다. 반면에 포퍼는 경험주의와 합리주의가 위험하다고 본 비판적 합리주의자이다.

75) 특정 가설의 검증은 여러 관측에 기초한 사실 뿐 아니라, (반증에 기반한 부정/보완) 경쟁 가설(어떤 추론이 더 일관성 있는지)과의 비교를 통해서 시도돼야 하는데 허턴은 전자에 의한 비판만 했지 그 가설을 적극적으로 재구성하는 작업(후자)은 소홀히 했다는 의미로 해석된다. 그렇지만 허턴이 제시한 화성기원론은 가설이 아니란 말인가? 따라서 저자가 플레이훼어 자신의 해명이 모순된다고 하는 것이다. 그 모순의 이유는 다음 절에서 분명히 제시되는데, 그는 포퍼식 비판적 합리주의에 충실한 허턴 이론의 토대를 긍정하는 듯 보였지만, 훗날 뉴턴식 합리주의에 경도돼 그의 방식이 타당한 지식의 토대를 갖추지 못했다는 평가를 내릴 수 밖에 없었던 것이다. ["아무런 물리학적 가설없이 비판하였음"(Playfair, 1805, p. 57)]

> 허턴은 아리스토텔레스의 유명한 목적론에 의해 정당화된 야외조사를 통해 귀납적으로 얻은 지식을 자신의 저서 *지구이론(Theory of the Earth)*에 제시했다. 그러나 그는 스스로 기도하지 않았던 바를 실행하였으며 자신의 저서 *지식의 원리(Principles of Knowledge)*에서 도출해낸 새로운 인식론을 활용했다. 그와 동료였던 로크(Locke), 버클리(Berkeley)[76] 그리고 흄(Hume)[77] 등의 최신 실험 철학에 영향을 받아, 지식이 경험으로부터 기인한다는 전제를 받아들였다. 그런데 지질학에서의 문제는 우리가 결코 경험하지 않았던 과거에 대한 어떤 지식이든지 무슨 수로 주장할 수 있느냐[78]이다. 허턴은 경험주의를 변형시켜 감각적인 자료를 체계화하는 정신의 적극적인 역할을 강조하였기 때문에 새로운 접근법을 취할 수 있었다.

오루크(O'Rourke)의 인용문 가운데 '허턴은... 야외조사를 통해 귀납적으로 얻은 지식을 자신의 저서 ***지구이론**(Theory of the Earth)*에 제시했다'는 첫 문장만 빼놓고, 나는 그가 지적한 내용의 대부분에 동의한다. 이것은 플레이훼어(Playfair, 1802)와 트륌피(Trümpy, 1996)가 추정한 바이기도 하며 부분적으로 엘렌버거(Ellenberger, 1973)의 추측과 같다. 허턴의 1785년 초록이나 1788년 논문 또는 ***증명과 도해가 수록된 지구이론**(Theory of the Earth with Proofs and Illustrations)* 가운데 어느 부분에서도 허턴이 귀납법을 활용하고 있는 흔적을 찾아 볼 수 없다. 그가 귀납적으로 유추한다고 말한 적이 아주 드물지만(예를 들면, Hutton, 1795, p.373), 그의 유추방식과 그에 관한 허턴 자신의 기술(記述)을 오늘날의 일반적인 귀납법과 양립시키기는 어렵다. 이 책에서 내가 인용한 부분들을 보면, 허턴은 포퍼가 추측과 논박이라고 부

76) 극단적 경험주의자로 눈 감으면 경험이 사라지므로 세상이 사라지고 눈 뜨면 경험이 등장하므로 세상이 등장한다고 생각했다.

77) 로크(John Locke, 1632~1704), 버클리(George Berkeley, 1685~1753)와 함께 영국 경험론의 대표 주자이다.

78) 흄의 십자가, 경험주의의 딜레마를 가리킨다.

른 지식증진에 관한 이론을 사용하고 있음을 분명히 알 수 있다. 내가 보기에 허턴은 자신이 주창했던 내용을 그대로 실행했다. 그가 그런 내용을 전파했다는 사실은 생-클레어 드빌(Sainte-Claire Deville, 1878, p.199)과 같은 19세기 후반의 일부 지질학자들이 밝혀냈다. 이와 관련하여 도노반(Donovan, 1978, p.178)은 다음과 같이 정말로 흥미로운 문제를 제기했다. "허턴이 자신의 귀납적인 주장이야말로 자신의 사고의 실질적인 발달을 그대로 대변한다고 생각했는지의 여부는 우리가 결코 알아 낼 수 없겠지만, 개인적인 문서를 파기해 버리는 스코틀랜드인들의 기호를 다음과 같은 암시로 볼 수는 있을 것이다. 곧, 스코틀랜드인들은 과거에 관한 자신들의 합리적인 재구성과 실제 역사 간에 커다란 차이가 있음을 잘 인식하고 있었다.[79]"

허턴의 사상을 둘러싼 여러 가지 혼란은 허턴을 널리 알린 플레이훼어(Playfair) 때문에 야기되었을 수도 있다. 플레이훼어가 저술한 해설(Illustrations)(Playfair, 1802, p.528)의 맨 마지막 문장은 다음과 같다. "[이론과 관찰]을 모두 증진시키기 위해 가장 효율적으로 고안된 듯한 원칙은 귀납적인 조사 방법에 관한 철저한 지식의 습득이다." 그러나 이 문장의 앞 단락에서 그가 기술한 내용은 유추[80]와 논박[81]에 관한 방법이다. 이는 허턴의 기술내용(아마도 플레이훼어는 이로

---

79) "그렇다면 앎을 포기할 것인가?" (흄의 십자가). 흄이 제시한 이 학문적(철학적) 위기(딜레마)에 응답하는 방식이 스미스와 허턴의 인식론이다. 그들은 직접 경험하지 못했으므로 [그런데 직접 경험한 과거도 '기억'의 근본적으로 불완전하며 상황에 따라 끝없이 재구성된다는 특성을 감안하면 결국 매한가지 아닌가? 이에 관한 본문 41쪽 참조.] 결국 현재에 근거한 상상력에 의한 유추로 과거를 재구성하는 '끝없는' 작업일 수밖에 없다고 설파한다. 그렇기에 가설의 '지속적' 수정과 지식의 진보가 일어날 수 있는 '가장 과학적인'(포퍼식 과학) 분야가 역설적이게도 과거 탐구인 것이다.

80) 머릿속에서 떠오르는 아이디어를 일단 많이 가설로 내세워 보는 것이다.

81) 가능한 신속히 오류를 제거해나가는 것이다. 포퍼는 이러한 방식으로 지식이 성장한다고 보았다. 예를 들어, 과학자도 학술적으로 연구자들한테 많은 논박을

부터 유추와 논박을 배웠을 것이다)과 똑같으며 이론을 판단하는 기준을 만들어 내는 결정적인 사례의 구색을 갖추고 있다. 허턴에 관한 안내서로 플레이훼어의 저술만을 읽은 사람들이라면 허턴의 정신을 어느 정도 파악할 수 있겠으나 허턴에 관한 결정적으로 중요한 문제나 용어에서 판단을 그르칠 수도 있다. 오루크(O'Rourke, 1978)가 강조했다시피, 허턴의 지질학적 탐구의 근본 목적이었던 지구역사의 판독을 위해 허턴이 그의 지식에 관한 이론을 어떻게 적용시켰는지 알아야 한다.

허턴은 지구의 과거를 다루면서 자신이 내세울 근거가 과거의 자연작용의 결과물이라는 점을 깨달았다. 만일 과거의 자연작용이 현재 관찰할 수 있는 자연작용과 동일하다면 그는 과거의 자연작용 결과로부터 의미를 파악할 수 있음을 알았다. 따라서 데이비드 흄(Hume, 1777[1902], p.38)이 그에게 다음과 같이 말할 수 있었을 것이다(아마도 그렇게 말했던 듯하다).

> ...경험으로부터 나온 모든 유추의 토대는 미래가 과거를 닮을 것이고 유사한 작용은 유사한 감각적 특질과 결합될 것[82]이라는 가정이다. 만일 자연적인 과정이 달라져 과거가 미래의 규칙이 되지 않을 수도 있다는 의혹이 조금이라도 불거진다면, 모든 경험은 쓸모가 없어지고 어떠한 유추나 결론을 낼 수 없다. 따라서 (현재의) 경험으로부터 나오는 어떠한 논증도 미래가 과거와 닮았음을 입증하기는 불가능하다[83]. 왜냐하면 이러한 모든 논증은 과거와 미래의 닮음을 전

받아야 좋은 연구자로 빨리 성장하는 것처럼 말이다.

82) 흄의 '관념연합(觀念聯合, Ideenassoziation)의 법칙' 가운데 '유사의 법칙'에 해당한다. 서로 유사한 작용(사건, 인상)들이 반복적으로 경험되다 보면 그 감각적 습관화로 인해 관념에서도 자연스럽게 서로 유사한 것들끼리 연합된다는 법칙이다.

83) 왜냐하면 과거, 현재, 미래가 '동일한' 경험의 '동일한' 과정이 아니므로 '균일(uniform)'하지 않기 때문이다. 흄은 균일론(uniformitarianism)을 부적절하다고 본 셈이다.

제로 삼기 때문이다..... 당신이 말한 것처럼 나는 의심하는 바를 논박하는 방식으로 일합니다. 그렇지만 당신은 내 질문의 취지를 잘못 생각하고 있습니다. 실제 연구하는 사람으로서 나는 내가 일하는 방식에 상당히 만족합니다만 철학자로서...... 나는 이런 유추의 근거(토대)를 배우고 싶을 뿐입니다[84].

허턴처럼 명백하게 흄의 철학에 정통했던 사람이라면 누구든지 자연작용의 균일성이라는 관념을 가설로만 받아들일 수는 없었을 것인데, 이것이 바로 허턴이 취했던 방식(Hutton, 1788, p.217) 그대로다.

현존하는 사물을 검토하면서 우리는 사물의 현재 모습을 바탕으로 그 사물의 과거에 대해 추론하고 이제까지의 실제모습을 바탕으로 앞으로 일어날 변화에 대한 결론을 이끌어 냅니다. 따라서 자연의 작용이 한결같아 시간이 흘러도 변화하지 않는다는 전제 하에서 우리는 우리가 잘 아는 사건이 초래하는 변화를 반영하는 사건의 결과물

84) 유추로 가설을 만드는 활동은 과학자의 일이고, 그 유추의 토대를 정의하고 근거 짓는 활동은 철학자(형이상학자)의 일이라 보면, 철학자로서 허턴은 흄의 전제(토대, 근거, 모델)를 승인한다. 1. 유사한 작용은 유사한 감각적 특질과 결합될 것. 2. 미래와 과거가 '현재'를 기준으로 닮았다(시간의 순환). 시간의 순환에 입각한 시간의 대칭성은 흄의 생각이라기보다 흄의 비관주의를 뒤집은 스미스와 허턴의 (상대적으로) 낙관주의적인 생각이다. 다시 말해, 과거와 미래는 똑같이 알 수 없다는 점에서 닮았다는 흄의 주장을 뒤집어(변형시켜), 과거와 미래는 '현재'를 기준하여 닮았다는 점에서 똑같이 알 수 있기에 닮았다고 주장한다. 즉, 흄은 미래와 과거 둘 다 알 수 없다는 의미에서 "미래가 과거를 닮았음"(시간의 대칭성)을 주장하였다(인식론적 비관주의). 반면에 허턴와 스미스는 과거와 미래는 둘 다 '현재'를 기준으로 알 수 있다는 의미에서 "미래가 과거를 닮았음"(시간의 대칭성)을 주장하였다(인식론적 낙관주의). 그러나 완전한 '낙관주의'라고 할 수는 없다. 그것을 통해 최종적인 앎을 성취할 수 있다고 생각한 것이 아니라 그 역시 인간 정신이 가정한 불완전한 가설이므로 잠정적이라 보았기 때문이다. 따라서 그들은 학문에서 언제든지 비판적인 논박을 통해 새로운 가설을 생산하는 끝없는 과정을 옹호했다.

을 통해 필연적으로 일정한 시간이 경과했다고 결론을 내릴 수 있는 수단을 자연적인 외관에서 발견한다.

허턴의 이 가설을 자신의 논문 말미에서 다시 한 번 제시했다.

예전의 작용은 자연적인 원인으로 돌릴 수 밖에 없는 한, 그리고 사물의 작용에서 원인을 유추해 내는 우리의 능력으로 사물의 현재 상태 또는 자연의 역사에 관한 지식으로부터 자연적 원인을 인식하는 한, 우리가 조사하는 자연계 내에 과거의 지구 모습을 파악할 수 있는 확실한 방법이 존재한다.

이처럼 허턴은 침식, 퇴적, 고화 그리고 새로운 침식을 일으키는 융기의 끊임없는 반복을 인식했다. 따라서 허턴의 이론은 순환론으로 그리고 더 나아가 비역사적인 이론으로 취급되었다(예, Hooykaas, 1970; Gould, 1987; Gohan, 1990, p.116). 이러한 견해는 "순환적(cyclical)"이라는 용어를 문자 그대로 해석한데서 유래했는지도 모른다(Blei, 1977, 1982, p.221 & 290을 참조). 순환, 그리스어로 "원(circle)"을 뜻하는 순환은 시간이라는 요소만 빼면[85] 모든 회귀의 절대적인 동일성을 함축한다. 달리 말하면, 각각의 순환 a_1, a_2, a_3, a_4, a_5, a_6은 이론적으로 모두 동일한 모습이나 시간적인 순서를 따졌을 경우에만 a_1t_1, a_2t_2, a_3t_3, a_4t_4, a_5t_5, a_6t_6 등으로 구별된다. 그런데 딘(Dean, 1992, p.28)과 내가(Şengör, 1991, p.426) 강조한 바와 같이 허턴은 이런 식의 오해를 거부하고 다음과 같이 주장했다. "현재의 육지가 새로 만들어질 육지와 똑같은 비율로 삭박되어 없어지거나 반대로 과거의 육지가 사라져 버림에 따라 언제나 새로운 육지가 똑같은 비율로 만들어져야 할 필요는 없다(Hutton, 1788, p.302)." 곧, 반복(예, 침식과 융기)이 동일한 형태의 순환을 의미하지는 않음을 뜻한다[86](Dott, 1969, p.139-141

85) 시간은 비가역적이다. 즉, '되돌릴 수 없는' 성질을 가졌다.

참조). 이와 관련하여 지구물리학에서 하나의 비유를 들자면, 전지구적인 지층 대비나 지질시대 구분에 활용되는 지구자기장의 반복적인 역전현상[87]이 아주 좋은 예가 된다.

허턴이 어떤 특정지역의 지질학적 역사(지사)를 규명하는데 정말로 자신의 이론을 활용했는지 의구심을 가질 수 있는데, 세 권으로 된 허턴의 ***지구이론***을 보면 그가 자신의 이론을 활용하여 지사를 해석했음이 입증된다. 지구이론의 세 권 가운데 처음의 두 권에서는 지질학적 과정을 논의하였으나, 허턴은 자신의 견해와 다른 지질학적 과정에 대한 이론으로부터 도출된 유라시아 여러 지역의 지사를 수시로 필요에 따라 비판하였다. 그는 이처럼 유라시아 지역의 지사를 사례로 활용했다(Carozzi, 2000 참조). 가장 인상적인 예는 우랄 산맥과 그 주변 지역의 지사에 대한 팔라(Pallas)의 설명을 비판한 것인데(Hutton, 1705, p.345-362), 그 내용이 너무 길어 여기에 모두 옮길 수 없다. 그렇지만, 우랄지역의 지사에 대한 허턴의 비판과 대안적인 설명을 마무리 짓는 아래 인용문을 보면 허턴의 지사를 보는 방식(Hutton, 1795, p.361-362)을 분명하게 인식할 수 있다.

> 만일 물고기가 물과 돌을 먹으며 살아갈 수 있다면, 또 만일 규질물체가 동물의 소화관을 지나면서 이질(泥質) 및 석회질 토양으로 전환될 수 있다면 그리고 만일 식물체를 혼합하지 않고도 연소물질을 만들어 낼 수 있다면 우리는 이런 것이 사물의 자연적인 질서가 되어야 마땅한 하나의 체계를 구축할 수 있을 것이다. 그러나 우리가

---

86) '평균'을 중심으로 진동한다. 그러므로 '원'(완벽한 균일성)의 유비는 부적절하다. 공전궤도가 매년 조금 달라지는 '타원'에 가깝다.

87) 지구자기장의 자기 방향이 역전하는 현상으로, 지자기역전(地磁氣逆轉)이라고도 한다. 이런 현상이 발생하는 주기가 불규칙하여 현재의 지구자기장의 방향과 같은 정자기 시기와 방향이 반대인 역자기 시기가 시대마다 다르므로 지질시대를 구분하는데 활용된다. 지자기 역전현상 어떻게 발생하는지, 왜 발생하는 지는 아직까지 밝혀지지 않았으며 지구 외핵 운동의 변화의 영향으로 추정하고 있다.

> 관찰하는 사물의 자연법칙과 다른 새로운 질서를 추정해 볼 수도 있다는 점에만 근거하여 우리가 아는 자연의 모든 질서와 정반대가 되는 그런 체계를 구상하는 것은 과학에서의 논증규칙과 모순될 것이다. 왜냐하면 그것은 인간만사의 바탕이 되는 상식과 어긋날 것이기 때문이다.

우랄지역 지사에 대한 허턴의 대안적인 설명을 보면, 그는 우랄지역의 무화석층이 퇴적되는 동안에 다른 곳에서는 화석을 포함한 지층이 퇴적되었을 것이라고 가정한다. 그는 다음과 같이 팔라(Pallas)가 생각한 것보다 훨씬 더 불규칙한 상태를 상상했다: "... 지층을 형성하는 자연은 영고성쇠를 겪게 마련이고, 항상 똑같은 원리에 따라 지층이 형성될 지라도 지층의 소재가 되는 물질에 언제나 똑같이 규칙적인 작용이 가해지는 것은 아니다"(Hutton, 1795, p.363). 팔라는, 우랄지역에서 관찰한 지층이 정연한 지구의 역사를 엮어낼 수 있게 해 주는 보편성을 지닌다고 보았다. 반면에 허턴은, 관찰된 지층은 국지적으로 분포하기 때문에 전체 지구의 역사를 연역해 낼 수 없다고 가정하는 것이 더 합리적이라고 주장했다. 후대의 연구자들에 의해 허턴이 옳았음이 입증되었다.

허턴이 살아 있을 때 출판되지 않았고 그의 사후에도 사실상 1세기 이상 동안 출판되지 않았던 *지구이론*의 제3권에서, 허턴은 지구의 작용에 관한 일반이론을 검증하고자 어떤 지역의 지질과 지사를 분석하는 방법에 대한 좋은 예들을 제시했다. 제3권은 최근에 새롭게 조명되었기 때문에(Dean, 1997; Hutton, 1899[1997]), 여기서 세부적인 내용을 밝힐 필요는 없을 것이다. 그렇지만, 애런 섬(the Isle of Arran)의 남부와 그 주변해역에 대한 그의 설명은 지역적인 지질특성을 대륙의 소멸이라는 거창한 이론으로 점차 발전시켜 나가는 과정을 보여주는 흥미로운 부분이어서 아래에 그 단락을 모두 인용하였다(Dean, 1997; Hutton, 1899[1997], p.260-262).

낮고 평평한 플라다(Pladda) 섬(그림 3 참조)은, 애런 섬이 지금보다 고도가 높았던 과거에 애런 섬의 일부였다. 이것은 과거를 설명하는 자연사의 그 어떠한 명제보다도 더 확실하다. 애런 섬은 플라다 섬 너머까지 뻗어 있었다. 그렇지만 이런 식의 추론을 얼마나 더 멀리까지 적용할 수 있을까? 아일사(Ailsa) 섬의 거대한 엘자(Elza) 암석도 애런 섬의 일부였다고 가정할 수 있을까? 나는 이 특이한 섬에 가본 적이 없으나 그 곳에서 채취한 암석표품과 알려진 사실로만 보면, 엘자의 암체는 화강반암(granite-porphyry)으로 구성되어 있으며 현무암(whinstone)도 섞여있음을 알 수 있다.[18] 따라서 만약 애런 섬에 분포하는 이회암과 사암의 연약한 지층이 바다 밑으로 멀리까지 연장되고 엘자의 반암체가 그 연약지층 사이로 관입했다면, 람래스(Lamlass)에 있는 홀리 아일랜드(the Holy Island)가 형성된 과정과 마찬가지로 대기와 바다의 자연적인 작용으로 연약지층이 먼저 풍화침식되어 씻겨나가고 엘자의 단단한 암체만 남겨졌다고 볼 수 있으니 이 암체가 원래는 애런 섬의 일부였다고 추정할 수 있다. 이런 식으로 오래된 과거를 유추할 수 있다면 플라다라는 작은 섬은 엘자의 암체처럼 일부만 남겨지기 전의 중간단계가 되는 셈이다.

이처럼 우리의 우주론적인 유추의 첫 단계를 규명함으로써, 우리는 상당한 확신을 갖고 이제는 볼 수 없는 대륙의 연대기를 구상해 나갈 수 있을 것인데, 과거의 작용을 되짚어 보는 과정에서 우리는 자연스럽게 오랜 전의 사건들을 예측할 수 있다. 우리는 고도가 높은 섬이 삭박되어 고도가 낮은 섬이 형성되는 과정을 생각할 수 있다. 그리고 바다나 해안가에 여지껏 남아 있는 고지대나 대륙의 일부로서 넓은 땅의 흔적으로 남겨진 작은 섬뿐만 아니라 때가 되면 사라져 버릴 대륙 그 자체까지도 미래에는 삭박되어 버릴 것임을 인식할 수 있다. 이처럼 애런 섬과 플라다 섬의 지사적인 관계는 영국본토와 애런 섬과의 지사적 관계 그리고 영국본토와 유럽대륙과의 지사적 관계와 같다.

허턴은 이어서 애런 섬의 지사를 자세히 설명한 다음 "지구의 일반이론은... 애런 섬의 자연사로부터 확인된다"고 결론지었다(Dean,

1997; Hutton, 1899[1997], p.267). 내가 앞에서 허턴과 스미스를 비교하면서 언급한 바와 같이, 우리는 여기서도 교묘하게 논의 대상을 확장시키는 곧, 플라다 섬에서 시작하여 유럽대륙으로 자신의 이론을 확장시켜 나가는 허턴의 신축적인 논리전개를 엿볼 수 있다. 그가 유럽에 대한 논의에서 단 한 개의 조약돌 또는 하나의 부정합 노두(그림 3)에 대한 논의로 손쉽게 규모를 축소시켜 논의해 나갈 수 있었음[88]은 그의 저술을 통해 확인된다. 사회과학분야에서 그의 친구였던 스미스와 마찬가지로, 허턴으로 하여금 큰 틀에서 지금까지 입증되어 온 지질학의 포괄적인 종합이론을 정립할 수 있게 해 준 것은 다른 무엇보다도 그 때까지 알려진 지질학적 현상에 대한 그의 믿기 어려울 정도의 완벽한 이해와 다수의 의미 있는 세부내용에 대한 그의 깊은 관심 덕분이다.

역사과학에 대한 허턴의 견해를 고찰하면서, 이제 우리는 그의 관점이 어떤 신학적인 기초를 지니고 있는지 따져 볼 단계에 이르렀다. 다른 말로 표현하면, *허턴의 신앙은 무엇인가?* 이것은 최근에 사람들의 주목을 끈 문제들 가운데 딘(Dean, 1992, p.263-264)이 제기한 허턴에 대한 "되풀이 되는 질문"으로 가장 중요한 문제이다. 그것은 스코틀랜드 계몽주의 시대를 이끈 허턴의 친구들과 허턴 간의 위상을 정립하는데도 상당히 중요한 의미를 지닌다. 스미스의 경우처럼, 아니면 정말로, 좀 더 단호하게 말하면 종교에 대해 허턴이 언명한 견해에 대해서는 의심의 여지가 없다(허턴의 모든 과학적 업적의 밑바탕에 신학이 있다고 믿는 허턴의 신학연루설에 대한 깊이 있는 논의를 보려면 Galbraith, 1977을 참조; Porter, 1977, 특히 p.94-95도 참조). 그는, 이 세상은 자비롭고 현명하신 하느님이 사람들에게 주신 것이기 때문에 파괴되어 소멸

88) 그때까지 알려진 지질학적 현상에 대한 그의 믿기 어려울 정도의 '완벽한 이해'와 다수의 의미 있는 세부내용에 대한 그의 깊은 관심을 뜻한다. 이러한 태도가 불러온 실제론적 전통의 성취에 관해서는 139쪽의 각주 11)의 5번째 문단 참조.

되지 않고 스스로 재생해 나갈 수 있다고 되풀이하여 강조했다. 허턴은 이 세상을 살아있는 군집(생명체)을 유지시키는 무대로서 규칙적인 파괴와 재생이 일어나는 곳이라고 규정했다. 그는 1788년 논문의 첫 번째 단락(Hutton, 1788, p.209)에서 이 같은 견해를 다음과 같이 기술했다:

> 우리가 이 대지의 체계(terrestrial system)를 구성하고 있는 부분을 탐구할 때, 그리고 우리가 그러한 여러 부분들 간의 일반적인 상호연관성을 고찰할 때, 그 전체 모습은 특정한 목적에 부합되도록 특별하게 만들어진 기계를 떠올리게 한다. 우리는, 그런 체계를 꾸며낸 것으로 볼 수 있는 권능자가 가치 있게 여기는 목적을 달성할 수 있도록 (권능자인 신의) 지혜 속에서 구축된 하나의 구조를 인식한다.

지구를 기계에 비유한 위와 같은 기계유비(machine analogy)는 나중에 아래와 같이 수정되었는데, 이는 허턴의 내과의사 수련 경력을 반영하는 듯하다(Tomkeieff, 1948-1949; Ellenberger, 1973)(Hutton, 1788, p.216):

> 그러나 이 세상을 단지 하나의 기계로, 다시 말해 각 부분이 현재의 위치, 적절한 형태와 속성 등을 간직하는 것보다 더 오래 지속되지 않는 하나의 기계로 보아야만 하는가?[89] 아니면 이 세계는 조직화된 신체로 여길 수도 있지 않을까? 그러한 조직체라면, 이 세계를 형성시킨 생산적인 권능이 영향을 미치는 과정에서 기계의 필연적인 쇠퇴가 자연스럽게 치유되는 그런 특성을 지닐 것이다[90].

89) 왜 '기계'는 더 오래 지속되지 않는가? '생명체'가 지닌 '자연스럽게 치유되는 그런 재생적 특성'인 생기(vital) 내지 활력(vital force)이 없어서? 그런데 왜 생명체(유기체)를 '자연스럽게 치유되는 그런 특성'으로 가정하는가? 해당 저서의 시대적 배경인 18세기 후반과 19세기 초에는 생명현상을 물리적 요인과 자연법칙(기계론, mechanism)으로 설명하는 것에 대항해, 어떤 초경험적 생명력의 운동으로 유기체를 다시 고찰하는 생기론(vitalsim)이 이론적 흐름으로 대두된다.

그렇지만 허턴은 그 다음에 기대와 어긋나게, 그가 우리에게 보증한 바와 같이 "법칙에 따라 질서정연하게" 형성되어 온 지질학적 실체의 명백한 혼돈[91](앞의 27쪽에서 인용된 스미스의 "외관상 전혀 달라 서로 어울릴 것 같지 않은 현상들 간의 혼돈"을 참조)에 대해 얘기하기 시작한다. 그러나 그가 "광물영역의 명백한 불규칙성과 무질서"가 교훈적이라고 본 까닭은 "사물의 이전 상태가 만들어낸 위상과 관련지어 변화된 상태(명백한 불규칙성과 무질서)에서 우리가 인식할 수 있는... 똑같은 영역의 규칙성과 질서는" 우리에게 사물의 이전 상태를 알려주는 결정적인 조건[92]으로 밝혀졌기 때문이다(Hutton, 1788, p.266). 그

---

90) 기계와 다르게 '재생'을 추동하는 원인은 무엇인가? 그 계기(에너지)는 무엇인가? 기계 유비에서 생명체 유비로 전환을 가리킨다.

91) 해당 문장을 이해하기 쉬운 담화적 방식으로 재구성해보면 다음과 같이 풀어볼 수 있다. "신이 목적에 따라 "완벽하게 설계해서" 만들었는데, 실제로 관찰해보니 꼭 그렇지는 않네, 왜 그렇지? 이상하네.."

92) 규칙성과 질서는 이전 세계의 상태이지 그것이 현재 세계에서 신의 존재를 증거하는 논증에는 활용될 수는 없다는 뜻으로 해석할 수 있다. 보통 성서의 통념에 따르면, 우주가 카오스(chaos, 무질서와 혼돈)에서 코스모스(cosmos, 규칙성과 질서의 조화)로 이행하는 과정에 "빛이 있으라!*(fiat lux!)*"는 신의 목적에 따른 적극적 개입이 존재한다. 그러나 허턴은 그것을 뒤집어 과거의 코스모스가 현재의 카오스로 이행했다고 주장한다. 게다가 현재에 발견되는 코스모스는 그저 과거의 흔적일 뿐이라는 파격적인 주장을 편다. 그리고 '질서정연한 법칙(코스모스)'은 자연의 정직한 모습이라기보다는 인간의 정신이 주변 세계를 이해하기 위한 수단 내지는 도구라고 생각했던 점도 상당히 파격적이다. 우주(자연의 정직한 모습)는 사실 '불가지(不可知)'한 카오스에 더 가깝고, '질서정연한' 코스모스는 인간의 정신이 구성해낸 하나의 도구적 산물이라고 주장한다. 그렇게 되면, '영원불변의 진리', 즉 절대불변의 코스모스는 그 절대적 정당성을 잃게 된다. 이 점에서 허턴의 비판적 합리주의를 암시하는 지점을 보아야 한다. 인간의 '질서정연한' 진리 주장은 불완전한 인간이 머릿속에서 만든 것이기에 언제든지 우주의 실재(언제까지나 '불가지'한 카오스에 가까운)와 어긋나 있을 수 있다. 그래서 '비판적 성찰성'을 통해 지속적으로 기존의 완전해 보이는 주장들을 재검토하고, 반증을 통해 새로운 가설을 끝없이 건설하는 '추측과 논박'의 과정이 필요하다. 가설을 건설한다는 것은 곧 기존의 코스모스를 카오스로 바꾸고, 그 카오스에서 다시금 코스모스를 세우는 끝없는 과정이다. 그것이 바로 애덤 스미스가 말하는 "자연이라는 작품 속에서 무질서와 혼돈에 역겨워 하

러므로 허턴은 여기서 질서와 규칙성을 이전 세계에, 그리고 아마도 이전 세계를 변형시킨 과정에 연관시켰으나 분명히 현재 세계에는 연관시키지 않았다[93]. 그렇지만 이것은, 현재와 과거가 근본적으로 다르지 않다는 그의 언명과 명백하게 모순된다. 우리는 이 역설(paradox)을 어떻게 해결해야 할까? 허턴(Hutton, 1788, p.287)은 그 이후에 우리에게 상당한 도움을 준다:

> 사람은, 야수처럼 사물의 존재를 알아차리는 것으로 만족하지는 않는다. 우리는 사물이 어떤 과정을 거쳐 왔는지 그리고 앞으로 어떻게 될 것인지 알고 싶어 한다. 사람은 자연이라는 작품 속에서 무질서와 혼돈에 역겨워 하기보다는 질서와 규칙성을 발견해 냄으로써 기쁨을 느낀다. 인간은 스스로 찾아낸 자연의 그 어떤 불완전한 모습에 조물주를 의심하게 되기보다는 자연의 설계 속에서 조물주의 지혜와 은총을 깨달음으로써 행복을 느낀다.

위 단락을 스미스의 다음과 같은 기술(Smith, 1980, p.45-46)과 비교해 보라: "미개인들에게는, ...자연이라는 무대가 머리 속에서 좀 더 상관성을 지닌 모습으로 비춰진다는... 것에 집착하면서 즐거워할 여유가 있었을 리 만무하다."

그래서 완전함, 질서 그리고 규칙성은, 자연 속에서 명백하게 드

기 보다는 질서와 규칙성을 발견해 냄으로써 기쁨을 느낀다."는 인간의 자연과학적인 본성이다. 허턴은 115쪽 본문에서 다음과 같이 주장한다. [*그런 규칙성은 어쩌면 자연 내에 존재하는 것이 아니라 우리가 자연이라는 체계를 분명히 이해하는데 필요한 것이다.(Hutton, 1788, p.301)*]

93) 질서와 규칙성은 목적을 가지고 우주를 설계한 인격신을 상기시키기에 그것을 부정하고 싶었지만 쉽지 않았다. 따라서 허턴은 그것을 과거로 밀어내고 간접적으로(완전히 부정했다가는 목숨이 위태로워 진다.) 무신론을 연상시키는 자연의 무질서와 혼돈의 모습들을 현재 세계에서 찾아내 묘사했다. 질서란, 신이 그렇게 만든 자연이 본 모습이라기보다는 과학적인 본성을 가진 "인간이 부여한 것"이라는 점을 분명히 밝힌다.

러나지는 않을 지라도 정말로 자연 속에서 발견되면 우리에게 창조주의 지혜를 깨우쳐 행복을 느끼게 하는 속성이다. 그렇지만, 합리주의자인 허턴은 자신의 본심을 오랫동안 숨길 수는 없었다. 마침내 그는 다음과 같이 고백한다(Hutton, 1788, p.301; 이탤릭체는 본 논문의 저자가 강조한 부분임):

> 우리는 이 지구를 명백한 규칙성을 유지해 나가는 체계(system)로 제시해 왔는데, *그런 규칙성은 어쩌면 자연 내에 존재하는 것이 아니라 우리가 자연이라는 체계를 분명히 이해하는데 필요한 것이다.*

이러한 진술을 스미스의 진술(Smith, 1795[1980], p.45-46)과 비교해 보자; 위 인용문과 바로 앞의 인용문을 스미스의 진술과 비교해 보면, 친구인 두 사람(스미스와 허턴)은 우리의 정신이 자연에 질서와 규칙성을 부여하는 방식에 대해 아주 비슷하게 생각했음을 분명하게 깨달을 수 있다.

그런데 질서, 규칙성, 목적 그리고 지혜에 관한 모든 장황한 언사는 우리가 스스로 지질학적 현상을 이해하게 만드는 도구에 지나지 않는다. 허턴은 자연 전체가 분명히 "법칙" 아래에 있음을 의심하지 않았으나 성급하게 덧붙이기를, 우리는 결코 법칙의 작용방식을 알지 못할 수도 있다고 말했다[94]. "사물의 현재 상태와 비교될 수 있

94) '방법론적' 불가지론, '방법론적' 회의 : 아무리 질서정연하고 영원하며 완전해 보이는 법칙도 결국 '자연(우주)의 거울'이 아니라 인간이 자연에 인위적으로 질서를 부여한 것이기에 불완전하다. 그러므로 그것은 언제든지 비판적으로 되짚어보고 논박될 수 있어야 한다. 이는 그의 인식론의 핵심인 '비판적 성찰성'을 암시한다. 철학자 마르틴 하이데거(Martin Heidegger, 1889~1976)는 <숲길(Holzwege)>의 <세계상의 시대(Die Zeit des Weltbildes)>라는 논문에서 근대의 특성을 "세계를 표상(세계상)으로 세우는 것"으로 정의한다. 구체적으로 말하면, 이는 자연과학적 태도를 의미한다. 자연과학적 태도란, 자연이라는 실체를 인간 정신이 지향하는 방식의 대상(Gegenstand)으로 '다시' 세워놓고(Verstellung), 수리 물리학적으로 '질서 지워진' 체계(system)로 표상(재현)하는 것이다. 이로써

는 확실한 결론에 도달하기 위해 우리는 일정한 추정을 필요로 한다(Hutton, 1788, p.301-302).” 실제로 지질학적 현상의 불규칙성은 상당하여 허턴은 독자들에게 너무 많은 규칙성을 기대하지 말도록 경고해 두어야겠다고 느꼈다: “우리는 자연을 일정하게 진행되는 균일성으로 한정하지 말아야 한다”(Hutton, 1788, p.302; Blei, 1977, p.539도 참조). 그리고 목적론적으로 생각하는 성향을 지닌 모든 사람에게 마지막으로 다음과 같이 경고했다: “자연 속에서 의도가 발견될 수도 있으나, 이 의도는 우리가 존재하리라고 생각하는 것으로부터 유추되거나 헛되이 상상되지 않아야 한다”(Hutton, 1788, p.302-303). 여기서 소위 허턴의 자연신론에 관한 아주 중요한 관점을 지적하고자 한다: 갤브레이스(Galbraith, 1974, p.33)는 ***지식의 원리****(Principles of Knowledge)*에서 “사실상 허턴의 자연은 하느님(God)을 의미한다.” 그러나 만일 그렇다면, 앞에서 인용되었던 내용과 같이 자연 속에 어떤 규칙성과 목적이 존재하지 않을 수도 있다는 불규칙하고 무질서하며 무목적적인 자연(하느님)이 도대체 어떻게 지혜롭고 은혜로울 수 있단 말인가?

허턴 자신이 모순적이었을까? 내 생각에는 그렇다. 그는 자신의 진짜 신념을 숨기려고 애썼다. 왜냐하면 어쩌면 그의 신념은, 인류를 부양할 운명을 감당하도록 시계처럼 정교하게 만들어진 세계[95]를 통해 밝혀지는 자연의 목적(신의 위대한 의도)을 모두 부정하는 입장을 가리키기 때문이다. 이러한 입장은 무신론과 같은데, 아마도

인간 의식은 자연의 모든 것에 법칙과 근거를 부여하는 주체(Subjectum)로 부상한다. 자세한 내용은 (Holzwege, 1950/1952)(한글판 : 마르틴 하이데거(신상희 옮김), 2020, 숲길, 나남)을 참조할 것.

95) 윌리엄 페일리 신부의 <자연신학(Natural Theology)>에서 그는 신의 존재를 증명하기 위해 ‘시계공 유추(watchmaker analogy)’를 사용한다. 이는 자연 속에서 발견되는 ‘규칙성과 질서’의 증거들을 통해, 마치 하느님께서 ‘시계공처럼’ 정교한 물리법칙으로 맞물려 돌아가는 기계적 완전성의 우주(자연)를 창조했다는 목적론적 논증을 펼친다.

허턴은 표현을 자제했던 데이비드 흄에 대한 사람들의 반응[96]을 너무 잘 기억하고 처신했을 뿐이다. 도널드 매킨타이어(McIntyre, 1997, p.135-136)는 우리에게(그리고 특별히 허턴의 명백한 목적론적 진술과 종교적 진술을 들어 허턴의 정신세계를 곱지 않은 시선으로 바라보는 수정주의 역사학자에게) 다음과 같은 사실을 상기시켜 주었다. 허턴은, 선동죄에 대한 악명 높은 재판이 진행되던 1793년에서 1797년 사이의 위축된 사회분위기 속에서 사고하고 저술하였다. 대영제국에서 종교는 사회의 주요구조를 형성했으며 교회는 그 구조를 떠받쳤다(더구나 다윈의 종의 기원이 출판된 이후에도 상당기간 그러하였다). 1793년에는 버크(Burke)의 ***인간의 권리****(The Rights of Man)*에 대한 토마스 페인(Thomas Paine)의 답변서 한 부를 빌려준 것만으로도 보태니 베이(Botany Bay)에 14년간 수감되는 벌을 받을 정도였다(McIntyre, 1997, p.135). 매킨타이어는 허턴 시대의 에딘버러를 매카시시대의 미국과 비교하였다(McIntyre, 1987, p.136).

자신의 진심을 숨기려는 허턴의 시도는(출간되지 않았던 그의 1788년 논문 서문 참조: Dean, 1975; Dean, 1992의 각주 20) 아주 성공적이지는 못했다; 내가 보기엔 당연한 일이지만 그는 즉각 무신론으로 비난받았다고 알려져 있다(참조 Tomkeieff, 1948-1949, p.39; Dean, 1973, p.102 de Luc의 반응; Porter, 1977, p.198; Whewell, 1857, p.509: "그리고 이러한 [예를 들면, 허턴의] 이론의 주창자는 창조의 주체에 대한 보통의 의견을 수용한다고 볼 수 없다는 일반적인 확신 때문에, 어쩌면 아주 부당하게, 여론에서 그런 이론을 부정하는데 큰 비중이 주어졌다.). 그러나 꼼꼼하고 신중한 허턴연구자인 데니스 딘 교수를 포함한 현대의 역사학자들은 무슨 이유로, 허턴이 자신의 견해를 표현하는데 조심스러워 했다는 아래와 같은 톰키에프의 적절한 암시가 있는데도 불구하고, 허턴의 말을 곧이곧대로 받아들여 창조주의 영원한 지혜를 확증하기 위해 자연을 탐구하는 자연신교 학자라는 이미지를 계속 퍼뜨리고 있을까: "이처럼 자신의 진술

96) 무신론 주장하는 책을 출판하려다가 핍박당한 점을 가리킨다.

에 보호막을 쳤다는... 이 점에서 허턴은 대단히 조심스러웠는데, *허턴이 진실로 믿었던 바가 도대체 무엇이었을까*"? 갤브레이스가 박사학위 논문(Galbraith, 1974)에서 입증했듯이, 허턴 그 자신이 하나의 이유가 된다. 허턴은 자신의 "은혜로운 창조주"라는 진술에 지나치게 집착했다. 허턴의 저술을 주의 깊게 읽어 보면 허턴이 결국 스스로 모순을 저지르는 과정이 엿보이며, 그의 무신론적 자연상이 서로 충돌을 일으키는 그의 혼합된 두 관점에 대해 좀 더 일관성을 부여한다. 또 허턴의 철학을 주의 깊게 읽어 보면, 우리에게 은총을 베풀어 주시는 영원히 지혜로운 "자연의 저자"가 제공해 준다고 알려진 우리의 감각과 이성이 반복적으로 우리를 저버린다는 점을 강조하면서 허턴은 자연의 영원한 지혜라는 개념과 엄청난 갈등을 일으켰다. 그는 우리의 감각과 이성이 불완전하다는 점을 반복적으로 강조하는 것을 피하지 않았다(그의 책 전체가 그 점을 다루었다). 그렇지만, 하느님의 무한한 지혜라는 틀 안에서 이것을 해명하려고 노력하는 가운데 그는 완전히 파산해 버렸고 난센스를 기술해 버린 꼴이 되어 버렸다(Hutton, 1794a, p.xxiv).

> 완벽한 지혜를 알 리 없는 동물의 행동을 지배하는 자연은 사람을 의식 있는 이성적 존재로 곧, 올바른 사유법을 알아내기까지 틀리게 판단할 수밖에 없는 존재로 만듦으로써 우리들에게 훨씬 큰 은혜를 베풀어 주었다.

우리는, 이러한 무한한 지혜의 조물주가 어찌하여 우리에게 처음부터 실수에 빠지지 않고 행복하게 살아갈 수 있는 능력을 주시지 않은 이유를 듣지 못했다. 허턴의 사후 불과 5년만에 윌리엄 페일리(William Paley) 부주교가 자신의 *자연신학(Natural Theology)*, 또는 *자연의 모습으로부터 집성한 신성의 존재와 특성에 관한 증거(Evidence of Existence and Attributes of the Deity Collected from the Appearances of Nature*, 1802)[19]에서 하느님의 존재를 보여주기 위해 아주 비슷한 논증[97])을 사용하게 된다. 페일리의 생각으로는, 하느님은 우리가 나중에 극복해야만 하는 불필요한 어려움처럼 보이는 것들을 너무 많이 만들어 놓으셨다. 그러나 그는, 그 과정이야말로 전지전능하신 분이 자신의 피조물에게 자신의 존재를 일깨우는 수단임을 깨달았다(Paley, 1807, XXVI장과 XXVII장; Gillispie, 1959, p.37). 그렇지만 이런 식의 유추는 허턴에게 적용될 수 없다. 왜냐하면 허턴의 세계에서는 전지전능하신 분이 우리들의 세상사에 개입하실, 적어도 드러나지 않게라도 개입하실 필요가 없는 것처럼 보이기 때문이다. 더욱이, 허턴 철학에서 허턴의 문제는 우리들이 저지르는 실수의 근원에 관한 문제다. 그의 논증에 따르면, 우리는 하느님의 간섭을 통하지 않고 우리들이 스스로 극복하게 마련이기 때문이다[98]. 따라서 페일리와 같은 유추에서 볼 경우에도, 허턴의 주장은 의미가 없다. 허턴은 자신이 난센스를 기술하고 있다는 사실을 깨닫지 못했을까? 허턴이, 우리의 오류가능성을 하느님의 자의로 돌리고 나서 곧바로 하느님은 완벽하게 지혜롭다고 주장한 점에서 허턴은 스스로 자신이 어처구니없는 주장을 펴고 있음을 의식하지 못한 것은 아닐까? 내가 믿기로, 허턴은 너무나 이지적이어서 이 점을 깨닫지 못했다. 그리고 그가 지극히 지혜롭고 은혜로운 창조주에 대한 믿음이 불러일으킬 수 있는

---

97) 목적론적 논증(physico-theological argument) : 지적인 설계자인 신의 존재를 증명하려는 의도로, 자연(물리)세계 안에서 그에 상응하는 증거들을 발견해 그 논리를 정당화하는 논증방식이다. 대표적으로 그의 시계공 유추(watchmaker analogy)가 있다. 허턴은 이를 부정하려고 노력했다. (116쪽 참조.) ["자연 속에서 의도가 발견될 수도 있으나, 이 의도는 우리가 존재하리라고 생각하는 것으로부터 유추되거나 헛되이 상상되지 않아야 한다"(Hutton, 1788, p.302-303).]

98) 이 대목이 중요한 이유는, '추측과 논박'을 통해 인간은 신에 의존하지 않고도 스스로 무질서에서 독자적으로 질서를 세우는 과학적인 정신을 갖추고 있다고 본 것이다. 이것은 계몽사조와도 연결되는 정신이며, 앞서 '철학의 전범'이라고 일컬어졌던 탈레스(이오니아학파 철학자의 시조)에게서도 확인되는 모습이다. 122쪽에서 처럼 표현한다면 "가설적인 합리적인 법칙으로 자연현상을 설명해 보려고 노력했다."

어떤 종류의 부조리를 사람들에게 소개하려고 고의적으로 난센스를 기술하였다고 볼 수도 없다. 표면상으로 하느님의 위대한 지혜를 보여준다는 *지식의 원리* 제3권조차도 거기에 실린 내용이 무엇이든 하느님을 떠올리지 않고도 읽을 수 있으며, 사회의 모든 영역에서 이성과 과학의 중요성을 상기시키는데 여전히 크게 도움이 될 것이다. 죤즈는, *지식의 원리*(1984, p.208)에서 로크와 버클리에 대한 허턴의 비판을 비교하면서 허턴의 비판에 일관성이 없다고 언급했다. 왜냐하면 두 사람의 관념에 대한 설명의 근거를 "하느님의 권능"에 두었기 때문이다. 그는, 어떤 일을 하느님이 일으킨 것이라 말하는 것은 그 일의 원인이 하나 있다고 말하는 것과 다를 바 없다고 지적했다. 죤즈(1984, p.208)에 따르면 그 당시 허턴은 입장을 바꾸어 외면상 자신의 논리체계의 기초를 전체적으로 제1원인의 지혜와 은혜에 두고 있었기 때문에, "허턴이 자신에 대한 비난을 회피했는지 검토해 봐야만 한다"고 주장했다.

나는 *지식의 원리* 제3권의 내용을 갤브레이드와 다르게 평가하지만, 허턴이 흄처럼 독자를 종교적 난센스에서 벗어나게 해주려는 메시아적 감정을 가졌다는 어떠한 증거도 찾지 못했다. 허턴은 순전히 과학과 합리주의에 관심을 두었으며, 종교적 관점이 자신의 과학과 합리주의적 견해를 저해하지 않는 한 종교적 관점을 묵인하였는데, 반세기 후에 다윈도 이와 아주 비슷하게 처신했다(예로서 Desmond and Moore, 1994, p.156 및 p.636을 참조). 흄과 달리, 허턴은 아마도 그가 든 사례 때문에 사물에 대한 대중의 그러한 감정에 훨씬 더 주의를 기울였던 것처럼 보이며, 분명히 자신의 저술을 신앙심이 깊은 독자의 입맛에 맞게 만드느라 고심했다. 엘렌버거(Ellenberger, 1973, p.498-499)는 이것을 "허턴의 도박(pari de Hutton)"이라고 불렀는데, 이 보다 더 좋은 표현을 찾아낸 사람은 없다. 내 생각으로는 그가 선택한 프랑스어의 pari(내기, 도박, 판돈)라는 단어가 허턴이 했던 일이라 할 수 있는 '내기(도박)'를 딱 맞게 표현한다. 그렇지만, "하느님은 살아 계신다는 주장: 당신은 잃을 게 없고 모두 얻을 것뿐이라는 주장에 걸은 내기[99]"라는 취지에서 보면 이러한 내기는 특별한 것이었다. 이것은 순전히 파스칼적인 태도[100]라 할 수 있다(1966, p.151-152). 만일 허턴 자신이 무신론자가 아니었다면 (나는 그가 아주 솔직한 사람이라 무신론자가 아닐 수 없다고 믿는다), 지혜롭고 은혜로운 조물주를 가정함으로써 일관성 없는 모든 내용에도 불구하고 자신의 기술내용을 단순히 파스칼의 조언에 따라 하느님의 존재여부에 내기를 거는 셈이었다. 달리 생각하면, 훨씬 더 가능성이 큰 얘기지만, 그는 안전을 도모하여 내기(도박)를 하면서 자신의 저술에서 자연을 하느님으로 손쉽게 고쳐 부르고, 외견상 자신의 지질학 이론과 호환될 수 있는 목적과 은총을 거기에 부여하였다. 이것은 그의 친구인 스미스가 "보이지 않는 손(invisible hand)"에서 쥬피터라는 신의 이름을 빼 놓았던 것과 흡사하다. 그 때문에 허턴이 자신의 철학적 저술에서 모든 모순을 걷어내지 못했다. 아울러 그는 내부적으로 일관성이 없으나 자신의 과학을 온전히 그리고 자신의 합리주의를 거의 온전히 지켜낼 수 있는 설명을 골라잡는데 만족했다. 아마도 그는 다음과 같이 예단했을 것이다. 올바른 독자들이라면 그 점을 꿰뚫어 보고 하느님이 언급될 때마다 자연의 대체물임을 깨달아 목적을 제거할 것이다.

따라서 우리는 스미스와 허턴 두 사람의 저술에서 거룩한 목

---

99) 모르는 사람은 그저 모를 뿐이지만, 허턴이 상징적으로 숨겨둔 의도를 파악한 사람은 반드시 알게 될 것이다. 허턴이 자기 주장을 직접적으로 펼쳐서 정부로부터 받게 되는 '손해'는 없다. 수확이 아예 없거나, 똑똑한 사람이 온갖 화려한 수사 속에서 숨겨둔 허턴의 행간을 파악해 혜택을 얻거나, 둘 중 하나다.

100) 무신론에 관한 파스칼의 내기에서는, 기본적으로 신 그리고 천국과 지옥이 존재할 수도 있으며, 신은 믿는 자와 믿지 않는 자에게 천국과 지옥을 통해 각각 무한한 보상과 무한한 처벌을 줄 수 있음을 전제로 삼는다. 신을 믿는 경우엔 무한한 보상을 받거나 혜택이 전혀 없을 수 있으나, 믿지 않는 경우엔 무한한 처벌을 받거나 처벌이 전혀 없을 수 있다. 따라서 신을 믿는 것이 합리적인 선택이라고 볼 수 있다는 주장이 파스칼적인 태도이다.

적[101]과 정부라는 관념에 대한 똑같은 적대감을 엿볼 수 있다. 이 때문에 나는 다음과 같이 믿는다. 아마도 두 사람은 무신론자(적어도 불가지론자)였으나 이 논문에서는 이런 주장을 직접적으로 뒷받침해 줄 어떤 근거도 제시할 수 없으므로 타키투스(Tacitus)의 경구에 기대어 믿어 보고자 한다: *원하는 바를 느끼고 느낀 바를 말하는 순간이야말로 드물게 행복한 순간이다*(*Rara temporm felicitas, ubi sentire quae velis, et quae sentias dicere licet!*). 이 부분에서 우리는 버넷(Burnet)이 소크라테스 이전의 이오니아학파 철학자들의 업적을 설명하면서 부딪쳤던 문제와 똑같은 문제를 마주하게 된다. 이오니아학파 철학자들은 자연적인 작용(현상, 효과)을 설명하면서 목적인과 정부의 역할을 몰아내고 가설적인 합리적인 법칙으로 자연현상을 설명해 보려고 노력했다. 그러나 그들의 언어는, 블라스토(Vlastos, 1952, p.97)가 상기시킨 바와 같이 신에 관한 얘기로 가득차서 재거(Jaeger, 1953)처럼 학식 있는 사람은 그들의 가르침을 "신학(theology)"으로 재해석할 수 있다고 말할 정도다. 나는 그런 주장이 그들을 크게 놀라게 만들 것이라는 버넷의 지적(Burnet 1930, 13-15쪽을 참조)에 동의한다. 스미스와 허턴이 거둔 성과는 모두 과학에서 종교적 관점을 제거하는데 기여했으므로, 만일 계몽된 우리시대의 누군가가 스미스와 허턴의 시대로 되돌아가 그들 이론의 목적론적 입장을 들어 그들을 비판한다면 틀림없이 두 사람 모두 놀랄 것이다.

다음 장에서는 훨씬 더 뿌리 깊은 목적론적 기원과 종교적인 체계를 갖추었으나 표면적으로는 비종교적인 이론을 제시했던 두 사상가의 견해를 살펴보고자 한다.

---

101) 목적이라는 것은 특정 가치관에 따라 움직이는, 인간과 유사한 인격신의 존재를 암시한다.

7. 아브라함 고틀로프 베르너와 칼 마르크스가 다룬 역사과학

7. 아브라함 고틀로프 베르너와 칼 마르크스가 다룬 역사과학

스미스와 허턴과 달리, 베르너와 마르크스(그림 5)는 모두 그들 각각의 학문분야에서, 곧 지질학과 사회과학에서 역사적인 접근법을 제시한 사람들로 인정받는다. 달리 말하면, 이 두 학자는 자신들의 학문적 대상을 시간적으로 비가역적인 진화의 한 형태로 보았다. 베르너가 사망한 다음 해인 1818년에 마르크스가 태어났기 때문에 그들은 서로 알고 지내지는 못했으나, 스미스와 허턴처럼 이 두 사람도 위대한 자연과학자와 사회과학자의 한 쌍으로 여겨진다. 내가 이들에 대해 설명하고자 하는 이유는 이 두 사람의 역사에 대한 접근방식이 스미스와 허턴의 연구방식과 좋은 대조를 이루기 때문이며, 자연과 사회의 역사에 대한 그들의 견해는 전통적으로 그리고 내가 믿기에 명백한 근거에 의해 허턴과 스미스의 견해와 뚜렷이 대비되어 왔다. 베르너와 마르크스는 이성론자들로 언급되어 왔으며, 두 사람은 프랑스혁명의 열광적인 지지자들이기도 하였다. 따라서 이들은 계몽주의의 (유럽)대륙유파에 뿌리를 둔, 서로 공통적인 철학적 배경(진보 관념)을 지닌 것 같다. 부분적으로는 이 점이 그들과 스코틀랜드 학자들(허턴과 스미스)의 차이를 설명해 줄 것이다.

그림 5. 역사에 관한 복고주의 이론가들. A. 자연과학 분야의 아브라함 고틀로프 베르너(1749-1817) (포겔(Vogel)의 초상화 원본을 암브로이즈 타디(Ambroise Tardieu)가 판화로 제작), B: 사회과학 분야의 칼 마르크스(1818-1883) (Marx, 1981의 표지 그림)

베르너와 마르크스가 설명하려고 애썼던 역사적인 문제는 스미스와 허턴이 다뤘던 문제와 달랐다. 스코틀랜드의 스미스나 허턴과 달리, 유럽대륙의 베르너와 마르크스는 역사로 설명될 수 있는 사실[1]에 더 관심을 기울였다. 스미스와 허턴이 근본적인 질문이라고 생각했던 '우리가 역사(과거)를 알 수 있는가'라는 논리적으로 보다 선행적인 질문에 대해서 베르너와 마르크스는 거의 관심을 기울이지 않았던 것처럼 보인다. 나는 다음에서 왜 그렇게 되었는가를 밝히고자 한다.

---

1) 성서(종교적 전통)에 근거한 역사의 신화적 설명에 따른 당대의 통념("우리가 역사에 대해 알고 있는 바")과 역사적 증거로 파악할 수 있다고 믿는 미래에 대한 낭만주의적 기대. 칼 마르크스(Karl Marx)는 노발리스의 대칭[과거<광부>와 미래<점성술사>에 대한 미리 정해진 절대적인 확신]을 당연하게 받아 들여, 과거에 대한 지식을 가정하고 그에 힘입어 미래에 대한 확신을 갖게 되었다. 이에 관한 그림 1. B(39쪽)와 133쪽의 본문 및 같은 쪽 각주 7) 참조.

7.1 아브라함 고틀로프 베르너 (1749-1817)

라이엘의 '지질학 원론'이 출간된 이후 대략 제2차 세계대전 때까지 기술된 일반적인 지질학시에서는 모두 허딘을 현대 지질학의 개척자로 꼽았다(예를 들면, Hoffmann, 1838, p.210; 허턴과 관련하여, 호프만은 다음과 같이 썼다. '따라서 우리는 스코틀랜드를 새로운 지질학의 요람으로 여길 수 있다'; 아울러 다음 문헌들도 참조할 것, Keferstein, 1840, p. 80-84; Vogelsang, 1867, p.76; Geikie, 1897; von Zittel, 1899; Adams, 1938). 독일을 분단시킨 제2차 세계대전 이후, 구동독의 몇몇 역사가들과 알렉산더 오스포바트(Alexander Ospovat)가 이끄는 미국 내의 동조자들은 다음과 같이 주장하면서 이러한 전통적인 관점을 체계적으로 비판했다. 만약 지질학이 독자적인 한 학문분야로 자리 잡게 된 것을 베르너(Fig. 5A)와 그의 제자들의 공으로 돌린다면, 라이엘은 그의 저서 '***지질학 원론***'이 출판될 때까지 지질과학의 발전에 제한적인 공헌을 하였을 뿐이다[20]. 특히, 포터(Porter, 1976, p.98, note 61)와 오스포바트(Ospovat, 1969, 1976)의 주장에 따르면, 지질학사에 대한 전통적인 개관은 대부분 라이엘이 '***지질학 원론***'에서 왜곡시킨 지질학사에 입각해 베르너를 설명하고 있다. 내가 보기에, 라이엘이 고의적으로 베르너의 이미지를 왜곡시켰다는 오스포바트의 주장은 입증하기 어려워 쉽게 반박될 수 있지만(Sengör, 2002), 놀랍게도 그러한 견해를 따르는 사람들이 많았다(예를 들면, Greene, 1982, p.42-43; Laudan, 1987, p.112: Rudwick, 1971, p.213: 1990, p.xvii; Oldroyd, 1996, p.104). 더욱이, 오스포바트와 그의 동조자들은 지질학의 야외 조사방법에 관한 기여와 지질학의 기본 원리에 대한 영향력을 분간하지 못한 것처럼 보인다. 왜냐하면 19세기 초반에는 여러 면에서 지질학과 관련된 작업들이 베르너의 영향아래 그의 제자들이 주도하였음은 의심의 여지가 없기 때문이다. 현대적인 지질학의 여러 조사기법을 확립한 사람은 다름 아닌 베르너다. 그러나 베르너가 제시한 지질학 이론 가운데 입증되어 받아들여진 내용은 아무 것도 없다(베르너의 제자 가운데는 나중에 연구와 교육

두 분야에서 베르너의 방법을 비판한 사람도 있다. Haarman (1939)이 수집한 베르너와 같은 시대의 사람이 기술한 여러 보고서를 참조; 아울러, 베르너의 광물학에 대한 노발리스(Novalis)의 비평적 주석을 참조 - Novalis, 1983). 오늘날 우리들은 주로 허턴의 견해에 입각하여 지질학적 조사연구에 임하지만, 야외조사과정에서는 베르너가 개선시켰고 대중화시킨 여러 조사기법, 예를 들면 광물감정, 주향과 경사의 측정, 지질도 작성, 단면도 작성, 층서대비 등을 채택하여 조사를 수행한다. 이런 사정을 요약하면, 베르너는 체계적인 지질학 조사방법에 기여하였고 허턴은 지질학적 사고방식에 기여했다고 말할 수 있다(다음 문헌을 참고할 것, Yogelsang, 1867, p.76; Tomkeieff, 1962, p. 395; Gerstner, 1971, p, 359; von Engelhardt, 2001).

나는, 베르너의 조사방법에 대한 기여와 역사과학에 대한 베르너의 태도는 그의 직업에 대한 관점으로부터 금방 이해될 수 있다고 본다. 베르너는 무엇보다도 먼저 광산 사업자였으며(Schellhas, 1967), 다른 한편으로 교수였다(Guntau and Wächtler, 1974; von Engelhardt, in press). 광산 사업자인 베르너는, 게오르그 바우어(Georg Bauer : Agricola 아그리콜라)가 활동하던 16세기 이후에 형성된 중부 독일 광산업계의 일반적인 분위기와 잘못된 관행에 젖어 있었다. 그 당시 업계에서는 민간전승적인 전통과 과학적인 전통이라는 두 주류의 전통이 서로 완전히 독립적일 수 없는 상태로 공존했는데, 이들은 상호보완적이면서 각각의 입장을 강화시켜주었다. 민간전승적인 전통은 낭만적이었는데 과학적인 전통 또한 대단히 낭만적인(예를 들면, 상당히 비이성적인) 요소를 지니고 있었다.[21]

지올코프스키(Ziolkowski, 1990)는 독일 이외 지역의 낭만적인 문학작품에도 반영된 중부 독일 광산업계의 민간전승을 다루었는데, 내가 여기서 기술하는 광산 민간전승은 거의 전부 그의 설명에 따랐다.[22] 그는 먼저, 고대로부터 전승되어 왔으며 당시 독일 광부들의 슬로건이기도 한 *광석이 자라기를!(Es wachse das Erz!)*[23]라는 말에서 엿볼 수 있는 암석과 광석이 유기물처럼 자란다는 전통적인 관념은 처음부터 광부들에게 시간이 흐름에 따라 일어나는 과정에 대한 인식을 심어 주었다고 지적했다. 하지만 그 과정은 아무도 관찰한 적이 없으며 관찰하리라 기대할 수도 없는 신비한 과정이었다. 다시 말해 광석과 암석이 자란다는 믿음은 광석과 암석의 형성에 관한 비실제적이며 비균일론적인 전통에 따른 설명이었다. 광부는 보통 관찰을 통해 그런 생각을 검증해 보려하지 않았다. 광부들이 예리한 관찰자가 될 수 있으리라는 기대에 따른다면, 광석, 암석 그리고 광부의 작업을 힘들게 만드는 다양한 유형의 지층이나 암석의 불연속성을 현장에서 인지할 수 있었던 광부조차 검증노력을 기울이지 않았다. 18세기 후반에 현대 지질학이 발전하면서 암석은 지질시대의 역사가 기록된 지질학적인 *정보의 보고*(*lapides literati*)로 인식되었다. 베르너의 제자 가운데 한 사람으로 노발리스(Novalis)라는 시인 겸 작가로 더 잘 알려진 프리드리히 폰 하르덴베르크(G.P. Friedrich von Hardenberg, 1772-1801; 베르너 문하에서 수학한 시기는 1797-1799)는 암석에 새겨진 역사를 새롭게 이해하려는 이러한 열정에 불후의 명성을 부여하였다(Wagenbreth, 1967a). 노발리스는 암호로 쓰여진 기록을 해독하는 *역사광물학*(*historische Oryktognosie*, historical mineralogy)을 다음과 같이 언급했다: "화석들 간의(상대적인 시간) 관계와 지층에 관한 연구는 실제로 역사학자로서 그리고 생리학자로서 지층을 관찰하는 광물학자의 일이다[24](Novalis, 1983, p.149)." 베르너로부터 유능한 관찰자가 되는 법을 배운 학생들은 암석에 숨겨진 이러한 역사를 읽을 수 있게 되었다(cf. von Engelhardt, 2001). 이와 관련하여 노발리스는 다음과 같이(Novalis, 1983, p.142, 이탤릭체는 노발리스가 표기함) 썼다.

> 베르너는 화석을 완벽하고 아주 체계적으로 기재하여야 한다고 강조하였는데, 화석 기재에 대한 베르너의 집착은 충분히 정당화되었다.
>
> 기재란 화석에 대한 관찰이다. *완벽한* 관찰과 화석의 올바른 시간적 정렬이야말로 화석기재의 필수요소이다.

꼼꼼한 관찰과 기재(記載)에 근거하여 종합적인 자연사가 도출된다. 모든 훌륭한 관찰과 기재가 하나의 고유한 자연사이다[2]. 시간적 정렬은 기재에 달려있다. ..... 시간적 정렬은 기재의 결과다. 기재없는 시간적 정렬이란 증명이 없는 자기 주장[3]에 불과하다.

---

2) 이렇게 단정적으로 주장할 수 없다. 아리스토텔레스는 <시학(詩學, Peri poietikes), BC355>에서 “시는 역사를 앞선다”고 주장한다. 역사는 개별적인 것(관찰과 기재)이지만, 시는 그것을 유기적인 서사(자연사)로 엮어서 구성한 하나의 연결된 체계(철학적이고 보편적인 것)다. 시가 존재하는 한에서 역사도 존재하는 것이다. 그러므로 시(고유한 자연사)가 없는 역사(개별적인 관찰과 기재)는 존립할 수 없다. 자세한 내용은 (De arte poetica, BC335)(한글판 : 시학(천병희 옮김), 시학, 2002, 문예출판사) 참조.

3) 독일 광산업자들의 민간전승처럼 당시 사람들은 암석에는 ‘과거의 모습(사건)’이 ‘시간이 정지한 듯’ 변질되지 않고 생생히 살아있다고 믿었다. 인간 역시 암석처럼 어떤 대상을 문서에 ‘기재’하는 순간, 인간은 사라져도 그 사건은 사라지지 않고 문서에 영구히 보존되는 것이다. 베르너 또한 자기주장에서의 ‘증명’처럼, 지질학자가 과거의 사건을 알아내는 작업을 할 때 기재가 그 내용의 영구함을 보장하는 확고한 기반이 된다고 믿었다. 그는 일단 자료(과거의 대상)를 기재해 놓으면 그것은 오염되지 않고 과거의 상태 그대로 박제된다고 굳게 믿었다. [이 같은 태도를 방법론적 역사주의(실증주의)라고 한다. 143쪽의 각주 15) 참조.] 그 까닭은 그런 작업이 어떤 보편성과 연동된다는 보다 근본적인 차원의 종교적 믿음(결정론)과 관련이 있기 때문이다. [자세한 내용은 143쪽의 각주 15) 참조.]

스미스와 허턴은 ‘현재’ 발생하는 작용들을 잘 관찰하는 것이 중요했다. 그로써 과거와 미래가 현재를 기준으로 대강 균일한 작용의 반복으로 구현된다고 추측했다. 반면 베르너는 과거의 대상을 정치하게 기록하고 변질되지 않게 성실히 수집함으로써 과거와 미래를 모두 제대로 이해할 수 있다고 믿었다. 즉, 그는 보편적인(결정론적인) 역사발전법칙(노발리스의 대칭)을 깨우칠 수 있다고 보았다. 이것이 바로 베르너에게 시간 정렬적인 기재가 중요한 이유다.

그러나 포퍼주의자인 저자가 보기에 이는 무의미한 시도가 될 수 있는데, 그 까닭은 저자가 베르너의 시도와 거의 유사한 근대역사학의 랑케주의자들을 비판하면서 제기한 논리인 ‘실증주의 딜레마’에 빠질 수 있기 때문이다. 지금의 ‘현재’를 형성하는 과정에 영향을 미친 과거의 모든 자료들은 인간의 짧은 생애라는 시간적 제약과 자료의 필연적인 불완전성으로 인해 알 수 없다. 아무리 연구자료를 1차문헌의 전거(典據)로 엄격히 제한해 그 자료의 순수성[그것을 통한다면, 과거가 ‘시간이 정지한 것’처럼 립 반 윙클(Rip van Winkle)과 같이 현재에 ‘살아있는 그대로’ 걸어 나올 것이라는 태도]을 보장받고자 해도 그런 시도는 결국 실패한다. 저자가 보기에 그것은 어떤 낭만주의적 기대에 가까우며, 앞서 본문에서 주장하듯 결국 어떤 사변적 가설에 먼저 도움을 받아야 비로소 과거탐구

광산학교(Bergakademie)의 학생들은 광석과 광물을 감별하는 능력을 광산의 경험 많은 광부들과 부분적으로 공유했는데, 그 과정에서 젊은 기술자들이 습득한 과학지식은 광부들 사이에 구전된 전통지식과 혼합되었다. 바로 그런 분위기에서 광산학과 지질학이 상당부분 낭만적으로 그려졌으며, 노발리스와 같은 학생들은 자신이 몸소 익혔던 과학을 통해 낭만주의자가 되었다(Uerlings, 1997, p.7 그리고 1996). 광산업자였던 그들은 과거(지질시대) 기록의 사본을 찾으려는 열망에 들떠 금방 광산, 동굴 그리고 산에 매료되었다. 지올코프스키(Ziolkowski, 1990)는, 지구역사를 가장 잘 읽을 수 있는 장소인 광산, 동굴 그리고 산에 대한 열정은 민간에 전해전 내려온 개념과 산의 내부에서 시간이 멈춰 있다는 또 다른 인식[4]과 연결된다고 보았다. 모든 유형의 미신은, 여러 산 속에 잠들어 있는 인기 많은 통치자들이 튀르키예인(이슬람교도)이나 적그리스도와 같은 재앙과 싸워야 할 때가 오면 깨어나리라는 그런 특이한 믿음과 연계되어 있다(고대 그리스와 그 이전 시기에서 이러한 관념의 기원에 대한 논의는 Rohde [1921, p.111]을 참조; 산 내부에서 시간이 정지한다는 수많은 전설 곧, 립 반 윙클(Rip van Winkle)처럼 기이한 경험 후에 또는 긴 잠에서 깨어난 후에 광산에서 나와 보니 지상에선 수 세기가 흘러가 버렸음을 알게 된 광부들에 관한 중부 유럽 여러 지역에서의 전설은 Heilfurth and Greverus [1967, p.513]을 참조). 그렇지만 이런 기이한 고대적 사고는 실험적인 근거가 전혀 없는 것은 아니다. 베르너에게 커다란 영향을 미쳤던 광업공동체 가운데 하나인 스웨덴의 파룬(Falun) 광산에 전해 내려오는 젊은 광부에 관한 얘기는 호프만의 이야기책 *Die Bergwerke zu Falun*(Hoffman, 1819[1963]; 영문판은 *The Mines in Falun*, Hoffman, 1943)에 실려 널리 알려졌다. 그 젊은 광부

가 시작될 수 있다. 즉, 자료(연구대상)의 기재를 아무리 완벽하게 해도, 과거가 시간고착력에 의해 불멸화된 존재인 립 반 윙클(Rip van Winkle)처럼 우리 앞에 생생히 살아서 걸어오지 않는다. 요컨대 과거란, 인간이 현재에 근거한 상상력을 통해 머릿속에서 가정한 하나의 잠정적인 모습(모델)일 뿐이다.

4) 암석의 응고적인 특성을 가리킨다.

는 자신의 결혼식날 광산 갱도가 함몰되어 죽었는데, 황산염화된 물에 의해 완벽하게 보존된 그의 시신이 죽은 지 50년 후에 발견되었고 이제 늙은 그의 약혼자는 그를 알아보았다. 나이든 부인이 사랑하는 연인이 보존된 시체 위에서 죽자 시신이 먼지로 변했다(cf. Hebel, 1960). 여기서 우리는, 다시 전통에 따라 해석된 관찰을 보게 된다. 미신적인 공동체는, 파룬의 젊은이 얘기를 지역적인 사고의 하나로 생각하지 않고, 산 내부의 지하세계에서는 시간이 정지한다는 전설을 "입증하는" 실험적인 증거로 여겼다. 암석의 응고적인 특성이 광부들을 환상에 빠지게 했으며, 어쩌면/아마도 그 점이 광업 전통에 익숙한 지질학자들이 항상 시간측면보다는 암석(의 특성)측면에서 생각해 온 이유인 듯하다. 그들에게 시간은 암석 내에 손쉽게 고정되므로 암석화 과정을 거쳐 암석이 된다(cf. Şengör, 1991).

노발리스는 자신의 가장 유명한 소설인 '하인리히 폰 오프터딩겐(Heinrich von Ofterdingen)'5)에 프라이베르크에서 자신이 받은 교육뿐만 아니라 자신의 스승인 베르너에 대해 몇 가지 귀중한 암시를 적어 놓았다. 그 소설의 주인공은 경험 많은 늙은 광부를 만나는데, 그는 베르너라는 "하느님의 마음을 타고난" 광업의 위대한 장인한테 교육받았다(Novalis, 1977, p.243). 그 광부는 자신과 자신 주변의 상인들을 데리고 인근의 동굴로 탐사하는데, 거기서 호헨졸레른의 프리드리히 III세 공작(the Duke Friedrich III von Hohenzollern, 1201년 사망)으로 밝혀진 신기한 인물과 마주친다. 공작은 자신이 거주하는 산의 시간고착력에 의해 불멸화된 존재로[25] 그려지는 동시에 노발리스에게 산 내부에 비장된 역사에 관한 표지6)를 제공한다. 그렇지만 여기서

---

5) 한글판 : 노발리스(김재혁 옮김), 2003, 푸른 꽃, 민음사

6) 과거의 시간의 숨결이 '변질 되지 않고' 암석이라는 암호에 영구히 기록돼 보존되어 있다. 그것은 읽혀지기만 하면 누구에게든 똑같은 모습으로 자신의 진실하고 순수한 모습을 드러낼 것이다. 그런데 과연 그러한가? 실상은 어떤 '역사해석 모델'을 가정하느냐에 따라 완전히 다른 모습으로 과거가 재현될 수 있다. 저자에게 중요한 것은 연구대상(기재)이 아닌 아이디어(시선, 해석), 즉 과학을 수행

가장 흥미로운 점은 노발리스가(Novalis 1977, p.260; Ziolkowski, 1980, p.37; 그의 번역으로 약간 변질되었지만) 공작의 입을 빌어 한 말이다. 공작은 기대치 않았던 손님들 가운데 광부가 한 명 있음을 알아채고 다음과 같이 얘기한다.

> 당신은 점성가와 거의 정반대 일을 하는 사람이다. 점성가들은 끈덕지게 하늘을 관측하고 하늘의 헤아리기 어려운 장소들을 찾아 헤매는 반면, 당신은 땅을 응시하고 지구의 구조를 조사한다. 점성가들이 성좌의 권능과 영향력을 탐구하듯이, 당신은 암석과 산의 잠재능력 그리고 땅과 암석의 지층이 미치는 여러 영향력을 탐구한다. 점성가에게는 하늘이 미래를 알려주는 책인 반면에 당신에게는 지구가 원시세계의 유적을 드러내 주는 책이다.

이런 식으로 노발리스는 점성가가 미래를 예언하는 것이나 광부가 과거에 일어났던 일을 얘기하는 것이 비슷한 일임을 깨달았다. 따라서 점성가가 별자리를 살펴보고 미래를 예언하는 것처럼 광부는 과거 유적을 주의 깊게 관찰 기재함으로써 과거의 모습을 드러낼 수 있게 된다. 미래와 과거에 대한 지식의 대칭성7)은 분명히 완전하게 결정론적인 세계에 대해 적용될 것인데, 이런 세계는 흄의 법칙(그림 1B)이 적용되는 세계와는 완전히 정반대다. 내가 믿기로 노발리스는 이런 점을 강조하면서 지질학, 베르너식 표현에 따르면 지인지론(지층진단학, Geognosy)에 관한 자기 스승의 견해를 가장 믿을 만하게 제시했다.[26]

하는 인간의 문제다.

7) 가. 노발리스의 대칭성 : 과거 / 현재 / 미래 (불연속). 그러나 각각 결정돼 있고 (성서를 통해) 모두 알 수 있다. (미래와 과거에 대한 지식의 대칭성)
나. 라플라스의 악마 : 과거-현재-미래 (균일). 현재를 중심으로 과거와 미래 모두 알 수 있다. (인식론적 낙관주의)
다. 흄의 십자가 : 우리가 알 수 있는 것은 현재 뿐이다. (인식론적 비관주의)

채굴(광업)에 관한 이러한 초자연적인 민간전승적 관점은, 사람들이 상상할 수 있는 것처럼 18세기에 공존했던 과학적 전통과 그렇게 멀리 떨어져 있지 않았다. 아그리콜라의 저서와 같은 고전적인 책에 자세하게 기술된 사려 깊은 기술은 나중에 스테노의 놀라운 지적 성취[8]와 통합되어 정교한 "성서적" 지구역사를 만들어 내게 된다. 이런 사실은 레만의 저서 '*수평층을 이루는 암석(퇴적지층)의 역사에 관한 에세이*(*Versuch eiener Geschichte der Flotzgebruge*, 1756)'에서 볼 수 있으며 나는 다른 문헌에서 이를 밝히려고 노력했다(Şengör, 1991; 좀 더 실제적인 측면에서 연구한 내용은 Guntau, 1975를 참조). 레만(J.G. Lehmannl)과 휙셀(Füchsel)의 유명한 저술에 덧붙여, 샤르펜티어(Charpentier, 1778)의 저술과 레노반츠(Renovantz, 1778)의 저술을 보라.

---

8) 니콜라스 스테노(라틴어: Nicolaus Steno, 본명: 닐스 스텐센(덴마크어: Niels Stensen), 1638년 1월 11일 ~ 1686년 11월 25일)는 17세기 덴마크의 해부학자 겸 지질학자이다. 1659년 니콜라스 스테노는 책의 내용을 그대로 받아들이지 않기로 결심하였다. 이때부터 그는 자신이 직접 관찰한 것을 바탕으로 이론을 수립하는 경험론에 입각한 과학적 사고를 보여줬다. 자신의 관찰을 바탕으로 현대 층서학의 기반이 되는 주요 법칙들, 특히 지층의 누적에 대한 이론을 발표하여 층서학의 아버지로 불린다. 이러한 업적 때문에 그는 과학 혁명 시기에 과학적 방법을 도입한 선구자 가운데 한명으로 여겨지고 있다. 1666년 메디치 가문의 토스카나 공국의 대공 페르디난도 2세의 명으로, 토스카나 지방의 어부 두 명이 낚아 올린 상어를 연구하다가 상어의 이빨이 'glossopetrae'(직역하면 '혀 모양의 돌, 舌石; 현대의 상어 이빨 화석')와 유사함을 발견한다. 단단한 암석층 안에 단단한 상어 이빨이 포함된 것에 의문을 품은 스테노는 광물, 결정, 암맥, 암석의 층리 등을 연구하였고, 1669년 저서 "De solido intra solidum naturaliter contento dissertationis prodromus (보통 '프로드로무스'라고 줄여서 부르기도 함; Preliminary discourse to a dissertation on a solid body naturally contained within a solid, 고체 내에 자연적으로 포함된 고형체에 대한 논문의 예비 담론)"를 발간한다. 그의 저서에는 층서학의 기초가 되는 지사학의 5대 법칙 중 부정합, 수평 퇴적의 법칙, 관입의 법칙, 생물군 천이의 법칙 등이 담겨 있었다. 스테노의 이런 아이디어는 후일 '지질학의 아버지'라 불리는 제임스 허턴에게 영향을 준다. 그는 광물 연구를 통해 면각 일정의 법칙(이 법칙을 '스테노의 법칙'이라 부르기도 한다)을 발견하기도 하였다.
(https://en.wikipedia.org/wiki/Nicolas_Steno)

후자의 책에는 채색 지질도가 포함되었다. 18세기에 이뤄진 이러한 모든 설명은 야외에서 암석에 대한 세심하고 체계적인 관찰과 기재가 특징인데, 오늘날 야외지질조사 기법의 상당부분이 바로 베르너가 체계적으로 정리한 이러한 설명으로부터 발전되었다. 그렇지만 광부들은 지구의 역사, 말하자면 지층의 성인(成因)적인(성서에 기술된) 해석을 그대로 받아들였다. 그리고 지구의 역사와 연관된 꼼꼼한 관찰내용이 광산지질학자와 광산기술자들의 과학적 전통에 의해 설정된 범위 안에 수용될 수 있게끔 정교화 되었다. 관찰내용을 통해 과거의 실제 모습을 알아내는 과정에서 그들은, 오늘날 알려진 지질학적 작용을 활용하지 않고(광부가 생각한 지하세계는 지표에서 활발하게 진행되는 지질작용과 단절되었다), 오늘날 그 어떠한 예도 찾아 볼 수 없는 성서에 기록된 내용에 의지했다. 광부-지질학자들의 전통(여기서 성서로 대변되는)과 지구 진화과정에 대한 입장은 평범한 광부들이 파룬 전설이나 그와 유사한 전설을 대하는 태도를 떠올리게 한다. 라짜로 모로(Lazzaro Moro)의 실제론(actualism)에 대한 레만의 평가(Lehmann, 1756, p.47-48; Blei, 1981, p.254도 참조)가 이 점을 제대로 짚어냈다: “하지만 그의 다음과 같은 구실은 훨씬 더 바람직하지 않다. 자연은, 한결 같이 꾸밈없는 단순함을 간직한 채 언제나 동일하게 작용하므로 개별적인 자연적인 사건은 그 사건의 운명적인 원인을 통해 특정한 방식으로 발생한다. 그리고 자연은 현재 진행되는 작용들과 다르지 않은 다른 유사한 경우에 작동한다. 이 점은 말하긴 쉬워도 입증하기는 어렵다. 나는 모로씨(Mr. Moro)에게 정반대를 입증해 보일 것이다.” 예를 들면, 석탄층 화재가 지표를 뚫고 나온 것이 화산이라는 베르너의 이론은 마찬가지로 광부들의 구전 지식에 크게 의존한 셈인데, 이런 양상은 광업에 관한 전통적인 과학적 문헌에서 볼 수 있으며 1606년에 쓴 아래의 시에게 그런 예를 엿볼 수 있다[9](Heilfurth and Greverus, 1967, p.706; 이와 다른 시를 보려면 같은 페이지에 있는 범례 775를 참조).

쯔비카우(Zwickau)를 향해 구부린 채
마이센(Meissen)에 모습을 드러낸. 석탄 산

그 산의 가벼우면서 새까만 돌(석탄층)은
지구의 열로 불타버렸다네

대장장이와 자물쇠 장인은 잘 알고 있나니
그 산에 불꽃이 일자
지난 날 에트나(Etna) 화산이 분출하듯이
불타버렸다네

이러한 전반적인 태도는 광산을 전능하신 하느님의 은총으로 보는 루터의 견해와 광산의 과학적인 연구에 대한 그들의 혐오[10](참조,

---

9) 광부들은 지하세계의 지질현상(석탄층 화재, 광산의 광석 성장)이 현재 지표에서 벌어지는 눈 앞의 상식적인 과정과 단절된 비밀스러운 과정이라 믿었다. 즉, 아무도 관찰하리라(인간이 이해하리라) 감히 기대할 수 없는 신비한 현상이었다. 이는 그들에게 실제론적 사고방식을 제한하고 지질현상을 구전(전통적인 신화적 상상력)에 근거한 "군건한 신앙"(결정론)에 따라 해석하게 만들었다. 이들의 초자연적인 관점은 과학보다 소설가 쥘 베른(Jules Verne, 1828~1905)의 공상과학소설(낭만적인 문학작품) <지구 속 여행(Voyage au centre de la Terre, 1864)>에 가까운 것이었다. 이런 문화적 습속은 그들이 직접 지질작용을 과학적으로(현재에 근거해 비판적으로) 검증할 필요가 없는(인간이 검증할 수 없는) 하느님이 내려주신("하느님의 은총") 확고부동한 진실(성서에 쓰여있는 혹은 "하느님의 마음을 타고난" 사람이 알려주는)로 믿게 만들었다.

이런 편견은 과거탐구에도 그대로 적용되었는데, 과거 역시 지하세계가 지표세계와 단절된 것처럼 현재와 단절된 것처럼 생각하게 만들었다(격변론). 이는 베르너가 현재에 근거한 잠정적 상상력(실제론적 사고방식)이 아니라 구전(전통적인 신화적 상상력)에 근거한 "굳건한 신앙"(결정론)에 따라 과거를 해석하게 만들었다.

10) 이러한 태도는 과거의 지질현상을 종교적 편견(루터의 견해)의 굳건한 신앙("하나님의 은총", 즉 신화적 상상)에 따라 해석하게 만들었다(결정론). 그 까닭은 광업전통(민간전승)에 영향을 받아 과거는 현재와 단절되었다고 생각했기 때문이다(격변론).[광산이 "과학적인 연구대상"인 지표와 단절된 신비한 현상인 것처럼]

Wilsdorf, 1955, p.191-192; Heilfurth and Greverus, 1967, p.116-117)에 공통적인 뿌리를 두고 있으므로, 궁극적으로 종교적이면서 비현실적이라고 다시 말해 비실제론적이라고 말할 수 있다. 지질학에 관한 이러한 비현실적인 관점은 유럽에서의 광업전통과 떼어 놓고 생각할 수 없다. 그래서 내가 깨달은 바에 의하면, 적어도 한 명이라도 베르너를 새롭게 이해하려는 역사가가 "베르너주의"의 비현실적인 호소력의 원인이 불명확하다고 발견한 점은 대단히 역설적이다. 그처럼 결정론적이면서 비균일론적인 민간 구전은 비슷한 정도로 결정론적이며 비균일론적인 과학 전통과 결합하여 순전히 기재적인 지질학 분야, 예를 들면, 광물 기재와 같은 분야의 놀라운 발전을 가져왔다. 그러나 그렇다 하더라도 지질학적인 올바른 역사 해석에는 거의 도움이 되지 않았다[11]. 이처럼 그의 배경에 관한 견해로부터 (특히 그가 광업

11) 결정론적이면서 비실제론적인 전통이 순전히 기재적인 지질학 분야의 놀라운 발전과 어떤 관련인가? 독일의 사회학자 막스 베버(Marx Weber, 1864~1920)는 Die Protestantische Ethik und der Geist des Kapitalismus (1904/05)(한글판: 막스 베버(박문재 옮김), 2018, 프로테스탄트 윤리와 자본주의 정신, 현대지성)에서 마르틴 루터(Martin Luther, 1483~1546)로부터 시작된 개신교 윤리(프로테스탄트 윤리)가 어떻게 서구 근대인의 자본주의 정신인 '축적 강박 행위'와 연동되는지 연구하였다. 루터의 개신교는 '만인사제주의'를 표방하며 가톨릭 사제에 의한 신성 독점권(성서 해석권)의 폐단을 극복하고자 하였다. 사제만이 하느님의 대리인으로 유일하게 신의 뜻(진리)을 독점하는 것이 아니라, 모두가 다 각기 나름대로 성서를 통해 하느님의 뜻(진리)을 발견할 수 있어야 한다는 것이다. 그러나 루터의 이상과는 다르게 많은 사람들은 가톨릭 사제가 사라진 자리에 자신의 하느님(진리)을 찾아내지 못했다. 칼뱅주의와 경건주의는 바로 그 '하느님의 빈자리'(진리의 빈자리)를 '예정설(豫定說, predestination)'로 메우고자 등장한다. 예정설은 인간의 노력과 행위와 상관없이 인간의 구원(진리의 현현)은 사전에 전능하신 '하느님의 은총'에 의해 미리 결정돼 있다는 운명 종속 사상이었다. 그렇기에 사람들은 자신이 미래에 구원받지 못하는 운명일지 모른다는 불안감에 휩싸인다. 그래서 자신이 하느님으로부터 사후(미래)에 구원이 '예정된(결정된)' 사람인지 확실한 보증을 구하고자 '세속적인 현실'로부터 그 증거를 찾아내려 했다. 그렇게 고안된 것이 "자본주의 정신"으로 일컬어지는 강박적 축적 행위다. 엄격한 윤리적 규율을 통해 현실적 욕망을 통제하고, 자유시장을 통해 자본을 증식시키는 일련의 '축적 과정'은 자신이 미래(사후)에 구

원받을 운명을 보증해줄 것이라 믿어 의심치 않았다. 이것은 랑케주의자들의 실증주의 역사학의 태도와도 일치한다. 그들은 사료를 많이 축적하다 보면 언젠가 하느님이 자신들에게 현현할 것(역사적 진리가 드러날 것) 이라는 미래에 대한 낭만주의적 기대와 순진한 믿음으로 평생을 바친다. 이는 바로 "베르너주의"로 일컬어지는 태도와도 같다. 관찰내용의 증거를 "정치하게 기록하고 변질되지 않게 꼼꼼히 수집하는 지난한 과정"의 기재(記載)를 계속하다 보면 언젠가 하느님이 예정해놓은 뜻(진리), 즉 보편적인 역사발전법칙을 알아낼 수 있으리라 믿는 것이다. 정리하자면, "순전히 기재적인 지질학 분야의 놀라운 발전"의 배후에는 바로 "자본주의 정신"으로 대표되는 강박적인 기재(축적) 행위가 있었고, 그것을 근본에서 추인하는 원동력은 "프로테스탄트 윤리"였다. 그것은 현실(세속)의 축적 행위가 하느님으로부터 구원받을 미래를 보증할 것이라는 "결정론적이면서 비균일적인" 종교적 믿음에 기초한다. 그런데 왜 결정론적인 전통은 실제론적(균일론적) 전통과 양립 불가능한가?

실제론적 전통의 허턴과 스미스를 살펴보자. 스미스는 독일의 라이프니츠가 주창한 하느님에 의한 "예정조화론(하느님의 '어떤 목적'에 따라 예정해 놓은 진리가 미래에 현현할 것)"을 부정했다. 허턴은 페일리 신부가 주장했던 하나님이 자연세계를 '특정 목적'에 따라 정교한 기계처럼 빚어냈다는 "시계공 유추"(목적론적 논증)를 부정했다. 칼 포퍼는 미래에 공산주의 유토피아('특정 목적')가 도래할 것이라는 "마르크스주의를 부정한다."[신을 가정하지는 않지만 예정조화론과 시계공 유추와 그 구조가 일치한다. 뿌리 깊은 종교적 영향이 엿보인다.] 이들은 하느님과 같은 '불가침'(검증을 면제받는)의 절대자에 의해 미래에 구현될 예정인 필연적 법칙(진리) 따위는 없다고 주장한다. 그것은 인간 정신이 외부 세계의 혼돈으로부터 적극적으로 질서를 구축한, 즉 일시적인 상상력의 한 형식에 불과하며, 인간이 만든 것이기에 불완전하다. 그러므로 언제든지 비판적으로 극복될 수 있어야 한다. 요컨대, 기존의 질서를 끊임없이 의심하고 반증하면서, 다시금 혼돈으로부터 질서를 세우는 끝없는 과정을 옹호한 것이다.[이를 "자연과학적 본성"이라고 한다.] 이것이 바로 신과 사제에 의존하지 않고, 모든 인간이 자신의 정신에 내재해 있는 "이성의 빛"['근대 철학의 아버지' 르네 데카르트(René Descartes, 1596~1650)의 용어로 양식(良識, Bon Sens)] 스스로 발휘한다면 누구나 진리(하느님의 뜻)를 알아낼 수 있다는 계몽주의 정신이다. 이는 탈레스의 '철학의 전범'과도 같다.

반면, 결정론적 전통의 독일 칼뱅주의와 경건주의의 프로테스탄트 윤리에서는 하느님의 뜻(진리)은 인간이 아무리 깨닫고자 애써봐도 소용이 없다. 왜냐하면 신에 의해 미래의 운명은 이미 결정돼 있기 때문이다. 이 같은 "결정론적 세계"에서 인간은 자신의 미래(사후)가 하느님께 구원받지 못할 것이라는 불안감에 휩싸여 맹목적인 믿음에 복종하게 된다[천년왕국, 공산주의 유토피아, 진리의 현현 등 '특정 목적'이 구현될 미래에 대한 약속 ; 결정론적인 역사발전에 종사하는 가문에서 태어났다고 생각할 경우에) 베르너가 지구역사에 관해 균일론적인 견해를 가질 수도 있다고 기대하기는 어렵다[12].

법칙] 그러한 믿음은 현재 자신의 삶을 "미래의 구원"을 위해 희생해도 좋다는 프로테스탄트 윤리로 정당화된다. 프로테스탄트 윤리는 인간의 현실적 욕망을 엄격한 규율로 통제하고, 인간의 삶을 미래의 구원을 위한 자본축적의 도구로 전락시킨다. 베르너가 학생들의 오락을 엄격히 제한했던 것과도 같은 맥락이다. 그 결과 인간은 미래의 결정론적 법칙[역사가 유토피아[특정 목적]를 향해 선형적이고 연속적으로 '진보'할 것이라는 믿음]을 위한 현실의 노예로 전락한다. 이는 칼 포퍼가 전체주의로 변질된 마르크스주의의 교조화를 비판했던 요점과도 같다.

스미스는 베르너처럼 현재를 미래를 위해 희생해도 좋은 대상이 아니라 현실 속의 구체적인 삶을 중요하게 생각했다. 그것은 삶의 질을 의미하는 '정서적인 생동감'과 '심미적 감각'에 대한 강조다. 그것은 바로 베르너가 '오락'이라 폄하하며 엄격히 통제했던 요소다. 그는 현실적 삶을 잘 영위하는 것, 그리하여 자신이 발 딛고 선 구체적인 일상의 경험을 존중하는 것이 진리(하느님의 뜻)를 알아낼 수 있는 '직관'의 핵심 기예라고 보았다. 왜냐하면 진리는 우리가 통제할 수 없는 먼 미래 하느님의 예정된 뜻이 아니라, 당장 과학자가 영위하는 구체적인 현실에서 벌어지는 실제적 과정에 대한 인간의 창조적 상상력이기 때문이다.

정리하자면, 결정론적인 전통은 실제론적(균일론적) 전통과 현실에 관한 '인간의 태도 차이'로 양립 불가능하다. 전자는 인간의 주체적인 노력이 과소평가된다. 여기서 진리와 역사의 주도권은 먼 미래에 있을 자기 바깥의 결정론적 역사발전법칙에 있다. 반면 후자는 인간의 주체적인 노력이 부각된다. 여기서 진리와 역사의 주도권은 현재 자신의 고유한 삶(직관에 필수적인 '정서적인 생동감'과 '심미적 감각')과 이성의 능동적 발휘에 달려있다. 전자의 전통에서는 진리(하느님의 뜻)가 미래에 이미 구현될 어떤 목적으로 설정돼 있기에 인간은 정해진 목적에 의문 없이 쫓아가는 현실의 노예로 전락한다. 그러나 후자의 전통에서는 진리(하느님의 뜻)가 신이 아닌 불완전한 인간이 구축해놓은 임시적인 법칙이므로 언제든지 의문을 가지고 비판적으로 따져봐야 하며, 반증을 통해 새로운 진리(하느님의 뜻이 아닌 가설)를 구축하는 주체적인 인간의 태도를 요구한다. 그러기 위해서는 현재 자신의 상상력과 이성을 적극적으로 발휘해야 하는데, 결정론적 전통에서는 미래에 이미 예정된 진리를 위해 현재를 희생[현재 자신의 자유로운 상상력과 이성을 억압하고, 이미 정해진 역할과 의무와 규율에 순응하며 성실한 기재를 반복하는 것]하기에 실제론적(균일론적) 전통과 양립할 수 없는 것이다.

12) 응용과목은 인간의 구체적인 필요에 따라 여러 번 입증된[잠정적인 '입증'만 있을 뿐 '확증'은 아니다. 포퍼의 논리적 비대칭성에 따르면 '반증'은 확실하지만

그의 두 번째 직업인 정규 학교의 교사로서 응용과목을 가르쳤다는 점도 특기할 만한데, 이는 베르너가 균일론자 또는 실제론자가 되기에 적합하리라고 말하기 어렵다. 이 점에 대해서, 무엇보다도 먼저 포퍼(Popper, 1661, p.300)의 관점에서 생각해 보자.

> 학교(특히 대학교)는 고대 그리스 시대 어쩌면 그 보다 훨씬 이전부터 쭉 부족주의적인 모습을 간직해 왔다. 그러나 우리는 그들의 휘장 또는 신분, 계급 등 모든 사회적 의미를 담은 출신학교 고유의 넥타이도 생각해야 할 뿐만 아니라 많은 학교의 가부장적이고 권위주의적인 특성도 생각해야만 한다. 플라톤이 부족주의를 재정립하는데 실패하자, 그 대신에 학교(학파)를 세운 것은 결코 우연이 아니며, 학교가 흔히 반동의 보루가 되고 학교 교사가 작은 독재자라고 할 수 있는 점은 우연이 아니다.

베르너는 "젊은 학생들에게 많은 것을 요구했으며 그들이 한 눈팔 시간을 주지 않았다. 그는 자신의 권한이 미치는 범위에서, 프라이베르크에서 즐길 수 있는 모든 오락은 엄청난 시간 낭비를 불러온다면서 오락을 금지했다."(Bingel, 1934, p.40; Haarmann, 1939에는 교사로서 베르너의 독재적인 성향에 대한 당시의 다양한 보고가 실려 있다)

'확증'은 영원히 불가능하다.] 관습적 지식의 토대 위에서 반복적으로 확인된 내용만을 다룬다. 반증을 통해 그 테두리 바깥에서 외연을 넓히려는 새로운 실험이나 독창적인 도전, 위험을 무릅쓰는 개척정신이 허용되면 상당히 위험하다. 이를테면, 의학, 공학 같은 응용과목의 사례를 생각해 볼 수 있다. 의사가 교과서의 내용을 신봉하지 않고 자신이 나름대로 생각한 새로운 가설을 가지고 환자를 수술하면 어떻게 되겠는가? 공학자가 유인우주선 엔진을 설계하는데 오랜 세월 안전성이 확인된 공학 교과서에 의문을 가지고 나름의 비판적인 시선으로 설계한다면 어떻게 되겠는가? 응용과목과 교과서(교사)의 권위는 그런 점에서 뗄 수 없는 관계이며, 베르너가 규율과 복종을 강조한 원인이다. 실용적 교과서의 내용에 의문을 제기하는 비판적 합리주의자는 광산업의 실무에서 상당히 위험한 일을 초래할 가능성이 높다. 이는 논쟁의 환경을 조성하는 것을 어렵게 만들었는데, 이에 관해서는 146쪽의 각주 24) 참조.

둘째로, 일반적인 인식과 반대로, 가르침과 연구는 반드시 양립할 수 있는 두 가지 활동은 아니다. 전자는 이미 발견된 자료들을 설명하고 이해시키는 일이 중심인 반면, 후자는 새로운 가설이나 이론을 발견하는 착상법을 일깨우는 일이기 때문이다. 내가 다른 곳에서 논의했듯이(Şengör, 1996, 1997, 1998, 2000), 이러한 차이의 의미는 간단하게 설명될 수 있다. 왜냐하면 연구가 더 빨리 진행될수록 교재를 더 자주 바꿔야하므로 교권, 교과서 권위, 그리고 가르치고 있는 과목의 신뢰성에 대한 전통적인 문제를 야기하기 때문이다. 적어도 지질학사에서, 가장 위대한 독창적인 연구자들이 대개 그 제자들의 대부분으로부터 능력 없는 선생님*(그들이 부족한 선생이었다고 말하려는 것은 아니다)*이라고 여겨져 왔다. 왜냐하면 그들 대부분은 보통 예를 들어, 발견의 방법(착상着想의 방법, 착안着眼의 방법)을 가르치려고 노력했기 때문인데 이것은 매우 어려운 일이다(예를 들면, Eduard Suess and Emile Argand; 참조 Şengör, 1996, 1998, 2000). 이와는 대조적으로, 지질학사에서 오래된 학파를 대표하거나 한 시기가 끝날 무렵의 지질학자들은 뛰어난 선생님으로*(그들이 훌륭한 선생님이라고 말하려는 것은 아니다)* 여겨져 왔다. 왜냐하면 이들은 대부분 자신이 이전에 학습했거나 개발 또는 발견한 자료를 가르치는 데 관심이 있었으며 발견하는 방법에 대한 관심은 그리 크지 않았다[13](예: Werner and Stille, 참조 Şengör, 1996).

이러한 관점에서, 독일 중부의 광산업 공동체에 대한 전통적인 설화는 18세기 후반에 개발된 동역학적인 지질학의 다루기 어려운

---

13) 훌륭한 교사는 독창적인 연구자가 될 수 없고, 독창적인 연구자는 훌륭한 교사가 될 수 없다. 훌륭한 교사란 연구자처럼 미지의 분야를 새롭게 개척하는 탐험가가 아니라 과거에 축적된 지식을 얼마나 잘 습득해서 왜곡하지 않고 학생들에게 그대로 전수(주입)하는 지가 중요한 사람이기 때문이다. 베르너가 연구에서 왜 '기재행위'(정보를 오염시키지 않고 그대로 보존하여 전수하는 방법)를 중요하게 생각했겠는가? 그것은 그가 '뛰어난 선생님'이었지만 허턴처럼 근대지질학을 개척한 아버지(독창적인 연구자)가 될 수는 없었던 이유와도 관련된다.

용어들 보다 훨씬 더 친숙하고 안정적이며, 따라서 더 쉽게 가르칠 수 있는 용어들로 구성된다(예: 베르너의 광물학 화학 무시: 노발리스, 1983, 페이지 138). 게다가, 베르너의 학생들은 대부분 실용적인 광부가 되기 위해 공부하고 있었는데(Guntau and Wachtler, 1974), 광부란 거의 전적으로 규율, 엄격한 복장규정, 그리고 정해진 임무수행을 요구하는 남성적인 직업이었다(Heilfurth and Greverus, 1967년, 페이지 50). 베르너 시대의 광부들에게는 지구의 역동성에 대한 이론보다는 광물 감별, 지층의 주향 및 경사 측정, 광석을 포함하는 암층의 인지 등과 같은 광산을 운영하기 위한 구체적인 기술이 필요했다. 지구의 역동성에 대한 이론은 그들에게 그다지 쓸모가 없었을 뿐만 아니라, 그 당시에는 멀리 떨어진 지역의 지층을 서로 대비하기가 이론적으로 불가능하여 광산업에 큰 도움이 되지 않았다. 따라서 베르너가 가르치는 내용들은 당연히 중부 유럽, 시베리아, 또는 식민지였던 미주지역의 광산 지질학 교수를 놀라게 했을 것이다(Şengör, 1991, p.426). 셈퍼(Semper, 1914, p.137; 약간 요약된 영어 번역은 Şengör, 1991, p.423 참조)가 명쾌하게 요약한 바와 같이, 베르너의 가르침의 특성은 이러한 요인들을 고려하면 이해될 수 있다. 이와 같은 관점에서, 나는 베르너가 자신의 기반이었던 두 전통 위에 실제로 이룩한 바를 설명해 보려한다.

베르너의 가르침은 그 자신이 저술한 37개의 출판물(그 가운데 세 개만이 그나마 책으로 볼 수 있다: Grunewald and Guntau, 1967; Ospovat, 1971), 다시 말해 현재 프라이베르크에 있는 그의 필사본들(cf. Zillmann, 시대 미상[27])과 베르너의 제자들이 출판한 교과서를 통해 우리에게 전해져 왔는데, 베르너의 제자들은 분명히 스승의 저술을 복제해 출간했다고 명시했다. 내가 지금까지 본 원고 자료 중 어떤 것도 베르너 자신이 출판한 내용이나 제자들이 스승의 가르침을 따랐다고 말한(다음 단락에서 논의한 바와 같이, 마틴 군타우가 간행한 책에서 주장한 이상한 추정을 제외하고) 제자들의 출판물과 모순되는 점을 찾을 수 없었다. 따라서, 나는 출간된 자료에 실린 내용만으로 논의를 진행하고자 한다.

광부나 광업을 가르치는 사람으로서 베르너는, 지구의 역사를 실제론적인 관점에서 보도록 권장하지 않았다. 이와 관련하여 베르너 자신이 우리에게 말하려는 것은 무엇일까? 비록 군타우가 베르너의 원고 내용에서 실제론적인 사고에 관한 증거를 발견했다고 생각했지만(Guntau, 1967a), 베르너는 현재 지구상에서 진행되는 과정에 근거하여 지구 역사를 해석했던 지질학자가 아니라는 것이 통념이다(Wagenbreth, 1967b). 그 원고는, 현재 진행중인 과정이 어떻게 퇴적암과 화산암을 형성시키는지에 대한 베르너의 설명[14]을 담고 있다. 만약 여러분이 이러한 과정을 통해 형성된 알려진 암석을 모두 제외한다면, 베르너는 다음과 같이 물었을 것이다: 자연적인 과정을 통해 형성되지 않은 어떤 암석 그룹들이 남게 될까요? 그는 분명히 *'아무 것도 없다'*고 대답했을 것이다. 군타우는 이 주장을 실제론의 표현으로 받아들였지만, 질문 말미에 "자연적인 과정을 통한"이란 구절의 중요성을 알아차리지 못한 듯하다.[15] 베르너는 "우리가 매

14) 퇴적암과 화산암은 현재 진행 중인 자연적인 과정과 동일한(균일한) 과정을 통해서 형성된 산물(실제론 암시)로 여긴 반면에 편마암과 화강암은 지금은 전혀 발생할 수 없는, 우리가 알 수 없는 과거의 자연작용에 의해 형성된 산물로 보았다.

15) '자연적인 과정'이란 광산(특정 지질현상을 현재의 자연적 과정과 단절된 현상으로 간주하는 민간전승적 광업전통<격변론>)을 전능하신 하느님의 은총(하느님이 미리 내려주신 지혜, 즉 알 길이 끊어진 과거 지질현상의 성서적 해석)에 따라 해석하는 루터의 종교적 견해<결정론>와 그 내용을 구성하는 반실제론적 사고(순수 환상)를 뜻한다. 방법론적 <역사주의(실증주의)>와 격변론 및 결정론과의 차이는 아래와 같다.

가. 민간전승적 광업전통 → 격변론

(지하세계와 지표세계에서 일어나는 과정이 다르다. → 과거와 현재에 일어나는 과정이 다르다.)

나. 종교적 전통 → 결정론

(과거에 일어났던 과정은 현재로써 인간이 알 길이 없지만 그 진실은 하느님의 은총으로 성서에 분명히 기록돼 있고 그러므로 자명한 진실이다.)

일 목격하는 과정을 통해"라고 말하지 *않았다*. 우리는, 베르너가 화강암이나 편마암이 현재에도 일어나는 과정을 통해 형성되었다고 생각하지는 않았음을 알고 있다. 그러나 그는 화강암이나 편마암이 지금은 더 이상 존재하지 않는 과거의 자연적인 매개작용에 의해 형성되었음을 의심하지 않았다(Guntau 1967b의 첫 번째 논의 부분 참조). 그리고 베르너가 퇴적암과 함께 화산암이 이 세상의 유일한 암석유형이라 여기면서 그에 대해 논의한 위 원고의 첫 번째 부분을 살펴보자. 군타우가 언급한 그 원고는, 지구 역사에서 오래되지 않은 시기에 형성된 암석들 곧, 베르너의 이론상 생명의 기원 이후에 형성된 암석과 그 암석의 산물이 화산에 물질을 공급할 수 있었음을 주장한 논의임을 분명히 알 수 있다(cf. Werner, 22-23단락, Guntau, 1967b). 이 문서는 분명히 화강암과 편마암이 "퇴적[16]"으로 형성되는 초기 시기를 다루고 있지 않으며, 따라서 베르너의 근본적인 비실제론적인 입장에 대한 우리의 전통적인 견해에 어떠한 영향도 미치지 않는다. 그러나 군타우의 주장(베르너를 실제론자로 해석하려는 입장)은, 우리가 대부분 더 이상 재구성할 수 없는 적절한 맥락에서 벗어난 *비망록*(Notizetteln)에 적어 놓은 단편적인 문장에 근거하여 베르너의 관점을 지나치게 확대해석하는 커다란 위험을 보여준다. 이와 같이 일부 원고가 베르너 독창적인 이론의 맥락에서 다뤄질 수 없다면, 그렇게 단편적으로 남긴 내적 증거는, 베르너가 깔끔하게 문서로 정리한 견해와 비교 검토하여 신중하게 고려되어야만 한다. 만약 맥락이 알려지지 않은 채로 비망록의 일부로 남아 있는 내적 증거의 의미가 베르너 자신이 문서로 잘 정리한 견해와 모순된다면, 그리고 만약 거기에 함축된 내적 증거가 우리에게 그 진정한 의미를 추

다. 방법론적 역사주의(실증주의)

(자연에서 발견된 역사적 기록에서 그 하느님의 뜻[목적]을 발견할 수 있으며 확실하게 논증할 수 있다.)

16) 현재도 진행되는 균일한 자연적 과정에 해당한다.

측할 수 없게 만든다면, 군타우가 주장한(Guntau, 1967a) 사례에서 보듯이, 단편적인 메모를 베르너가 취한 커다란 입장변화의 증거로 활용하는 것은 믿을 만하지 않고 설득력도 없을 것이다. 마르크스가 남긴 방대한 양의 미완성 문헌 자료들에 대해서도 유사한 위험이 존재한다(스미스가 그의 단편적인 원고를 모두 파괴하도록 명령한 것은 당연하다; 스미스가 그의 친구 조셉 블랙과 제임스 허턴에게 자신의 모든 미완성 원고를 파괴하도록 요청한 내용은 Rae, 1895, p.434와 Ross, 1995, p.404-405 참조).

그의 광산업자로서의 배경과 함께 그의 가르침에서 눈여겨 볼 또 다른 모습은 베르너가 관찰과 가설(실제론적 방법)에 대한 반감을 강조하였다는 점이다.[28] 이러한 입장은 베르너의 모든 가르침과 연구를 지배했는데 또 다른 종교적 뿌리를 가지고 있을지도 모른다. 오스포바트가 지적한 바와 같이(1971, p.25), 베르너가 학교와 가정에서 받은 모든 중등교육은, 프러시아 왕 프리드리히 빌헬름 1세가 18세기 전반에 루터교회를 약화시킬 목적으로 강조했던(Outram, 1995, p.44) 독일 경건주의 사상(German Pietism)의 영향을 강하게 받았다. 브리태니커 백과사전 제15판(1992, v.9, p.435)은 독일 경건주의를 독일 루터교회의 세속화17)에 항의하는 개인적 믿음을 강조하는 영향력 있는 종교 개혁 운동이라고 설명했다. 독일 경건주의 운동의 위대한 지도자 필립프 야코프 슈페너(Philippe Jakob Spener, 1635-1705)는 그의 기본 저작 '경건의 열망(Pia Desideria)'에서 루터교회 정통주의에 필요한 개혁의 요지를 다음과 같이 요약했다: (1) 성경의 공공 및 사적 활용의 확대, (2) 신자로서 사제18)로서의 책임의 존엄성에 의한 더 큰 가정19), (3) 살아있는 신앙의 실질적인 결실을 맺는 실천의 중요

17) 가톨릭 사제에 의한 일방적 신성독점권의 폐지를 가리킨다. (만인사제주의) 경건주의와 칼뱅주의가 루터교의 세속화에 항의하는 과정과 그 역사적 추이에 관해서는 137쪽의 각주 11) 참조.

18) 루터 이후(종교개혁 이후) 가톨릭 사제에 의존하지 않고 직접 신의 뜻을 알아내는 '사제'이면서 '신자'로 동시에 기능하게 된다.

19) 진리의 대리자인 사제를 도맡기에 신성한 책임이 엄중하다. 이는 훗날 현재의

성[20], (4) 논쟁보다는 경건함과 학문을 강조하는 성직 훈련, (5) 교화를 목표로 삼는 설교.

독일 경건주의는 합리적이고 개인주의적인 성향이 강했으며[21] 실용적인 학습을 강조하였다. 게다가, 경건주의 지도자 슈페너가 '경건의 열망'에서 상세히 설명한 것처럼, 경건주의 교육은 논쟁(착상着想법)을 조장하기 보다는 교육을 목표로 삼는 배움과 설교[22]를 강조한다. 논쟁(disputation)에 대한 이러한 혐오감[23]과 다른 사람들을 교육하기 위한 목적의 가르침은(모두가 배울 수 있는 논쟁의 환경[24]을 조성하는 것과 반대로) 젊은 베르너의 마음에 깊은 영향을 미쳤을 수 있다. 베르너는 이 논문에서 언급하는 스코틀랜드 학자들의 탐구가 진실을 찾는데 특별히 도움이 되지 않는다는 생각에 따른 교육방식을 구현했다. 하지만, 이러한 태도는 앞에서 언급했듯이 루터의 가르침, 특히 광산에 관한 가르침[25]과 완벽하게 조화를 이룬다. 종교적인 전

욕망을 엄격히 통제하는 윤리적 규범의 "전도된" 명분(루터교가 자유의 이념으로 내세운 명분이 경건주의에서는 예속의 명분 -"경건의 열망"- 으로 뒤바뀐다. -"더 큰 가정"-)으로 전락한다. 그 역사적 추이에 대한 137쪽의 각주 11) 참조.

20) 논쟁보다 자신의 굳건한 신앙에 대한 교화목적의 일방적 설교(실천)를 뜻한다. 신의 뜻을 스스로 찾지 못한 대다수는 이 설교에 맹목적으로 따르게 된다. 이런 경향은 훗날 교조화된 마르크스주의 정권의 전체주의 체제와 같은 폭압적 신정(神政) 국가 건설로 이어진다. 일례로 칼뱅의 제네바 신정 통치가 있다. 마르크스주의 정권이 가져온 끔찍한 결과에 대한 포퍼의 비판은 222쪽의 미주 35와 137쪽의 각주 11) 참조.

21) 신성독점권 폐지에 대한 루터교의 기치를 뜻한다.

22) 일방적 교화 목적의 교리 주입을 뜻한다.

23) 경합하는 두 주장인 A와 B를 비판적 검증을 통해 둘 중 하나를 합리적으로 제거해야 하는 비판적 합리주의의 '양립 불가능성'에 대한 혐오감을 가리킨다.

24) 논쟁의 환경은 스승-제자같은 엄격한 서열의 구분(장인-도제 전통) 없이 서로가 서로에게 스승이자 제자가 되어줄 수 있는 대등한 관계를 요구한다. 왜냐하면 그 누구라도 진리 앞에서는 스승-제자의 위계없이 "모두" 겸손하게 배워야 하는 학생이라는 전제를 승인하기 때문이다. 인간은 하느님이 아닌 까닭이다. (베르너같은 "하느님의 마음을 타고난" 사람 따위는 없다.) 이는 스코틀랜드 계몽주의 클럽에서 용인된 환경이다. 188쪽의 각주 4) 참조.

통은 세속적인 검증에 쉽게 자리를 내어 주지 않기 때문에, 나는 그러한 태도가 궁극적으로 기존의 이론적인 설명에 *의문을 갖고 시험하기* 보다는 *검증하기* 위한 시도로 관찰을 활용하는 습관을 반영한다고 믿는다. 이점에서 광업의 민간전승과 종교적 전통 그리고 특히 채굴현장의 장인-도제 전통은 모두 지적인 논쟁이 아닌 개인의 성실한 탐색과 발견, 즉 주어진 진실을 단순히 입증하기 위한 발견을 추구하는 분위기를 조성하는데 기여했음에 틀림없다. 매일 수십에서 수백 명의 사람들의 목숨이 걸려 있는 이 사업에서, 오래 고수해온 습관에 의문을 제기하고 바꾸려는 태도는 아마도 환영받지 못했을 것이다. 관찰과 입증, 즉 귀납적 추론을 강조한 베르너를 이러한 그의 마음가짐의 관점에서 분석해야한다. 군타우(Guntau, 1984, p.95)는 프라이베르크에 보관된 베르너의 미발표 문서 가운데 하나에서 다음과 같은 주장을 발견했다.

> 지구조학 시스템은 올바른 광물학적-지리적 관찰에서 도출되고 그 과정을 통해 입증되면 될수록 그 만큼 더 명확해질 것이다. 왜냐하면 지구조학자는 수학자가 자신의 계산을 주의 깊게 짚어보거나 역사학자가 근거 문헌을 확인하듯이 그가 다루는 시스템을 주의 깊게 관찰하고 그 특성을 파악해 기록해야하기 때문이다.

지질학의 경우 역사학과의 비교는 아주 적절하지만, 베르너가 지질학을 수학과도 비교한 점은 지질학 이론의 오류가능성에 대한 그의 입장을 밝혀준다. 수학은 완전히 선험적인 것은 아니지만 이론적인 과학은 아니며, 그 증명은 경험적인 반박의 여지가 없다. 그러므로 위에 인용된 구절은 지구조학(현재의 지질학에 해당)은 가설적이 되어서는 안 되며, 그 추론은 수학적인 진술만큼 확실할 수 있음을

---

25) 지질학적 현상(광산)을 하느님이 내려주신 진실(전능하신 "하느님의 은총", 즉 신화적 상상력)에 따라 해석하는 루터의 견해(종교적 전통)를 뜻한다.

암시한다 – 이는 증명위주의 오랜 가르침이 아리스토텔레스를 거쳐 전승된 플라톤 강의를 분명히 반영한다. 이것은 바로 베르너가 그의 마지막 책, Neue Theorie von der Entstehung der Gänge(New Theory of the Formation of Veins, 광맥형성에 관한 새로운 이론)의 서문에 기술했던 견해와 똑같다(Werner, 1809, p. xix; 독일어 원전인 Werner, 1791의 p. xvii에서 베르너가 강조한 내용).

> 내가 이 논문에서 상세히 설명한 이론은 관찰에 기초하며 부분적으로 잘 알려진 사실과 부분적으로 새롭지만 쉽게 입증될 수 있는 사실[26]에 기초한다. 그것은 또한 이견(異見)의 여지가 없고 일반적으로 인정된 이론[27]에 기초하는데 이들 이론은 자연의 법칙(독일어 원전에서는 '힘(forces)'으로 기술됨)과 영향에 기반한다. 그리고 마지막으로, 가설적인 모든 것을 배제하는 유추(독일어 원전에서는 '추상(abstractions)'으로 기술됨)와 그 결과에 기초한다.

베르너는 위와 같이 가설에 관여하기(뉴턴 처럼)를 거부하였기 때문에 그가 이전에 세운 이론적인 체계를 검증하고 바꿀 수 있는 가능성을 허용하지 않았다. 불리한 자료가 축적됨에 따라 그는 자신의 시스템에 임시변통(臨時變通)적인 내용을 누적적으로 추가할 수밖에 없었다[28](Oldroyd, 1996, p. 104 참조). 그가 수성론적인 지구역사에 대한 이론을 정립한 후, 그는 수많은 문제들에 직면했는데, 그 모든 문제들은 그가 가정한 과정의 비실제적인 특성에서 비롯되었다. 그의

26) "부분적으로 새롭다"는 것은 자신의 확고한 이론 체계에 불리한 자료들이 등장하자 임시변통적으로 새로운 내용을 추가할 수 밖에 없었다는 것을 뜻한다. "쉽게 입증될 수 있다"는 것은 구실이다.

27) '특정한 외관(결정론)으로부터 출발한 추론'(이미 잘 알려져 있어 그 타당성을 비교해볼 수 있는 자연법칙)을 의미한다. 즉, 연역(베르너의 수성론적 지구역사 해석)에 기반한 논리적 추론과 그 일반화의 방식을 뜻한다.

28) 이런 방식의 '임시변통(臨時變通)적인 가설'을 'Ad Hoc 가설(특별 가설)'이라고 한다.

이론을 검증하는 대신에, 그는 그 이론에 두 가지 내용을 특별히 추가했다. 베르너는 켜를 이루고 있는 제2암층(Flotz <Secondary or Stratified> Series)의 층서관계와 제2암층에 포함된 화석은 두 번의 전지구적인 홍수사건(성경의 대홍수 암시)을 가리키며[29], 이 홍수는 자신이 주장한 전세계를 뒤덮었던 원시 해양의 점진적인 해퇴(해수면 하강)를 일시적으로 방해했다고 생각했다(격변론). 그의 제자인 아우구스트 브라이트하우프트의 노트는 이에 관한 베르너의 입장을 보여준다(Ospovat, 1971, p.24): 베르너는 조용히 느린 해퇴를 방해한 홍수를 언급하면서, "우리는 그 홍수 사건의 발생을 가정해야만 한다[30]"고 주장했다. 그는 자신의 이론이 아니라 과학적인 광업 전통으로부터 물려받은 근본적인 이론에 의문을 제기하지 않기로 결심했기 때문에 그렇게 가정해야만 했다(Blei, 1981, p.358, note 15)[29]. 또 다른 학생인 도부상 드 부아쟁(D'Auboussin de Voisins, 1819, p.353)은 자신의 유명한 교과서에서 수성론적 지구역사에 관한 스승의 가르침을 다음과 같이 소개했다.

> ...이제 광물 지각이 형성되는 동안 지구상에서 일어났던 변혁의 역사를 재구성하는 일이 우리에게 맡겨졌다. 그러나 이러한 변혁은, 자연이 만들어내는 우리가 아는 효과와 유사성을 갖지 않는 (비실제론적) 질서다. 따라서 귀납식 논리전개는 끊어져서 더 이상 우리를 이끌 수 없다. 더 나아가려는 시도는 순수한 가설[31]에 스스로 빠져

29) 광산의 유래(격변론적 해석의 대상)가 루터의 견해처럼 하느님의 은총(결정론)에서 기인한 것으로 보는 비실제론적 사고방식이다.

30) Ad Hoc 가설에 해당한다. 베르너는, 제2암층이 수성론에 반대되는 증거임에도 자신의 이론 체계를 방어하고자 수성론을 철회하지 않고 임시변통적 내용을 추가했다. 그것을 "이견의 여지"가 없고 "쉽게 입증될 수 있는 사실"로 확언하는 것은 자신이 가정한 전제를 수학적 증명처럼 최종적으로 완전하게 해결할 수 있다고 생각했기 때문이다.

31) 아무런 실제적 근거가 없는 상상이나 관념을 뜻한다. 즉, 신화적 상상(일례로 성경의 천지창조 이야기)과 같은 순수 환상에 가까운 의미다. 따라서 여기서

드는 것이다. 이 논문은 사실에 대한 합리적이고 체계적인 설명[32]만 을 담고 있다.

변혁의 존재가 사실로 받아들여진다는 점은 주목할 만하다. 왜냐하면 그러한 변혁은 실제적인 유사한 사례를 현재 찾을 수 없어 더 이상의 조사가 원천적으로 불가능하기 때문에 그 변혁에 대해 가설을 제기할 수조차 없다[33]. 도부상 드 부아쟁은 각주에서, 지구 역사에 관한 "사실에 대한 합리적이고 체계적인 설명"를 포함한 그 다음 단락들은 베르너의 가르침을 직접 듣고 적은 내용이라고 말했다. 그가 받아 적은 바와 달리, 베르너는 수성론적 현상에 대해 앞에서 언급한 바와 같이 가설을 세우지 않았다. 스승이 세상을 떠난 뒤에도 그의 제자 가운데 한 명은 스승의 생각이 가설에 불과하다고 얘기하려 들지 않고, 그 대신에 그 주제에 관한 스승의 견해를 인용했다는 점이 특기할 만하다. 이처럼 베르너 교수의 가르침은 분명히 거의 입증된 지식이나 다름없다고 여겨졌다.

비록 최근에 일부 논평가들이 베르너의 견해를 성서와 거리를 두려고 노력했지만, 내가 여기서 논의한 독일의 광산 전통뿐만 아니라 다른 곳, 특히 당시 스웨덴의 일반적인 지질학적인 문헌을 통해서도 베르너의 수성론은 성경적 뿌리가 깊었다. 뮐프리델과 군타우는(Mühlfriedel and Guntau 1967, p. 27-28; Guntau, 1984, p.64), 베르너가 갖고 있던 왈러리우스(Wallerius)의 1782년도 저서인 *Physisch-chemische Betrachtungen über den Ursprung der Welt besonders der Erdwelt*

부아쟁이 사용하는 '가설'의 용법은 포퍼식의 '가설'(실제론적인)과는 다른 맥락이다.

32) 과학의 겉모습을 빌려 온 종교적 믿음에 가깝다.

33) 가설이라는 것은 현재에 기반해 생각해둔 모델이 과거에도 어느 정도 균일한 것이라 생각할 때, 즉 실제론적인 사고방식이 있어야 가능한 것인데 과거와 현재가 완전히 다른 방식이었다면 그것을 어떻게 상상하겠는가? 또한 어떻게 반증하겠는가? 그들은 그 모델을 현재가 아닌 성경에서 찾았던 것이다.

und ihrer Veränderung(*Physical-Chemical Observations on the Origin of the World, especially the Earth and its Change*, 세계의 기원, 특히 지구와 그 변화에 대한 물리 화학적 관찰, 1782)의 한 문단을 다음과 같이 인용했다.

> 우리는 여전히 물이[34] 암층으로 변형되는 이러한 (자연의) 작동을 확신하지 못하고 체계적으로 생각하는 법을 배우지 못한 지독한 회의론자들에게 전능하신 창조주가 그러한 변형을 거의 수고 없이 수행할 수 있음 다시 말해, 창조주는 처음에 다양한 부품을 만들어 물에 섞어 두었다가 다시 느슨하게 연결된 부품으로 다시 침전시키는 것이 아니라 물을 암층으로 변형시켰을 가능성이 더 크다는 점을 가르칠 수 있다.[35] 전지전능한 하느님이 자연에 준 법칙에 따라 훨씬 더 간단하게 액체로부터 단단한 고체를 얻을 수 있는데 별 쓸모가 없는 간접적인 방법이 필요할까?
>
> 그래서 물로부터 고체가 생성된다는 우리 이론이 성경에 어긋나지 않음을 누구나 믿을 수 있도록 우리는, 우리 이론에 관한 모든 의심

---

34) 수성론은, 원시해양의 물에서 광물질의 침전으로 집적된 암층이 형성되면서 물이 줄어들어 해퇴가 일어나고 그 결과 지표가 드러나 육지가 만들어 졌다고 보므로 여기서 물은 원시해양의 물을 가리킨다.

35) 수성론은 광업전통의 민간전승과 성서의 창조론(아무런 실제적 근거가 없는 순수 환상)에 영향을 받아 격변론(반실제론)을 지지한다. 이는 과거, 현재, 미래가 이미 정해진 서로 다른 순리에 따라 창조주에 의해 변형된다는 결정론 및 역사주의적 사고[과거와 현재의 실증적 증거를 통해 아직 도래하지 않은 창조주의 목적, 즉 낭만주의적 기대가 반영된 미래상(象)을 찾아보겠다는 태도]에 근거한다.

여기서 '실제적 근거'와 '실증적 증거'는 다른 맥락에서 사용된다. 전자는 가설 생산의 토대가 '실제적 근거' 위에서 상상력을 제한하면서 '실제적 세계'의 모습을 파악한다는 뜻이며, 후자는 가설 자체가 이미 '실제적 근거'가 결여된 순수 상상(순수 환상, 신화적 상상, 성서 이야기, 순수관념 독단적 형이상학)이며 이를 정당화하기 위해서 작위적으로 '실제적 세계'의 '실증적 증거'를 일방적 근거로 제시한다는 목적론적 논증이기 때문이다.

이와 같은 목적론적 논증은 시작부터 모순이 있는데 그 이유는 '순수 환상'은 '실제적 세계'가 아니므로 '실제적 근거'로 논증한다는것 자체가 이미 논리적 오류기 때문이다. 이 같은 실수는 마르크스도 동일하게 범하게 되는데, 이에 관한 162쪽의 각주 49) 참조.

을 벗겨줄 성경 구절들을 내놓기를 소망한다. 시편 24절에[30] 이렇게 적혀 있다: "주께서 바다 밑에 기둥을 박으시고 이 땅을 그 물 위에 든든히 세우셨다." 게다가, 특히 베드로 후서 3절에[31]에 이르기를, "하느님의 말씀에 의해서 땅이 물에서 나왔고 또 물 위로 퍼졌습니다.36)" 하지만 우리는 오래 전에 하늘도 존재했고, 게다가 물 안에서 물로부터 이 땅이 형성되었다는 점을 우스꽝스럽게 여겨 알아보려 하지 않았다. 나는 이러한 성서 구절들에서 모든 고체 즉, 천체와 어두운 육지가, 모두 창조의 시초단계에서 기원했고 창세기에 언급되었던 동일한 물에서 비롯되었음이 밝혀졌다고 생각했다. 이는 우리가 다음에 더 자세히 보여주어야 할 것이다.

뮐프리델과 군타우는 베르너의 논문과 책 가운데 이러한 성격의 저술들이 많다고 지적했다(Mülfriedel and Guntau 1967, p. 28). 그들은 특히 베르너가, 토번 베르그만(Torbern Bergman)의 업적에 대해 기술한 최근 발견된 리뷰를 지적했다(베르그만이 베르너에 미친 영향에 대해서는 다음을 참조; Hedberg, 1969a, 1969b; 아울러 Oldroidd, 1996, P.84도 참조). 왈러리우스의 동포인 베르그만은 왈러리우스의 신념 가운데 많은 부분을 공유했고, 베르너는 그들에 대해 아주 잘 알고 있었던 것 같다. 내가 앞에서 언급했듯이, 베르너가 1744년에 출판된 린네의 수성론적 지구 역사(격변론)를 몰랐을 리가 없다고 생각한다. 나중에 베르너의 박사과정 학생 가운데 한 명은 수성론적 지구 역사를 아시아에 걸쳐있는 러시아 제국의 지질 역사에 적용하기도 했다(de Karamyschew, 1764 참조). 베르그만은 또한 칼 폰 린네(Carl von Linné 린네의 스웨덴어 이름)의 학생이었고, 그의 업적은 대부분 그의 스승(린네)과 레만37)의 이론(Lehmann, 1756)에 바탕을 두고 있었는데, 그들의 이론 역시 확고한 성경적 근거를 갖고 있었다(Hedberg, 1969a, 1969b 참조). 뮐프리델과

36) 수성론에서 주장하는 정향적 해퇴를 가리킨다.

37) 앞서 라짜로 모로(Lazzaro Moro)의 실제론을 조소하던 인물이다. 135쪽 본문 참조.

군타우(Mühlfriedel and Guntau 1967, p. 28; Guntau, 1984, p. 64)는 베르너의 신념이 스웨덴 학자들의 믿음과 유사하다고 믿었으며, 블라이(Blei, 1981, p. 51)는 베르너가 구축한 체계의 일부가 여전히 성경과 호환된다고 강조했다. 블라이는, 수성론이 대홍수(격변론적 사건) 지지자들의 최후의 수단이라는 취지로 말한 허넥(Herneck, 1964)을 인용했다.

동독 마르크스주의 전성기에 뮐프리델과 군타우는 베르너를 유물론자의 틀에 맞추기 위해 최선을 다해 저술했으나(Mühlfriedel and Guntau, 1967), 그가 이신론적 체계38)의 신(god)일망정 신을 믿었음을 인정할 수밖에 없었다. 그렇지만, 그들이 우리에게 말하지 않은 것은 베르너가 비록 교회에 자주 가지 않았지만, 그가 가장 아꼈던 학생들과 그의 집에서 저녁 대화를 나누는 동안 "교회 안에서나 예배를 통해서가 아니라 정신적으로 그리고 생활 속에서 하느님께 기도하는 진정한 경건함으로 가득 찬" 진정한 종교의 축복을 강조했다는 점이다(Bingel, 1934, p. 40). 이로 미루어 베르너가 단지 이신론자(deist, 理神論者)에 불과하다는 뮐프리델과 군타우의 주장(Mühlfriedel and Guntau, 1967)과 올드로이드의 주장(Oldroyd, 1996, p. 100)을 인정하기 어렵다(뮐프리델과 군타우는 1967년 논문(Mühlfridel and Guntau, 1967)에서 베르너가 라이프찌히에 머물던 시기에 그의 친구인 겔러(M. Gehler)의 편지를 인용하였는데, 그 편지에는 "어떻게 아직도 나를 무신론자라고 부를 수 있나"라는 베르너의 항의가 들어있다. 그의 항의를 눈여겨보라).

그러므로 우리는 베르너에게서 조용하지만 신앙심이 깊은 광부이자 교사로서 그의 임무에 매우 헌신적인 사람의 모습39)을 보게 된

38) 이신론(理神論, deism) : 17~18세기 유럽의 계몽주의 시대에 나타난 합리적인 종교관. 신의 존재와 진리의 근거를 인간 이성이 인식할 수 있는 자연적인 것에서 구하는 이론으로, 신을 세계의 창조자로 인정하지만 세상일에 관여하거나 계시나 기적으로 자기를 나타내는 인격적 주재자로서의 신을 부정하였다. ≒자연신교, 자연신론. (출처: 국립국어원 표준국어대사전)

39) 기재중심의 지질학과 실증주의 역사학에서 요구하는 헌신적인 성실함은 하느님의 약속에 대한 어떤 신실한 믿음에 기반한다.

다. 그는 자신의 임무에서나 지적 영역 전반에서 모두 훌륭한 교육을 받았다. 그는 가르치면서 자신의 지식을 학생들에게 전달하고, 학생들을 가능한 한 많이 자신의 분신처럼 키우기로 결심했다. 그는 학교에서 훌륭한 연설가이자 규율을 강조하는 사람이었으나, 한 번 이상 자신의 제자들에게 그 자신이 세심하고 충실한 친구임을 입증했다. 심지어 학생들이 학교를 떠난지 한참 후에도 그러했다. 베르너의 이론 연구는 광부 전문가보다는 그의 가르침에 의해 지배되었다. 관찰과 관찰에 기초한 귀납은 그가 생각하기에 유일한 지식의 원천이었고 이론을 *확인시켜 주었다*. 비록 그는 과학에서 상상력의 중요성을 인정했지만(Mühlfriedel and Guntau, 1967, p. 24-25에서 인용함), 그는 자신이나 학생들에게 상상력을 발전시키려는 노력을 거의 기울이지 않았고 이론이 어떻게 만들어져야 하는지 불분명하게 남겨두었다. 관찰에 의한 그의 이론의 검증에 대한 약속은 그의 비판적인 능력을 손상시켰으며[40], 그 바람에 수성론이 성공적으로 설명했던 많은 관찰과 수성론에 유리하게 인용된 수많은 성실한 검증에도 불구하고 지구 작용에 대한 과거 수성론자들의 이론이 부정될 수밖에 없음을 깨닫지 못했다. 그는 수성론을 채택하고 어느 정도 개선시켰지만, 그는 수성론이 그 자신의 설명과 마찬가지로 그저 가설일 뿐임을 결코 깨닫지 못했다. 귀납에 대한 이러한 그릇된 신뢰 때문에 그는 자신이 생각하기에 우리가 역사에 대해 알고 있는 바[41]를 철석같이 믿었고, 그것을 활용하여 현재를 이해해 보려고 노력했다. 비록 그가 자신의 과학에서 종교적 주제를 언급한 적은 없지만, 그가 계승하여 활용한 과학적 이론들과 그의 잠재의식적인

40) 실증주의 역사학의 태도와 같다.

41) 성서에 근거한 역사의 신화적 설명이 당대의 통념("우리가 역사에 대해 알고 있는 바")이었다. 루터는 광산을 하느님의 은총이라고 해석했다. 광산같은 지하세계가 지표세계와 단절된 것처럼 역사도 현재와 단절된 대상이므로 그것의 해석은 결국 종교적 전통("우리가 역사에 대해 알고 있는 바[하느님의 은총]")에 의지할 수 밖에 없었다.

편견에 부분적으로 기여한 그의 배경 둘 다 유대-기독교 전통으로 가득 차 있었다. 그가 물려받은 과학과 배경 그리고 광부들의 민간 전승은, 베르너 자신이 이성을 내세웠음에도 불구하고 그를 낭만적인 학자로 만들었으며, 그리고 그가 당시에 최신 연구라고 주장한 내용에도 불구하고 지질학사에서 그를 반동주의자로 만들었다.

칼 마르크스와 베르너는 입장이 비슷한데 두 사람의 공통점은 역사에 대한 관점과 그에 대한 낭만주의적 설명인데, 마르크스의 사회발전 이론이 정신적인 측면[42]과 발전적 측면[43]에서 베르너의 이론과 매우 흡사했다.

7.2 칼 마르크스 (1818-1883)

이 책에서 비교하는, 자연과 사회의 역사를 연구하는 네 명의 학자 가운데 마르크스(그림. 5B)가 가장 잘 알려진 인물이다. 그의 사상은 20세기를 특징짓는 사상 가운데 하나다. 이제까지 고찰한 다른 세 학자의 사상은 그 이론과 실제에서 사람이름으로 불리지 않는 반면, 마르크스의 사상은 이론과 실제 양쪽에서 어떤 형태로 활용되든 그의 이름인 마르크스주의(Marxism)로 불린다. 원칙적으로 매우 단순한 이러한 사상과 실제는 여러 가지 이유로, 합리적으로 간결한 형식으로 비판하거나 제시하기가 매우 어렵다.

첫째, 마르크스와 그의 평생 친구이자 협력자인 프리드리히 엥겔스(Friedrich Engels) 두 사람이 저술하고 남겨 둔 문헌이 방대하다. 두 사람 모두 아주 왕성한 저술활동으로 수많은 글을 썼다. 그들의 저

42) 민간전승(습속, 전설, 구전)에 근거한 광업전통<격변론>과 종교적 편견에 근거한(노발리스의 대칭성)<결정론>과 방법론으로써 <역사주의(실증주의)>

43) 마르크스의 사적 유물론과 베르너의 수성론이 점차 발전하는(사고가 발달하는) 과정은 각각 모순을 지양하는 방식("헤겔의 변증법")과 불리한 증거를 새로운 내용을 추가해 변통해가는("Ad Hoc 가설") 측면에서 서로 흡사하다.

술은 신문 기사, 정치적이고 혁명적인 소책자, 본격적인 과학 논문과 더불어 수많은 편지들이 포함되는데 다양한 자료를 모두 모아보면 수십 권 분량에 이른다.

둘째, 마르크스와 엥겔스는 둘 다 사회 과학자이자 정치 운동가였다. 특히 마르크스의 불같은 성격 때문에 그가 결정적인 순간을 격동시키려고 쓴 자극적인 선전선동이나 비난을 담은 몇몇 글에서 그의 숙성된 의견을 추려내기 어렵다(참조 Bober, 1948, p.304). 게다가 마르크스는 제각각인 많은 서신 외에도 다른 사람들의 저술을 공부할 때 쓴 노트부터 논문 초안, 책의 초안, 거의 마무리 지은 저술까지 방대한 양의 원고 자료를 남겼다. 그가 저술한 위대한 고전, ***자본론***(*Das Kapital*)은 그가 죽었을 때 미완성 상태였고 1권만 출판되었다. 우리가 지금 찾은 이러한 형태의 원고가 마르크스에 의해 출판 승인을 받았을 지는 언제나 명확하지 않다. 마르크스와 엥겔스 둘 다, 마르크스 사후에라도 마르크스 초기 저술의 출판에 힘쓰지 않았을 것이라는 게 상식이다(McLellan, 1971, p.266).

또 다른 어려움은, 마르크스의 저작과 엥겔스의 저작을 분리해 낼 수는 있는 지 그리고 분리해 낼 수 있다면 어떻게 구분할 것인지 자신이 없다는 점이다. 어떤 논의에서는 일부 마르크스주의자들이 마르크스와 엥겔스의 결합을 허용하지 않을지라도, 그리고 그런 많은 경우에 그들이 그렇게 하는 것이 완벽하게 정당화되겠지만, 오늘날 우리가 마르크스주의라는 이름으로 알고 있는 사상은 실제로 인명이 붙은 다른 사상(예, 불교 Buddhism)만큼 이름에 걸맞게 마르크스의 독창적인 사상이라는 것이 일반적인 의견이다(예를 들면, Bober, 1948, p. viii; Acton, 1955, p.1,5; Christen, 1981, p.10; Sowell, 1985, p.14-15).

마르크스주의에 관한 논의가 더욱 어려운 까닭은, 많은 마르크시즘 추종자들(게다가 실제로 그 반대자들)과의 이성적인 논쟁이 쉽지 않았기 때문이다. 마르크스와 엥겔스가 남긴 수많은 단편적인 원고들은 모순된 진술들로 가득하기 때문에 마르크스와 엥겔스의 사상의 발전을 짚어 보려 노력하지 않는 한, 개별적인 인용구들은 마르크스나 엥겔스를 반박하고 싶은 어떤 관점을 뒷받침하는데 쓸모가 있을 것인데(참조, Sowell, 1985, p.6), 이는 베르너 옹호자들이 처했던 상황과 다소 비슷하다. 마르크스와 엥겔스가 이어받은 헤겔의 변증법은 모순이 많은 담론을 발전시키기에 상당히 편리한데, 이는 결국 이성적인 대화를 어렵게 만든다44)(예: Bober, 1948, p.297-298; 노만과 세이어스(Norman and Sayers [1980])가 논의한 변증법 논쟁과, 마르크스주의자의 사고에서 변증법의 역할에 대한 엘스터의 훌륭한 분석(Elster, 1997, p.37-48)도 참조). 마르크스주의자들 사이에서는 마르크스주의가 지속적으로 오해를 받았다거나 잘못 전달되었다고 믿는 경향이 널리 퍼져 있다. 이러한 태도는 종종 마르크스주의 관점에 불리한 논쟁에서 최후의 수단으로 이용되며, 종교적 근본주의자들과 공유되고 있는데, 이는 이 논문에서 다루는 주요 논점 가운데 하나다.

이러한 어려움에도 불구하고 마르크스와 엥겔스를 읽고 이해하는 것은 가능하면서도 유익하다. 둘 다 뛰어난 지능과 흥미로운 사연

---

44) 논리적 모순을 발견하면 정(A)이 반(B)에 의해 논박된다. 즉, 정(A)이 반박되고 반(B)이 선택되는 것이다. 이것이 이성적이고 비판적인 대화이지만, 헤겔의 변증법은 바로 이 모순을 오히려 원동력으로 삼아 정(A)과 반(B)이 합(C)의 상태로 진화(진보, 발전)하는 계기라고 생각했다. 즉, B가 A의 모순을 발견하더라도 A가 제거되고 B가 선택되는 것이 아닌 A가 자체모순을 극복하고 C로 진화하는 "자기동일적" 추진력으로 가정한 것이다. 헤겔 변증법의 핵심은 B를 포함하여 A 바깥에 있는 "온갖 실재"를 A 안으로 포섭하여 종합적으로 규정하는 것이다. 즉, A가 절대자 또는 절대정신(絶對精神, Absoluter Geist)로 나아가는 도정에서 자기 밖의 모든 부정적(반정립적) 실체를 끝내 자신의 노예로 전락시키고 결국 "신도 영혼불멸도 자신의 밖에서 찾지 않는" 주인의 상태로 등극하는 운동(주인과 노예의 변증법(Dialektik von Herr und Knecht))이 바로 헤겔의 변증법인 것이다. 즉, 반증 가능성을 부정하고 A에 부정적인 모든 주장들을 자기의 범주 안에서 포괄하겠다는 거대한 정신적 의지의 한 전형이다. 이런 점에서 헤겔의 변증법은 모순이 많은 담론을 포퍼식 비판적 합리주의(이성적인 대화의 과정)로 신속히 제거하는 것을 상당히 어렵게 만들고, 또한 문제가 많은 주장을 계속 고집하며 발전시키기에 상당히 유리한 구실을 제공한다.

들을 지니고 있다. 이 책에서 나는 마르크스의 사상을 주로 고찰하였는데, 오직 자연과 사회의 역사적 원리에 관한 이론의 관점에서만 엥겔스의 글을 검토하였다. 마르크스와 엥겔스의 역사관이 결정론[45]의 하나라는 점은 상식인데(예, Heifer, 1931, p.38), 반대로 해석할 수 있는 그들의 몇몇 저술이 있음에도 불구하고(예, Sowell, 1985, p.55), 그들은 "현대 사회를 이끌어 가는 경제 법칙을 밝히기 위해(Marx, 1867[1981], p.15-16)" 일생을 바쳤다. 그들의 걸작은 "이러한 법칙 자체의 문제, 그리고 그 법칙들은 필연적으로 스스로 상황을 이끌어 가면서 구현되기 마련임[46]"을 다뤘다(Marx, 1867[1981], p.12). 역사의 법칙은 물론 자연법칙도 있을 뿐만 아니라, 우리가 그것을 발견할 수 있고 그 법칙을 발견했음을 알 수 있다는 확고한 신념은, 대륙 특히, 프랑스 계몽주의에 뿌리를 두고 있다. 프랑스 계몽주의를 대변할 만한 주장 즉, 우주의 모든 입자의 위치와 속도를 알 수만 있다면 우주의 역사와 미래 전체를 밝힐 수 있다는 라플라스의 유명한 주장은 마르크스와 엥겔스가 살았을 당시 물리학의 발전에 힘입어 아직 역사의 쓰레기통에 버려지지 않았었다[47]. 라플라스의 주장은 그 당시에도 여전히 모든 과학이 추구하는 원대한 소망이었다. 그렇기 때문에 마르크스는 사회사가 자연사처럼 믿을 수 있고 동일한 "변증론적" 법칙 이를테면 진화론적 법칙에 의해 지배될 수 있

45) 역사가 어떤 방향으로 발전(진보)하도록 결정되어 있다고 보는 이론이다.

46) 그러한 법칙을 설계하고 지배하는 신을 가정하지 않는다. 마르크스의 변증법은 자체모순을 통해 자체진화하는(비가역적인) 자기 매개적(내재적) 운동이다.

47) 뉴턴물리학의 대상인 거시세계에서 적용되는 논리다. 이는 라플라스의 악마(Laplace's Demon)라고 불리는 사고실험으로 뉴턴식 기계론적 결정론을 대표하는 근대 물리학의 세계관이다. 그러나 현대 물리학의 발전으로 미시세계를 다루는 양자역학이 등장하면서 라플라스의 기대에서 완전히 벗어난다. 대표적으로 독일의 물리학자 베르너 하이젠베르크(Werner Karl Heisenberg, 1901~1976)의 '불확정성 원리'를 꼽을 수 있는데, 미시세계에서는 입자의 위치와 운동량을 동시에 아는 것이 불가능하다고 밝혀지면서 라플라스의 주장은 역사의 쓰레기통에 버려졌다.

음을 독자들에게 확신시키기를 원했다: "역사 그 자체는, 인간에 영향을 미치는 자연의 발전(진보) 곧, 자연사의 진정한 일부다. 자연과학은 인문과학을 포섭하고 인문과학은 자연과학을 포섭할 것이다: 결국 과학은 하나가 될 것이다(Marx, 1968, p.544)." 이러한 확신은, 마르크스와 엥겔스가 1845-1846년에 함께 저술한 *독일 이데올로기(Die Deutsche Ideologie)*에서 정점에 달했다; 이 원고는 분실된 것으로 여겨졌지만 1932년에 되찾아 출판되었다(Marx and Engels, 1932[1969];32 마르크스의 역사 이론 분석을 위해 다음을 참조, Heider, 1931, p.4; Kägi, 1965, p.309).

마르크스는 젊은 시절부터 과학과 역사에 대해 이러한 믿음을 가졌다. 마르크스의 젊은 시절을 연구한 두 연구자 액톤과 특히 맥렐란에 의하면(Acton, 1955, p.4; McLellan, 1971, p.266), 마르크스와 엥겔스 둘 다 자신들의 젊은 시절의 신념을 재탕하기가 꺼려진다고 마뜩치 않아 했음에도 불구하고, 전부는 아니더라도 대부분의 마르크스의 주요 신념은 1844년까지 자리를 잡았다고 강조했다. 마르크스 사상의 초기 발전은 1844년 원고에서 정점에 도달했다. 그 원고는 그 이후에 완숙해진 그의 사상을 이해하는 데 많은 도움을 주었다. 1844년까지의 마르크스에 대한 아래의 기술내용은 달리 명시하지 않는 한 맥렐란의 연구결과다.

마르크스는 1795년과 1814년 사이에 프랑스에 합병된 서독 지역에서 개신교로 개종한 유대인 가정에서 태어났다(마르크스가 태어난 문화적 배경과 구조에 대해서는 Schilling, 1963 참조; Schilling의 책에서 직접적으로 마르크스를 언급한 문단이 실린 쪽 번호는 p.298, 301, 471, 490, 536, 537, 570). 마르크스 가족의 개종은 신앙보다는 필요 때문이었다. 마르크스의 아버지는 나폴레옹 이후의 기독교 프러시아(a post-Napoleonic Christian Prussia)에서 그의 직업을 유지하기 위해 1817년에 세례를 받았다(McLellan, 1911, p.46). 수년 후 런던에서 열린 노동자 회의에서 마르크스의 딸은 자신이 유대인이었다고 자랑스럽게 선언했다(McLellan, 1971, p.44). 마르크스의 아버지는 신앙심이 깊었던 적은 없었지만 신을 믿었고 그에 따라 아들에게 조언했다. 마르크스 아버지의 프랑스 계몽주의에 대한 두터운 믿음과 경탄은 나중에 마르크스의 사상 발전에 영향을 끼쳤다. 그는 아들에게 볼테르(Voltaire), 라신(Racine)과 같은 작가들의 작품을 읽어주었다. 프랑스 혁명의 이상은 마르크스의 초기 사상에 영향을 준 요소 가운데 하나였으며, 마르크스가 장인이 될 귀족한테 소개받은 낭만주의와 낭만주의 문학에 깊이 빠졌던 점도 마르크스의 미래 사상에 영향을 주었다(McLellan,1971, p.58). 마르크스를 가르친 사람들은 대부분 진보적이었다. 이제까지 알려진 그가 쓴 역사 관련 문서 중 가장 오래된 문서는 그가 종교 강의를 수강하면서 쓴 글이다. 그 문서에서, 그는 역사를 "인류의 위대한 스승"이라고 부르며, 고대부터 인간 본성은 항상 도덕성을 높이려고 노력해왔으며, 또한 "그리스도와의 결합의 필요성을 가르쳐 준다[48]"고 썼다(McLellan, 1971, p.52). 마르크스는 독일어 강의에서 또 다른 에세이를 썼는데, 이 글이 더 흥미롭게 여겨져 온 까닭은 일부 사람들이 그 에세이에서 마르크스의 미래 사상의 맹아를 찾아보려고 노력했기 때문이다. 내가 보기에, 맥렐란은 마르크스의 현존하는 다른 문헌들보다 마르크스의 17살 학생시절 작문에서 더 많은 것을 읽어내는 그러한 열정적인 탐구에서 그에 걸맞는 냉정한 태도를 취했다(더 자세한 설명은 다음 설명을 참조; Hillmann, 1966, p.33-48). 역사를 인류의 스승으로 보는 사고는 아마도 마르크스가 배웠던 초기 사상 가운데 하나로 그가 실제로 일생 동안 간직했던 사고 가운데 하나였는데[33], 그 까닭은 단지 그런 사고가 당시의 지극히 상식적인 지혜의 일부였고 현재까지도 그렇게 여겨진다는 점 때문이다. 마르크스의 경우 장인의 가르침에 의해 그런 사고가 낭만적인 열정으로 증폭되었을 뿐이다.

48) 역사가 특정 방향(목적)을 향해 개선되면서 필연적 단계를 거쳐 앞으로 나아간다는 진보(발전, 진화)를 가리킨다.

마르크스가 학생으로 본(Bonn)에서 보낸 시간은 비교적 평온했고, 그는 여러 편의 낭만적인 시를 썼다(Hillmann, 1966, p.49-72). 이와 대조적으로 베를린에서 그는 진지하게 철학을 탐구했고 1837년에 헤겔의 철학을 자세히 고찰하기 시작했다. 우리는 마르크스가 헤겔에게 커다란 영향을 받았음을 알 수 있다. 마르크스가 헤겔의 견해로 전향하여, 칸트와 피히테의 이상주의에서 파생된 초기 낭만주의 사상과 결별할 수밖에 없었고 그리고 결국에는 헤겔의 훌륭한 저술에 크게 감화되었다. 그는 1837년에 병이 들었는데 요양하면서 헤겔의 여러 제자들의 많은 저술과 함께 헤겔의 모든 저술을 읽었다. 여기서 필자는, 당시 마르크스가 찾을 수 있었던 유일한 포괄적인 철학이 헤겔 철학이었다는 힐만(Hillmann, 1966, p.88)의 주장을 강조한다. 마르크스는 헤겔의 위상을 아리스토텔레스의 위상과 비교했고, 그렇게 완전하고 경외심을 불러일으키는 철학적 체계를 이어받아 그가 무엇을 할 수 있고, 누구라도 무엇을 할 수 있는지 곰곰이 생각했다(헤겔이 마르크스에 미친 영향과 헤겔에 대한 비판적 고찰은 Popper [1966b]를 참고하기 바람. 나는 포퍼의 견해에 대부분 동의한다). 그렇지만, 마르크스는 앞으로 그의 활동을 이끌어줄 변증법이라는 보석을 발견했다. 마르크스가 이해한 헤겔의 주장에 따르면, 모든 사물은 시소가 움직이듯이 끊임없이 진화중이며 그 과정에서 항상 서로 반대되는 사물을 만나게 되는데 그 둘의 결합은 새롭고, 더 좋고, 더 훌륭한 것들을 만들어낸다(정향적으로 진보[발전]한다).[34] 이것은 헤라클레이토스(Heraclitus)의 만물유전설(flux theory)의 개념에 뿌리를 둔, 메커니즘이 없는(형식논리 없는 논리적인 이론) 일종의 마술적인(낭만적인) 진화였다(헤겔은 헤라클레이토스를 사변철학(speculative philosophy, 관념론)의 시조로 여겼다).

진화의 신비는, 광석과 암석의 성장에서부터 헤르더의 역사 철학(Herder, 1774[1964], p.186)에 이르기까지, 과학적 탐구의 형식을 띤 낭만적인 사고에 어필했다. 마르크스의 경우도 마찬가지다. 마르크스가 진화적 사고에 빠진 까닭은, 그의 낭만적인 성향 때문이기도 하고 에두아르트 간스(Eduard Gans, 헤겔의 사후 헤겔의 저술을 편집한 일곱 제자 중 한 사람)가 베를린에서 강의 중에 끊임없이 진보(발전 또는 진화)를 언급했기 때문일 뿐만 아니라, 변증법 자체가 헤겔마저도 들뜨게 만들어 자신의 철학을 계속 발전시키도록 하는 도구였기 때문이기도 하다. 포퍼(Popper,1966b, p.138; 1989b, p.312-335 참조)가 간결하게 설명한 바와 같이, "변증법은 충분히 모호하고 적절한 변용이 가능하므로 그 어떤 것이라도 설명할 수 있다." 이 애매모호함을 가장 잘 설명한 예는, 내가 알기로 '*마르크스 변증법론*(*On the Marxist Dialectic*, Norman and Sayers, 1980, essay I)'이라는 제목의 션 세이어스(Sean Sayers)의 논문이다. 그 논문에서 세이어스는 마르크스 변증법은 형식논리(메카니즘)가 아니지만, 경험론도 아니라고 주장한다[49]. 즉, 이것은 아마도 구체적인(다시 말해, 경험적으로 지각할 수 있는) 사회에 바탕을 둔(실상은 종교적 교리에 가까운) 사변적인 혹은 관념적인 이론이라고 알려져 있다[50]. 엘스터(Elster, 1997)가 상세히 기술한 바와 같이, 마르크스주의 변증법은, 사회가 내부적인 불가피한 상반적인 요소를 통해 발전한다는 진부한 주장에 지나지 않는다면, 그저 빈말일 뿐이다.

나는, 마르크스가 낭만적인 역사관을 지닌 채 헤겔 변증법을 채택함(그리고 부분적인 수정: Heider, 1931, p.19)으로써 그가 역사적 자료를 비판할 어떤 객관적인 기준을 갖기 어려웠다고 믿는다[51]. 그는 확

---

49) 경험적인 반증사례를 변증법으로 얼버무려 버리기 때문에 입증 가능한 경험만 편협하게 승인된다. 그러나 유리하게 입증 가능하다고 기대되는 경험도 실상은 '형이상학'의 검증 자체가 불가능한 구조적 문제로 '반쪽짜리 경험론'마저 불가능하다. 즉, 유리한 경험적 사례라도 입증 가능하지 않다. 그래서 실질적으로 경험론도 아니라는 것이다. 경험론의 외양만으로 그럴듯한 '과학적' 정당성만 취하고 싶은 작위(作爲)의 논리에 가깝다.

50) 경험적으로 지각할 수 있는 구체적인 현실에 기반하면서 그 현실적 증거를 통해 반증할 수는 없는, 거의 종교적인 믿음에 가까운 형이상학적 정당화(변증법적 유물론)에 입각해 있다. "나를 따르기를 원하는 사람은 개별적인 사실에서 일반론으로 나아가기로 작정해야만 하기 때문에" 본문 165쪽 참조.

51) "변증법은 충분히 모호하고 적절한 변용이 가능하므로 그 어떤 것이라도 설명

실히 이 불가능성을 깨닫지 못했다. 그는 변증법에서, 진화의 가능성, 변화의 가능성, 그리고 속박과 고통으로부터 인류를 구원할 가능성을 보았고, 어떤 역사적 자료라도 변증법적으로 이러한 목적을 위해 사용될 수 있음을 알았다. 어쨌든 그는 1837년까지 포퍼식 역사결정주의자 입장[35](Popper, 1957, p.3; 1966b, p.81)에서 역사를 보는데 필요한 지적인 도구를 이미 습득했다. 이제 그가 해야 할 일은 그의 이론의 기초를 이루는 자료를 평가하는 방법을 찾는 것이었다. 이 일은 철학자인 루드비히 포이에르바하(Ludwig Feuerbach)를 통해 그에게 전해졌다. 포이에르바하는 "많은 점에서 헤겔 철학과 마르크스와 엥겔스가 도출한 개념 사이의 중간 연결고리가 된다(Engels, 1888[1951], p.324)."

포이에르바하는 엥겔스의 표현대로 그다지 정통적이지 않은 헤겔 철학자에서 완전한 유물론자이자 무신론자로 진화한 철학자였다. 마르크스와 엥겔스가 진정으로 감명받은 것은 포이에르바하가 물질세계에 대한 우리의 지식을 자신들(마르크스와 엥겔스)이 이해할 수 있게 해주었다는 점이다. 다음 인용문은 포이에르바하가 마르크스주의에 기여한 바에 대한 엥겔스의 설명이다(Engels, 1888[1951], p.335-337).

> 게다가 아직까지도, 세계에 대한 인식, 혹은 최소한 철저한 인식의 가능성에 의문을 제기하는, 일련의 다른 철학자들이 있다. 그런 철학자들 가운데 좀 더 최근의 인물로는 흄과 칸트가 있는데, 그들은 철학적 발전에 매우 중요한 역할을 해왔다. 헤겔은, 이러한 견해에 대해 이상주의자의 관점에서 이것이 가능했다는 결정적인 반박을 제시했다. 포이에르바하가 추가한 유물론적인 내용은 심오하기 보다는 기발하다. 다른 모든 철학적 변설들(종래의 이론 따위를 변경함)과 마

할 수 있다." 이 애매모호함 때문에 자신의 낭만주의적 기대를 정당화할 수단으로 헤겔의 변증법을 사후적으로 채택했다. 즉, 그에게 이미 정답(특정 목적)은 정해져있고 반증은 불가능하며, 그저 자신의 논리를 강화하는 일만 가능한 것이다.

찬가지로 이에 대한 가장 설득력 있는 반박은 실제 검증, 이를테면 실험과 실행을 통한 검증이다[52]. 만약 우리가 자연적 과정에 대한 우리의 개념이 우리의 목적에 부합하도록 함으로써 (공산주의 유토피아 세상의 도래에 대한 역사적 결정론이) 옳다는 점을 증명할 수 있다면, 칸트식의 이해할 수 없는 '물자체(物自體, thing-in-itself)'는 끝이다.*[이런 주장도, 철학자의 문제(회의)[53]를 건드리지 않는 흄의 이른바 행위 주체의 관점[54]을 취함으로써 흄의 법칙[55]을 피하려는 시도라는 점을 주목하라. 그러한 시도는 마르크스와 엥겔스에 의해 무시되었다.]*

마침내 포이에르바하는, 헤겔의 "절대 사상"의 존재, 즉 세계가 존재하기 이전에 "논리 범주의 선재(先在)"는 세상을 초월한 창조자의 존재(절대정신 또는 절대자)에 대한 믿음이 환상 속에서 살아남은 것에 불과하다는 거부할 수 없는 깨달음으로 내몰린다. 우리 자신이 속한 감각적으로 지각할 수 있는 물질적 세계가 유일한 현실이다. 아무리 초감각적으로 보일지라도 우리의 의식과 사고는 물질, 다시 말해 신체기관인 뇌의 산물이다. 물질은 마음의 산물이 아니라 마음 그 자

52) 헤겔의 관념 철학은 실존하는 현실을 무시하고 오롯이 관념의 독단적 운동만으로 작동(세계가 존재하기 이전에 "논리 범주의 선재(先在)")하기에 현실에 기초한 "검증이라는 방법(실증주의적 방법)"은 헤겔의 극단적 사변 중심의 변증법(절대적 관념론)을 유물론적으로 변형시킨다. 절대적 관념론이란, 인식의 형식이나 내용은 절대자의 자기 발전의 결과로 생겨나고, 이를 떠나서는 주관도 객관도 성립할 수 없다는 철학 이론이다. 헤겔이 칸트 철학을 주관적 관념론이라고 평가하면서, 그 자신의 관념론을 이르는 말이다. 주관적 관념론은 절대적 관념론과 다르게 인간 인식능력의 태생적 한계와 주관적 조건으로 물자체(物自體, thing-in-itself)를 이해할 수 없다는 입장이다. (출처 : https://ko.dict.naver.com/절대적 관념론)

53) 철학(학문)의 위기. "우리가 무언가 알 수 있다는 것을 어떻게 확신할 수 있을까?"

54) 흄은 이성은 감정에 의해 설정된 목적 그 자체와 관련되지 않고, 오직 그 목적의 실현을 위한 수단과 관련될 뿐이다. 따라서 도덕의 규범적 근거는 이성이 아니라 행위 주체의 감정과 정념에 토대를 둔 욕구에서 찾을 수 있다는 입장이다.

55) 과거는 미래와 마찬가지로 알 수 없다. 이와 대비되는 입장은 현재를 모두(위치와 속도) 알면 과거는 미래와 마찬가지로 알 수 있다(라플라스의 악마). 158쪽의 각주 47) 참조.

> 체가 물질의 가장 높은 산물에 불과하다. 이것은 물론 순수한 유물론이다. 그러나 포이에르바하는 아직 멀었다. 그는 관습적인 철학적 편견, 사물에 대한 편견이 아니라 유물론이라는 이름에 대한 편견을 극복할 수 없다.

포이에르바하의 감정이 무엇이든, 마르크스는 아주 열광적이었다. 그는 "포이에르바하는 헤겔 변증법에 대해 신중한 비판적인 입장을 취했고 이 분야에서 진정한 발견을 이룩한 유일한 사람"이라고 생각했고 "따라서 *감각적으로 확실하게 인정할 수 있는(the sensually certain positive)* 출발점을 찾았다(Marx, 1844[1968], p.569-570; 이탤릭체 부분은 필자가 표기함)."

따라서, 마르크스는 파리에서 저술하고 있던 1844년에, 다음과 같이 요약될 수 있는 자신의 역사 이론을 완전히 파악하고 있었다.

1. 사실은 우리의 인식을 통해 존재하게 된다. 우리는 감각으로 배우며, 이는 일반적으로 오류가 없는데, 달리 말하면 우리를 가르치기에 충분하다. 육감(육체적 감성, sensuality; 포이에르바하 참조)은 모든 과학의 유일한 기초가 되어야 한다. 육감적인 의식과 육감적인 욕구라는 이중 인자로 시작할 때만이, 다시 말해 과학이 자연과 함께 시작될 때만이 진정한 과학이 된다(Marx, 1844[1968], p.543).
2. 이러한 사실들을 개별적으로 취합함으로써 일반성이 드러난다. 마르크스는 자신의 자본론*(자본: 정치경제학 비판; 영문판 서명 Capital : Critique of Political Economy)* 서론에서 독자들에게 "나를 따르기를 원하는 사람은 개별적인 사실에서 일반론으로 나아가기로 작정해야만 하기 때문에[56]" 굳이 일반적인 서론을 넣지 않았다고 말했다(Marx, 1859[1969], p.7). 이 점에서, 아마도 소

---

56) 낭만주의적 역사 결정론에 기초한 실증주의 태도를 뜻한다.

위 변증법적 사고는 모순을 극복하는 데(또는 모순의 극복보다는 모순의 흡수에) 도움이 될 것이다.

3. 이렇게 만들어진 역사적인 이론은 변증법적으로 더 논의되고 다듬어지며 마침내 입증된다. 반증(反證, falsification)은 변증법의 정신에 어긋난다. 왜냐하면 모순은 합성되어야 할 요소로 제거되어야 하는 요소가 아니기 때문이다. "이로부터, 역사의 세계사로의 이러한 변혁은 단순히 '자기 의식', 세계 정신, 또는 다른 종류의 형이상학적 유령의 단순한 추상적인 행동이 아니라 걷고, 서고, 먹고, 마시고, 옷을 입는 모든 개인이 직접 증거를 제시하는 행위 곧, *경험적으로 입증 가능한 행위*라는 물질임을 알 수 있다(Marx and Engels, 1932[1969], p.46; 이탤릭체는 필자가 표기)."

액톤(Acton, 1955, p. 251)이 상당히 통찰력 있게 고찰했듯이, 이 이론은 완전히 양립할 수 없는 두 가지 요소, 즉 헤겔식 사변철학과 실증주의로 구성되었다. 헤겔 변증법과 실증주의의 결합으로 이 이론에 "과학적" 지위가 부여되었다고 주장한다[57]. 그렇기 때문에 20세기에 실증주의가 옹호될 수 없음(증거가 곧 진실은 아님)을 깨닫게 된 이후에, 아직껏 마르크스와 엥겔스의 그릇된 견해를 간직한 채 진실을 찾고자 하는 모든 희망을 비난하면서 많은 마르크스주의자들이 헤겔 변증법으로 도피하여 상대주의자로 전향하였는지도 모른다.

그의 이론은 마르크스에게 엄청난 자신감[58], 즉 그의 추종자들에

57) 헤겔의 사변철학은 순수 관념의 유희가 만든 독단적 형이상학이므로, 그 시작부터 진위여부에 대해 검증(특히 반증)할 수 없다. 그렇기에 그것을 실증주의적 과학이라 일컫는 것은 난센스다. 즉, 검증할 수 없는 순수 관념의 창조를 어떻게 검증하는가? 그저 실증주의라는 당대의 정당성을 보증하는 겉모습만 차용하고 싶었던 것이지 논리적으로는 불가능하다.

58) 그 날(공산주의 유토피아)은 반드시 오게 돼 있다는 거의 종교적 예언 수준(결정론)의 낭만적 믿음(낙관론)에 기초한 사변적 확신(헤겔 변증법). 그러나 자신의 주장을 아무런 근거도 없이 정당화하기에는 역부족이었으므로 당대 과학의 신뢰성을 보증하던 실증주의 논리를 작위적으로 도입할 필요가 있었다. 이는 헤겔의 '절대적' 관념론을 유물론적으로 변형한 포이에르바하를 수용한 원인이

게 전수된 자신감을 주었다. 19세기에 그들의 견해가 모두 허위로 입증되고(예를 들어, 반복되는 예언의 실패에 대한 그들의 태도[59]를 보라; Bober, 1948, p.305-306) 그리고 마르크스주의가 20세기에 어려움을 맞이한 이후에도, 그것은 여전히 그들의 사기를 북돋운다. 마르크스가 초창기 저술에서 얘기했듯이, 역사는 인류의 스승이다. 그러므로 그의 이론들은 역사에 관한 피할 수 없는 교훈에 지나지 않는다: "그것[*공산주의*]은 역사의 수수께끼를 풀었으며, 그것이야말로 역사의 해결책임을 자각하고 있다(Marx, 1844[1968], p.536)." 이 해결책에서 공산주의라는 그의 주장만이 정당한 근거를 갖고 있다: "따라서 실재를 생성하는 진정한 행위[60] 곧, 역사의 경험적 존재를 탄생시키는 행위[61]로서 아울러 역사의 사리분별적인 인식을 위해서도[62], 역사의 전체적인 변동은 역사의 구현이라는 포괄적으로 이해되고 알려진

다. 그러나 이마저도 20세기에 실증주의가 옹호될 수 없다는 사실이 밝혀지면서 그 정당성은 완전히 붕괴한다. 이러한 논의는 20세기 초 빈학파(Wien 學派) 주도로 태동한 논리실증주의(論理實證主義, Logical positivism)와 '귀납의 딜레마'에 대한 철학적 논쟁을 참고. [논리실증주의는 50~60년대 후기 비트겐슈타인(Ludwig Wittgenstein, 1889~1951) 철학에 영향을 받은 영미 분석철학자들이 인식론적 전체론(認識論的 全體論, Epistemological Holism)을 통해 비판한다. 대표적으로 미국의 분석철학자 W.V.O. 콰인(Willard Van Orman Quine, 1908~2000)의 유명한 논문(Two Dogmas of Empiricism, 1951, *Philosophical Review* 60)(한글판: W.V.O. 콰인, 경험주의의 두 가지 도그마, 1987, 문학과 지성사)을 참조. 훗날 과학철학자 토마스 쿤은 논리 실증주의를 비판한 인식론적 전체론을 과학을 이해하는 데 적용하면서 패러다임(paradigm) 과학관이 태동한다.]

59) 반증을 합리적으로 수긍하며 자신들의 입장을 철회하는 비판적 합리주의가 아니라 오히려 발생한 모순을 합성하면서 자신들의 입장이 강화하는 변증법적 사고방식이다.

60) 실행, 실천(프롤레타리아트에 의한 폭력적 혁명)을 의미한다.

61) 신이 아닌 인간(프롤레타리아트)이 역사(미래, 운명)를 개척하는 주인이다. : 호전적 무신론

62) 필연적 역사발전법칙으로 미래의 공산주의 유토피아가 도래할 것이라는 징후 : 호전적 무신론에도 불구하고 신학적 영향을 받은 듯한 대목이다.

변동[63]인 반면, 불완전한 공산주의는 스스로 사유 재산에 반대하는 개별적인 역사적 대상들로부터 그 존재의 증거를 찾는다. 공산주의는 역사적 변동으로부터 단 하나의 사례를 떼어 내어 증거를 찾고, 그 증거들을 공산주의의 역사적 순수성의 증거로 삼는다. 이를 통해, 공산주의는 역사적 변동 가운데 불균형적으로 많은 부분이 공산주의의 주장과 모순됨을 입증한다. 그리고 만약 공산주의가 한때 존재했다면 공산주의의 과거 *실존*이야말로 공산주의의 *핵심적인* 주장과 모순된다는 점을 증명한다[64](Marx, 1844 [1968], p.536, 이탤릭체는 마르크스가 강조한 단어)." 마르크스는 사회 "변동의 궁극적인 법칙"을 발견하였다면서 자신을 뉴턴에 비유했다(Marx, 1844[1981], p.15-16): "한 사회가 변동의 자연 법칙을 따라가기 시작했을 때조차 그리고 현대 사회의 경제 법칙의 규명이 이러한 연구의 궁극적인 목표일 때, 사회는 그 발전의 자연적인 단계를 뛰어넘을 수 없으며 법령에 의하여 그 단계를 퇴출시킬 수도 없다(역사 결정론). 하지만 사회는 변혁의 고통을 단축하고 줄일 수 있다." 명백한 어려움도 이러한 법들의 작동을 끝까지 막을 수 없었다: "사유재산에 대한 *허위의식*을 없애기 위해서 철학자들이 만들어낸 *상상 속의* 공산주의는 이미 충분히 차고 넘친다; 실재하는 사유재산을 없애려면 *진정한* 공산주의 활동(공산주의적 실천 즉, 프롤레타리아의 폭력적 혁명)이 필요하다. 역사는 그런 상황을 맞이할 것이고, 우리가 생각하기에 스스로 사유재산

63) 마르크스가 '예언'한 필연적인 역사발전법칙을 가리킨다.

64) 공산주의가 과거에 실존했다면(원시 공산제) 역사가 이전의 상태를 지양하면서 마지막 단계에 이르러 공산사회로 갈무리된다는 진보사관(시간의 화살)과는 다르다. 과거의 상태가 주기적으로 반복되는 균일적인 체계(시간의 순환)를 암시하기에 공산주의의 핵심적인 주장(사적 유물론)과는 모순된다는 뜻으로 해석된다. 그러나 모순을 통해 공산사회의 역사적 실현이 철회되는 것이 아니라 모순을 합성하면서 그 실현이 더 가속화된다는 논리전개로 역사의 유일무이한 해결책은 공산주의만 정당한 근거를 갖게 된다. 즉, 답은 이미 정해져 있고 어떤 사례와 증거를 제시하던 결국 공산주의라는 결론이 나온다.

자체를 없애는 과정으로 알고 있는 그 변동은 매우 험난하고 긴 과정을 거칠 것이다.[65)]"(Marx, 1844[1968], p.553, 이탤릭체는 마르크스의 표기).

역사의 발전방향에 대한 이러한 믿음과 그 과정을 발견했다는 확신 때문에 마르크스는 다윈의 생물진화론과도 충돌하게 된다. 마르크스와 엥겔스는 다윈의 *종의 기원(Origin of Species)*을 "인류에 대한 통렬한 풍자"로 여겼다(Desmond and Moore, 1994, p.485). 크리스텐의 흥미로운 연구(Christen 1981)에서 밝혀진 바와 같이, 다윈이 미리 정해진 진화의 과정(정향진화설)이 아닌 맹목적인 우연에 호소했기 때문에 마르크스는 크게 실망했다. 1866년 8월 7일, 런던에서 맨체스터의 엥겔스에게 쓴 편지에서, 마르크스는 그가 엥겔스에게 보내고 싶었던 "*매우 중요한 저서*"를 언급했다(Marx, 1965, p.248, 이탤릭체는 마르크스의 표기).

> 매우 중요한 저서, 내가 그 책을 읽고 필요한 내용의 노트를 마치면 곧바로 당신께 보내 드릴(그러나 내 책이 아니므로 내게 돌려주어야 하는) 책은, 1865년에 파리에서 발간된 트리모(P. Trimaux)의 ***인류와 그 밖의 다른 존재들의 기원과 변형****(Origine et Transfomations del'Homme et des autres Êtres)*입니다. 내가 파악한 모든 단점에도 불구하고, 이 책은 다윈을 뛰어넘는 매우 중요한 진전입니다. 두 가지 매우 중요한 주제는 다음과 같습니다. 추정된 바와 같이, 이종교배는 차이를 만들어 내는 것이 아니라, 종의 유형의 통일성을 만든다[66)]. 이러한 통일성과 대조적으로 우연적인 차이[67)]의 발생을 다윈은 진화의 모습으로 생각한 반면, 마르크스는 그

---

65) "철학자들은 세계를 단지 여러 가지 방식으로 해석해 왔다. 그러나 중요한 것은 세계를 변화시키는 것이다."라는 마르크스의 <포이에르바하에 관한 테제*(Thesen über Feuerbach)*, 1845>에 나오는 문구와 같은 맥락이다.

66) 모순을 합성해(이종교배) 더 높은 단계로 진보하는 포괄적(통일적) 수직상승 운동인 헤겔 변증법과 유사하다는 것을 주목하라.

67) 문맥상 가치 중립적인 차이를 의미한다. 진보는 특정 방향성을 지닌 결정론적 변화만을 진정한 차이로 승인하기 때문에 그렇지 않은 차이(필연적이지 않은

러한 차이의 발생을 지구의 진화의 필연적인 단계로 보았다.

크리스틴(Christen, 1981)이 다윈 및 자연과학과 비교하여 마르크스(그리고 마르크스주의자들)의 입장을 상세히 논의하였기 때문에, 나는 여기서 그 내용을 되풀이하지 않겠으나(Pannekoek, 1914의 흥미로운 강의도 참고), 엥겔스 또한 그의 사후에 출판된 ***자연변증법***(*Dialektik der Natur*)에서 라이엘(Lyell)이 지구진화의 수단을 우연에만 맡겨놓았다고 비판한 점은 흥미를 끈다[68](Engels, 1971, p.317 노트). 덧붙여 크리스틴(Christen, 1981)은, 마르크스가 다윈에게 자본론의 영문 번역본을 헌정하겠다는 편지를 썼는데 다윈이 그 제안을 거부했다는 얘기는 꾸며낸 이야기라는 점을 밝혀냈다. 크리스틴이 연구한 가장 중요한 내용은, 마르크스 사상에 의해 창조된 세계가 과학에 동조했던 적이 없었고 특히 19세기에 종교에 대해 느꼈던 것과 같은 종류의 불신을 20세기의 과학에 대해서도 느꼈다는 주장이다. 더 이상의 모든 사회적 변화가 멈추고 불필요해 지는(예전에 플라톤과 흡사하게) 궁극적인 유토피아 곧, 무계급 사회로 인류를 인도할 진리를 발견했다는 마르크스의 확신을 고려하면, 끊임없이 의문을 제기하고 탐구하면서 일어나는 "예기치 못한" 차이를 수반하는 활동(과학)에 대한 그의 추종자들의 이러한 태도는 별로 놀랍지 않다. 마르크스주의의 구성에 관해 앞에서 인용했던 액턴의 주장을 고려해도 놀랍지 않다. 버틀

차이)와는 가치판단의 위계 속에서 구별된다. 그러나 가치 중립적인 차이는 그 어떤 종적인 가치판단의 위계가 없다. 그저 차이 그 자체일 뿐이다. 자연은 그 어떤 목적이나 방향성 없이 그저 계속 우연적인 차이를 생성하는 일정한 변화의 운동일 뿐이다. 차이가 생성된다는 것 자체가 자연법칙이 원으로 비유되는 '완벽한' 균일적 체계는 아니라는 사실을 암시한다. 즉, '역사성'이 존재한다는 것인데 이는 뒤에서 나선형 체계로 비유된다.

68) 어떤 차이의 생산이 필연적인 방향성을 지니면서 전개되지 않음. 자연은 그저 예기치 못한 차이들이 계속 등장하는 무목적적 운동이다. 그 무질서한 차이(현상)들을 통해 현상 배후의 운동(법칙)에 관한 일관적인 패턴(체계)을 고안하는 끝없는 과정이 바로 과학이다.

랜드 러셀(Bertland Russell)은, 마르크스가 자신의 호전적인 무신론에도 불구하고 받아들인 우주적 낙관론은 "유신론만이 정당화할 수 있다"는 확신[69]이라고 느꼈다(Russell, 1972, p.789).

69) 기독교적 묵시론과 그에 따른 아우구스티누스의 역사철학(미래에 '천년왕국'이 도래할 것이라는 유신론적 낙관론)과 유사하다. 이는 훗날 서구 형이상학의 근간을 지배하는 사고방식(종말과 구원의 서사)이 된다. 헤겔의 역사철학 또한 이성의 간지(奸智, List der Vernunft)가 세계사를 통해 자신의 목적을 단계적으로 실현하면서 미래에 '절대 정신'으로 거듭난다는 '역사의 종언(시간의 종말)'을 주장한다. 마르크스는 이에 '세상을 초월한 창조자의 존재'에 대한 믿음이 환상 속에서 살아남았다고 헤겔을 비판한다. 그러나 그 비판은 그 자신에게도 똑같이 적용된다. 애써 유물론이라는 겉모습으로 헤겔을 비판하며 호전적인 무신론을 주장했지만, 미래에 대한 결정론적 예언의 낙관적 측면('공산주의 유토피아'가 도래할 역사의 종언)에는 그의 숨겨진 '창조자의 존재'에 대한 뿌리 깊은 잠재의식적 믿음(환상 속에서 살아남은 종교적 영향)을 엿볼 수 있다.

Is the Present the Key to the Past or the Past the Key to the Present?

8. 허턴, 스미스, 베르너 그리고 마르크스의 진화이론 비교

8. 허턴, 스미스, 베르너 그리고 마르크스의 진화이론 비교

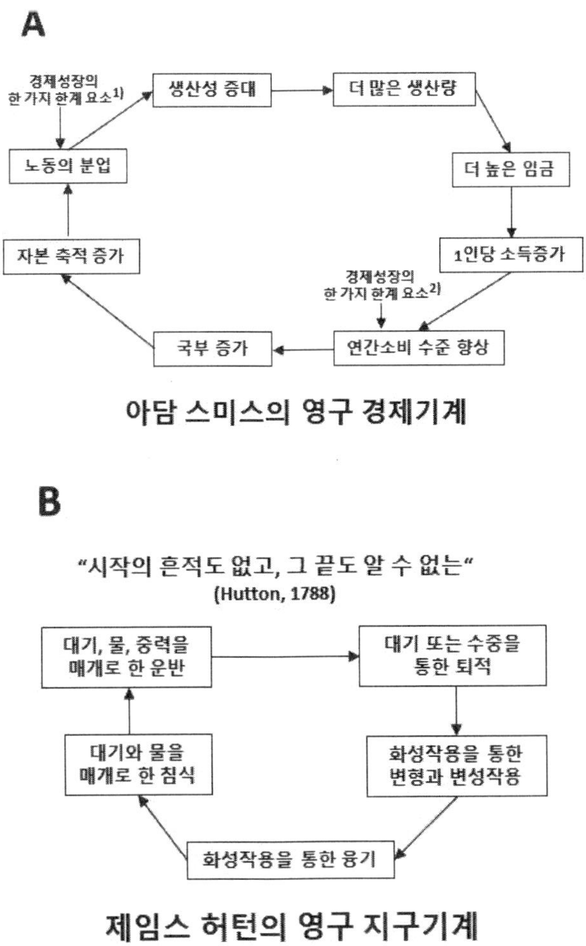

그림 6. A: 아담 스미스의 경제 순환에 대한 도식 (Ekelund and Hébert, 1990, Fig.5-2로부터 수정한 것임): 영구적인 경제기계 B: 제임스 허턴의 지구계 순환에 대한 도식: 영구적인 지구기계. 허턴의 순환에 대한 다른 도식을 보려면 Tomkeieff (1948-1949, Fig. 2)를 참조.

지질학자 제임스 허턴과 경제학자 아담 스미스의 역사 모델은 비역사적이라고, 다시 말해 사실상 주기성을 띠어 영속적인 운동을 되풀이하는 기계와 같다는 비난을 받아왔다(그림 6). 그들의 역사 모델의 주기적(또는 반복적) 특성은 논쟁의 여지가 없지만, 그들이 비역사적이라는 점은 논쟁의 여지가 있다. 스미스의 *국부론*은 한 국가의 부가 그가 제시한 경제적 순환을 통해 어떻게 시간과 함께 증대되는 지 보여준다.

그림 7B.1에서는, 스미스의 경제 주기에 시간 차원을 더하여 상승 나선형 모델로 만들어 보았다(그림 7B). 허버트가 분석한 바와 같이(Hubbert, 1967), 허턴이 고려할 수 있는 영역은 필연적으로 지구의 현생누대3)(顯生累代, Phanerozoic Eon) 역사에 머물렀다. 허턴 당시에는 행성(지구)의 열발산량 감소를 관측할 마땅한 방법이 없었고, 푸리에(Fourier)가 열 이론을 발표하기 전에 그의 이론을 발전시켰다는 점에서, 왜 그가 정향적인 진화를 볼 수 없다고 결론지을 수밖에 없었는지 이해할 수 있다(게스트너가 지적한 바와 같이(Gerstner, [1971]), 허턴이 죽은 지 5년 후에야 머레이가 만약 지구에 내부열이 존재한다면 열의 방출로 점진적으로 그리고 균일하게 그 열이 소실될 것이라는 가설을 제시했다; Murray, [1802], p.48). 매킨타이어가 밝힌 바와 같이(McIntyre, 1997, p. 110-111), 지구의 열을 다루는 데 필요한(카르노 사이클과 같은) 이론적인 도구의

---

1) 노동의 분업이 경제성장의 한 가지 한계요소로 작용하는 까닭은 동일 임금을 여러 노동자에게 분산 제공해야 하기 때문이다. 노동 분업을 통한 생산성의 증대가 실현되기 이전이므로 최초의 노동 분업 시 모든 사람에게 그에 합당한 임금을 제공할 수 없다. 이는 실업자를 양산하며 경기위축을 낳을 수 있다.

2) 연간소비 수준의 향상이 경제성장의 한 가지 한계요소로 작용할 수 있는 까닭은 소비 증진에 따른 저축의 위축으로 국가의 투자를 통한 자본축적의 밑천을 약화시킬 수도 있기 때문이다.

3) 캄브리아기(5억3천8백만년 전에 시작됨) 이후부터 지금까지의 시기를 하나로 묶어서 가리키는 지질시대. 그 앞선 시대와 비교하여 캄브리아기초에 골격을 가진 생물의 폭발적인 진화로 그 이후의 시대에 생물이 번성하였으므로 화석이 상대적으로 많이 관찰되어 현생(顯生)이라 하고 고생대, 중생대, 신생대 등을 아우른 누대(累代)가 된다.

다른 부분들은 허턴이 사망한 후 한참 뒤에 발달했다. 허턴이 1788년 논문 말미에서 "시작의 흔적도 끝도 알 수 없다[4]"고 말하면서, 자신의 결론은 그 당시 자신의 조사와만 관련이 있다(실제론적 결론)고 명시해 자신의 주장이 제한적임을 밝혔다. 그가 실행한 조사에는 지구물리학[5])이 포함되지 않았다.(허턴이 가급적 성경 내용과 어긋나지 않도록 의도적으로 시작에 대해 언급하기를 꺼려했을 가능성이 전혀 없지는 않지만, 어쨌든 그가 검증할 수 없는 추론에 도달하지 않았다면, 그의 이론의 지질학적 특성은 그가 시작점을 찾을 수 없게 했을 것이다.) 내가 그림 7A에 제시한 내용은 다음과 같다: 만약 허턴이 구상한 모델에 열 손실 요소를 추가한다면, 허턴의 사후에 그런 일이 일어났는데, 그의 모델은 아담 스미스의 상승나선과 동일한 그림이 된다[6])(Dott, 1969, p.141: 1998, p.17 참조). 스미스와 허턴의 모델은 모두 최소한 3차원의 도형으로 표현할 수 있다. 허턴의 세계에서는 2차원은 지구 표면의 지구평형적(地球平衡的, geostrophic) 주기와 일치하고 3차원은 시간과 일치한다. 마찬가지로 스미스의 세계에서는 경제주기가 2차원과 일치하고 시

4) 이른바 '역사성', 즉 '시작(과거)과 끝(미래)'이 거세된 주기성을 띠며 영속적인 운동을 되풀이된다.

5) 지구물리학은 허턴이 지구표면 조사에 기반한 자연의 순환적 모델을 근본적으로 추인하는 '지구 내부'의 원인(지구 내부 열역학)이다. '지구 외부'의 초월적 세계(신)가 원인이 아니다. 베르너식으로 말하자면 "지하세계의 불 또는 지하세계"(지구의 역동성에 대한 이론)인데, 베르너에게는 자기 이론에 그것이 들어설 자리가 없다고 한 사실은 의미심장하다. (그림 8.A와 본문[142p, 179p] 참조할 것) 아담 스미스도 자신이 발견한 경제 현상의 교정원리인 '보이지 않는 손'의 '설계하고 지배하는 신성'(원인)을 인격신이 아닌 '쥬피터'로 에둘러 지칭했다. 이는 그가 발견한 교정원리가 최선 세계를 예정해놓은 하느님의 목적(의도)이 아닌 '사회 내부'에서 그 원인을 발견하려 했기 때문이다. 이는 성경 내용과 명백히 어긋나는 내용으로 허턴 역시 의도적으로 시작(지구의 기원, 성경적 해석이 우세한 영역)에 관한 언급을 하지 않았다. ["자연 속에서 의도가 발견될 수도 있으나, 이 의도는 우리가 존재하리라고 생각하는 것으로부터 유추되거나 헛되이 상상되지 않아야 한다" Hutton, 1788, p.302-303).]

6) 균일한 운동을 '평형적으로' 유지시키기 위해서는 동일한 에너지가 지속적으로 필요한데 그것이 줄어들고 있다(냉각되고 있다)는 점에서 '역사성'을 가지게 된다.

간은 3차원과 일치한다. 열 손실이 없는 허턴의 모델은 단순히 무한히 길거나 넓은 나선형 또는 길고 넓은 나선형인데 어느 것이든, 여전히 역사적인 성격을 지녔다.[7]

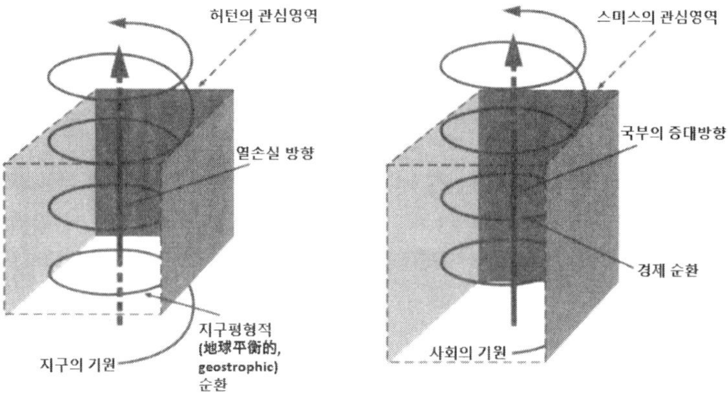

A 열손실이 추가된 제임스 허턴의 역사적 지구 진화

B 아담 스미스의 역사적 경제 진화

그림 7. 시간 요소를 추가하여 나선형으로 펼친 허턴과 스미스의 순환 이론. 스미스의 경우, 경기 순환을 통한 국부 증진은 시간이 화살처럼 앞으로 나아갈 때 일어나는 일이다. 허턴의 이론에서, 역사성을 알려주는 특성[8]은 순환과정에서 발생하는 지질학적 교차관계다("횡단관계, 절단관계" 등으로 불리며 단층 현상이 대표적이다. 똑같은 현상이 계속 반복되지 않고 "예기치 못한 사건[차이]"이 갑자기 등장해서 상대연대 측정 시 연대구분의 지표로 사용된다). 그렇지만 허턴이 열 손실에 대해 알았다면, 그는 그것을 직선적인 시간의 화살처럼 여겼을 것이다.[9] 허턴의 나선에서, 그의 관점은 그가 행성의 점진적인 냉각의 영향을 깨닫지 못했음을 나타낸다. 그리하여 그는 자기가 생각하는 나선의 시작도 알 수 없었고 끝을 예측할 수도 없었다.

---

7) 허턴의 이론에서, 역사성을 알려주는 특성은 순환과정에서 발생하는 지질학적 교차관계다.["횡단관계, 절단관계" 등으로 불리며 단층 현상이 대표적이다. 똑같은 현상이 계속 반복되지 않고 "예기치 못한 사건(차이)"이 갑자기 등장해서 상대연대 측정 시 연대구분의 지표로 사용된다.] 이는 그 당시 허턴 자신의 조사 내용에 해당하는 내용이다.

8) 열 손실이 없는 허턴의 모델은 단순히 무한히 길거나 넓은 나선형 또는 길고 넓은 나선형인데 어느 것이든, 여전히 역사적인 성격을 지녔다.

9) 푸리에(Fourier)가 열 이론을 발표하기 전에 그의 이론을 발전시켰다는 점에서,

우리가 베르너의 지질 이론을 고찰해 보면, 그것은 본질적으로 1 차원임을 알 수 있다. 그의 견해에 따르면, 지구 표면은 퇴적이나 침식이 불가능하게 되는 모든 지형적 기복이 평탄하게 될 때까지 장기간의 붕괴가 불가피하다. 지표가 평탄해 지면 그 때는 더 이상 지질학적 변화가 일어나지 않을 때가 될 것이다. 그런 모델은 침식과 퇴적을 지질학적 과정의 유일한 요소로 본 결과다. 실제로 그것은 한 마디로 물에 의한 지구 표면의 평탄화 작용이라 할 수 있다: *물의 왕국, 또는 바다.* 이 모델에서는 다른 모든 대상은 화산처럼 이 과정으로부터 파생되거나, 생명처럼 그것에 종속된다. 베르너의 지구진화 모델에는 *지하세계의 불 또는 지하세계*[10]가 들어갈 자리가 없다. 베르너의 지질학적 역사는, 그림 8A에서와 같이 하나의 화살표로 표현할 수 있다. 이 화살표는, 마르크스의 경제적인 역사 모델에서 세계의 진화를 가리키는 화살표와 흥미로운 유사성을 보여준다(그림 8B).

마르크스 역사 이론의 특징은 경제활동을 좌우하는 모든 요인을 한 쌍의 요소, 말하자면 생산과 소비로 환원시키려는 시도이다[11]

왜 그가 정향적인 진화(직선적인 시간의 화살)를 볼 수 없다고 결론지을 수밖에 없었는지 이해할 수 있다.[게스트너가 지적한 바와 같이(Gerstner, [1971]), 허턴이 죽은 지 5년 후에야 머레이가 만약 지구에 내부열이 존재한다면 열의 방출로 점진적으로 그리고 균일하게 그 열이 소실될 것이라는 가설을 제시했다; Murray, [1802], p.48]

10) 동역학적 지구조운동으로 인해 조산운동이라는 주기적 현상의 균일한 반복을 추동하는 체계인 “불의 왕국”을 뜻한다.

11) 한 시대의 생산력은 그 시대의 생산수단에 의존하는데, 역사는 언제나 새로운 기술발전으로 생산수단의 비약이 이루어졌고 그 과정에서 기존의 생산력이 쇠퇴하고 새로운 생산력이 부상한다고 보았다. 그때마다 그것을 독점한 세력이 역사의 주도세력으로 새롭게 부상한다. 하지만 그 역사적 이행과정이 순탄치 않은데, 기존의 사회적 생산관계(生産關係, relations of production; 생산력과 생산수단)로 이루어진 ‘하부구조(下部構造, substructure)’를 통해 구조화된 사회적 관계에 의해 형성된 기득권들의 상부구조(上部構造, superstructure; 종교, 법, 이념, 도덕 등)가 새로운 생산관계를 주도하는 세력에 의한 역사적 변환(역사적

(참조. Bober, 1948, p.303 와 p.305). 마르크스는 그런 시도를 다음과 같이 표현했다 (Marx, 1844 [1968], p.536f):

> 사유재산의 이동 곧 실제 경제활동에서 전체적인 혁명적인 활동은 이론적인 근거뿐만 아니라 실질적인 근거를 찾아야 할 필요성은 쉽게 알 수 있다.
>
> 이 *물질*, 다시 말해 직접 *지각할 수 있는* 사유재산은 소외된 인간의 삶의 감성적인 표현이다. 물질의 이동인 생산과 소비는 이제까지의 모든 생산 활동의 감성적 표출, 즉 인간의 자각 또는 인간의 현실이다[12]. 종교, 가족, 국가, 법, 도덕, 과학, 예술 등은 생산(하부구조)의 특별한 부분(상부구조)일 뿐이며 생산의 일반적인 법칙에 속한다.

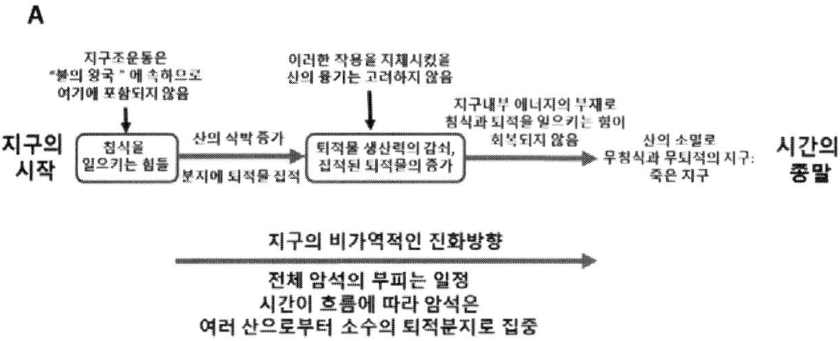

베르너의 지구 정향진화

진보)을 방해하기 때문이다. 이때 과도기적으로 등장하는 사회구성체(社會構成體, social formation)는 기존의 생산관계를 유지하려는 기득권들과 발생한 '모순'을 변증법적으로 지양하면서 발전한다는 것이 마르크스의 역사 이론(사적 유물론)의 요지다. 이처럼 마르크스는 인류의 역사를 한 쌍의 '생산과 소비'에 대한 관계 변동의 역사로 환원하려고 시도했다.

12) 인간의 기본적인 생존과 본능을 충족시키는 수준을 넘어선 무분별한 생산과 소비('확장된' 필요의 왕국)는 과학과 예술(물질생산인 노동을 넘어선 진정한 생산인 창의성 ; 필요의 왕국에 속하지 않는다.)을 통해 인간의 자유를 실현하지 못한 소외된 삶의 병리적 현상이라고 본 것이다.

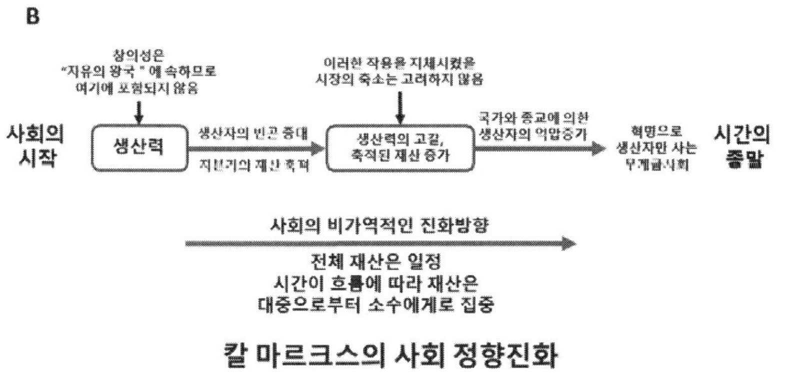

그림 8. A: 아브라함 고틀로프 베르너의 지구의 일차원적 진화론. 이것은 죽어 가는 행성에 대한 그림이다. B: 칼 마르크스의 사회 정향진화론. 베르너의 도식과 아주 흡사한 점에 주목할 것. 마르크스 역시 결국에는 (그리고 급작스럽게) 더 이상의 변화를 일으킬 수 없게 되는 시스템을 그려내었다.

마르크스 사후에 출간된 *자본론* 3권에서 마르크스는 생산의 세계를 인간이 살기 위해 생산해야 하는 *필요의 왕국*(the kingdom of necessity, "Reich der Notwendigkeit")이라고 불렀다. 동물과 구별되는 인간으로서의 자신을 향상시키기 위한 인간의 모든 활동은 이 영역의 밖에서, 곧 자유의 왕국(the kingdom of freedom, "Reich der Freiheit")에서 일어난다. 인간은 생산자로서 일하는 시간을 줄임으로써 필요왕국을 축소시킬 수 있기 때문에 자유왕국에서 활동할 수 있다(Marx, 1894[1986], p.828).

> 야만인이 자신의 욕구를 충족시키고, 자신의 삶을 유지하고 번식하기 위해 자연과 씨름해야 하듯이, 문명인[13]도 그래야만 하는데, 인간

13) 사회를 건설해서 자연을 합리적인 방식으로 통제하는 체계를 유지하는 사람을 뜻한다.

은 모든 형태의 사회에서 그리고 가능한 모든 생산방식[14] 하에서 그렇게 해야 한다. 이 자연적 필요의 왕국[15]은 인간의 발전과 함께 확장된다. 왜냐하면 인간의 필요 또한 늘어나지만 동시에 인간의 필요를 충족시키기 위한 생산력도 확장되기 때문이다[16]. 자유는 이런 범주에서만 존재할 수 있다[17]. 사회화된 인간, 협력적인 생산자들(무기화[武器化]된 사회성)은 자연과의 물질적 교류를 합리적인 방식으로 통제함으로써, 맹목적인 힘(자연력)이라 할 수 있는 자연에 지배되지 않고 자연을 집단적인 통제 하에 둔다(생산수단에 기초한 생산력). 아울러 인간의 본성에 가장 잘 맞는 적절한 조건에서 최소의 에너지를 소비하면서[18] 그런 상태(인간에 의한 자연의 지배)를 성취한다. 하지만 이것은 항상 필요의 왕국으로 남아있다[19]. 인간 능력의 개발 자체가 목적인 자유의 진정한 영역[20]은 그 너머(필요의 왕국 너머)에

---

14) 문명인이 자연과 씨름한 특유의 역사적 방식을 가리킨다.

15) 단순한 생존에 인간의 삶이 구속되는 세계인 '동물의 왕국'에서 벗어나, 어떻게 과학과 예술의 창조라는 인간의 본원적 능력개발을 증진하는 '자유의 왕국'으로 갈 것인가?

16) 역사는 생산력의 비약에 따라 인류의 기초적 삶의 조건이 개선된 역사다.

17) 자유의 왕국은 필요의 왕국의 기초 위에서만 번창할 수 있다.

18) 자연은 인간의 힘만으로 통제하는 것이 아닌 인간이 계발한 기술, 즉 생산수단의 막대한 도움을 받기에 생산력에 인간의 에너지는 최소로 들어간다. 그러나 그 엄청난 잉여 에너지를 가지고 인간은 과학, 예술과 같은 정신문화의 폭발적 증진(자유의 왕국)에 사용하지 않고 필요의 왕국에 맴돌면서 무분별한 생산과 불필요한 과잉소비를 촉진하는 것이다. 이것은 필연적으로 대공황을 낳을 수밖에 없는 자본주의가 직면한 필연적 모순이면서도 앞서 마르크스가 지적한 바와 같이 한 개인의 입장에서 봐도 인간의 삶을 소외시키는 병리적 현상이다. "사유재산은 소외된 인간의 삶의 감성적인 표현이다." 본문 180쪽 참조.

19) 자연력을 극복하는 인간의 무기화된 사회성에 기초한 생산력을 부르주아지의 무분별한 사리추구와 욕망 충족을 위해 사용하지 말고 가난한 프롤레타리아트의 필요를 충족시켜 궁핍과 불평등에서 해방시켜라. 생산력의 근간인 생산수단 독점을 해소하고 프롤레타리아트에게 이양해라. 그러면 전 인류가 필요의 왕국을 벗어나 예술과 과학이라는 인간의 가장 창의적 활동에 종사할 수 있는 자유의 왕국으로 넘어갈 수 있다.

20) 동물적 생존과 본능을 넘어서 문명을 건설하는 존재인 인간이 과학과 예술 같은 정신문화를 창달하기 위한 유적존재(類的存在, Gattungswesen)로 살아갈 수

서 시작되지만, 자유의 왕국은 이 필요의 왕국의 기초 위에서만 번창 할 수 있다[21].

이 특별한 구절에서, 마르크스는 과학과 예술을 생산의 다른 측면으로 취급했던 그의 이전의 견해(참조 Marx,1844[1968])와 반대로, 목적 그 자체로 진화한 인간의 능력은 물질 생산 활동 밖에서 발전할 수밖에 없다고 말한다. 사람들은 생산에 활용되지 않는(쓸데없는, 쓸모없는, 생존에 비추어 유용하지 않은) 인간의 능력이 무엇인지 궁금해 한다. 마르크스가 말한 바가, 생산적인 메커니즘에 당장 쓸모가 없는 예술, 문학 또는 과학을 의미하는가? 방금 인용된 구절 바로 앞의 문장은 자유 왕국의 활동은 노동자의 영역 밖에 있는 활동이라고 명시했다: "사실 자유의 왕국은, 필요성과 외부적인 사리추구에 의해 결정된 노동이 끝나는 곳에서 처음 시작된다. 바로 그러한 본질 때문에 자유 왕국은, 말 그대로 물질생산의 영역을 벗어난 곳에 있다(Marx, 1894[1986], p.828)." 마르크스는 자유 왕국의 활동은 노동시간 외에만 가능할 것이라고 생각하여, 자유의 왕국의 존재는 "노동일수의 축소가 기본 전제조건"이라고 말한다(Marx, 1894[1986], p.828). 마르크스가 보기에, 모든 종류의 지적 활동은 인류를 발전시키는 생산적인 메커니즘을 벗어난 것이었다[22]. 여기서는 마르크스가 유용한 지적 활동과 쓸모없는 지적 활동의 경계선을 어디에 그었는지 논의하는 것이 아니라, 그의 경제 모델이 베르너의 지질학

있는 자유의 왕국을 뜻한다. 유적존재란, 마르크스가 자신의 사적 유물론에서 포이에르바하가 설정한 개념을 수용한 것으로, 인간은 자연적 존재이면서도 그들 자신인 자연을 확장된 어떤 것으로 창조하거나 구체화시킬 수 있는 존재라는 것이다. (출처: https://ko.wikipedia.org/wiki/마르크스주의_인간본성론)

21) 배고픈 소크라테스는 불가능하다. 인간도 자연계의 일원인 동물인 이상 생존과 본능에 대한 기본적인 충족이 가능해야 창의적인 정신문화적 활동도 가능한 것이다.

22) 무상성(無償性)의 발견과 예술(놀이, 유희)의 기원에 대한 64쪽의 각주 14) 참조.

적 모델과의 유사성을 강조하고자 한다. 두 모델은 두 요소가 짝을 이루는 하나의 지배적인 요인에 기초하고 있다는 점에서 유사하다. 마르크스의 세계는 필요의 왕국이 전부인 셈이므로 다른 모든 것을 제외하고 생산과 소비로 굴러가며, 베르너의 세계는 물의 왕국이 전부인 셈이므로 다른 모든 것을 제외하고 침식과 퇴적으로 굴러간다. 둘 다 더 이상 변화가 불가능한 지점에서 끝난다. 이러한 두 과정의 진화는, 허턴과 스미스의 세계와는 대조적으로 베르너와 마르크스의 세계관을 기본적으로 1차원적인 모습, 즉 화살과 같은 직선적인 진화를 나타낸다. 허턴과 스미스의 세계관을 도식적으로 나타내려면 적어도 3차원이 필요하다. 이 점은 허턴과 스미스 모두 베르너와 마르크스보다 개별적인 문제에 대해 더 역동적인 이론을 개발했다는 견해와 일치한다.

9. 결론

9. 결론

이 논문의 목적은 실제론의 철학적 기초를 이해하는 차원에서 두 자연과학자와, 두 사회과학자의 역사적 지식의 문제에 대한 태도를 어느 정도 상세히 고찰하는 것이다. 이러한 고찰을 위해, 나는 먼저 역사를 대상과 사건을 포함한 과거의 전체로 정의했다. 그리고 나는 역사적 지식의 문제도 이론적인 자연과학의 문제와 같은 유형의 논리적 구조를 갖추었음을 보여주었다. 두 분야의 지식이 모두 최종 검증에(완벽한 귀납이 가능한 경우를 제외하고) 적합한 틀을 갖추고 있지는 않으나, 역사적 지식에 대한 가설도 포퍼가 60여년 전에 제시한 방식으로 반증될 수 있다. 서로 대립하는 한 쌍으로 볼 수 있는 실제론(균일론과 함께)과 역사주의 곧, 사회와 자연의 두 영역에서 역사적 필연(격변론과 함께)에 대한 믿음은 역사를 통해 우열을 다투어 왔다.

역사를 통틀어 역사기록학(historiography)에는 두 학파가 있었는데, 한 학파는 역사지식을 주어진 것으로 간주하고 그것을 더 정확하게 만들고 현재를 이해하고 미래를 예측하는 목적으로 귀납적 검증을 통해 그 세부사항을 알아내려고 시도했다. 일반적으로 이 학파를 복고주의(restrospective; 참조 Stille, 1919, p.337) 또는 역사주의 학파라 부르는데, 이 학파 학자들이 대부분 역사기록학을 주도해 왔다. 이들은 인간의 통제와 지식 밖의 요인에 대한 믿음이 강하다는 점에서 낭만적이기도 했다. 이들은 그러한 요인을 신(god)이나 사회를 움직이는 경제법칙처럼 잘 알려진 확고부동한 속성으로 여겨 당연하게 받아들였다. 두 번째 부류의 학파는 수적으로 적은 실제주의자라고 할 수 있는 사람들로 구성된다. 이들은 역사에 대해 완전히 무지함을 고백하고[1] 역사의 잔재(잔해)로부터 역사를 재구성하려고 시도한

---

1) 흄의 십자가, 즉 인식론적 비관주의를 가리킨다. 자세한 내용은 106쪽 각주 84)

다[2]. 이들은 엄정한 모형 검증과 논란의 여지가 없는 논증에 기초한 사변적이고 반복적인 모형구축 활동을 통해 역사를 재구성한다(가설 연역적 방법). 모형 구축이 성공적인 경우는 거의 없었지만, 이들은 자신의 모형이 거대한 미지세계에 관한 추측에 불과하다(방법론적 불가지론)는 사실을 의식하고 비판과 반박을 환영했다(비판적 합리주의). 논박이나 반증은 모형 구축의 다음 단계를 위한 기초자료의 일부가 되었다[3]. 그들은 또한 인간의 통제나 지식 밖의 요인들이 있다고 의심했으나, 그것들이 어떻게 작동하는지 정확히 알고 있는 것처럼 행동하기를 거부했다[4]. 이러한 상식적인 접근법이 그들을 합리주의자로 만들었다. 두 학파 사이에 약간의 교류가 있었고 분명히 서로의 자료를 활용하였으나, 광범위한 협업이 성공한 적은 거의 없다.

역사주의자 학파는 종교의 내부와 외부에서 발전했다. 주어진 역사적 지식의 가장 초기 형태는 계시였다. 이 학파는, 19세기까지 레오폴드 폰 랑케(Leopold von Ranke, 그의 저술을 마르크스가 읽음; Heider, 1931, p.7)와 같은 영향력 있는 인물의 활동영역인 사회 역사기록학과 자연적 역사과학(예를 들면, James Dwight Dan; 다음을 참조 Şengör, 1991, p.433-435; Dott, 1997)과 같은 분야를 대변해 왔을 뿐만 아니라, 마르크스의 사고방식에 대한 우리의 분석에서 볼 수 있듯이 무신론적 역사주의자 학파조차도 버틀란드 러셀이 지적한 것처럼 다른 학파와

참조.

2) 모든 증거는 방증(傍證)에 불과하다. 나머지(행간)를 채우는 것은 과학자의 상상력이다. 상상력을 통해 볼 수 없는 전체 그림을 완성한다. 그 상상력의 토대는 현재 일어나는 과정(실제적 과정)에서 기인한다. 자세한 내용은 82쪽 각주 38) 참조.

3) 실패도 후대의 성공을 위한 밑거름이 된다. 잘못된 선례들을 피해 새로운 가능성을 찾을 확률을 높이기 때문이다.

4) 실제론자들의 지적 겸손함은 역사주의자들의 종교적 믿음과 대비된다. 여기서 과학(철학)과 종교의 태도 차이를 엿볼 수 있다. 과학(철학)은 회의(懷疑)하고 종교는 믿는다. 소크라테스(Socrates, BC470~BC399)의 무지(無知, agnoia)의 지(知) : "내가 아는 것이라고는 내가 모른다는 사실 뿐이다."

구별할 수 없는 종교적 특성을 지녔다(마르크스 견해의 사이비 종교적인 성격에 - Raymond Aron의 "지식인의 아편(opium of the intellectuals)"- 관한 언급은 McLellan, 1971, p.217 참조). 마르크스주의자들의 태도는 확실히 종교시 사고를 정당하한다(Bober, 1948, p.298). 역사에 관한 역사주의자 철학의 특징은, 궁극적인 보편적 지식은 얻을 수 없다고 생각하지 않으며, 우리가 그것을 얻었다면 우리가 그 지식에 관해 알 수 있는 방법이 있다고 생각한다는 점이다. 플라톤으로부터 마르크스까지 살펴보면, 역사주의 사회이론의 궁극적인 목적은 유토피아(공산사회, 이데아, 천년왕국, 절대 정신 등)를 성취하는 즉시 변화를 억제하려는 것임(전체주의로 빠짐)을 알 수 있는데, 역사주의자의 역사는 이러한 관점에서 작성되었다. 자연과학에서, 역사주의 이론은 지구, 또는 우주의 진화의 시작을 단정 짓고 그 끝을 예측한다[5]. 선언된 시작(그리고 일부 종교적 가설에서 끝)이 시작(또는 끝)이 아닌 것으로 판명될 때 시작(또는 끝)에 관한 이론은 검증되지 않고 임의로 확장된다. 17세기와 18세기의 수많은 창조이론과 홍수이론은 그러한 임의적인 확장의 예이다.(20세기의 지구조론에서 볼 수 있는 보다 현대적인 사례는 Şengör, 1982, 1991, 1996, 2000 참조).

비역사주의 학파나 실제론자들은 항상 현존하는 어떤 설명을 의심하면서 시작하는 듯하다. 소크라테스 이전의 이오니아학파 사람들은 지구와 우주에 관한 신화적인 이론에 만족하지 않고 그런 이론을 비판하고 거부했다. 그들이 적어도 1세기만에 서로 다른 4개의 본격적인 우주론[6]을 만들어냈다는 사실은 그들이 몰두했던 바가 그들 이전의 어떤 종류의 사고와도 근본적으로 다름을 가리킨다. 역

5) 이와 반대로 허턴은 시작도 끝도 알 수 없으며, 현재의 실제적 과정에 대한 자신의 조사에 기반한 균일한 모형을 주장할 뿐이라고 했다.

6) 이오니아의 밀레투스에서 만물의 근원(아르케, archē)에 관해 물[탈레스], 불[헤라클레이토스(Heraclitus, BC535~BC475)], 공기[아낙시메네스(Anaximenes, BC585?~BC525?)], 무한정자(apeiron)[아낙시만드로스(Anaximandros, BC610~BC546)] 같은 여러 진리 주장들이 공존했다.

사를 바라보는 실제론자의 사고가 역사의 어떤 시기를 대변할지라도, 한 집단으로서의 사고의 발전은 사회적 전체주의나 사회적 혼란과 종교적 박해가 있을 때 종종 중단되었다. 기독교의 융성과 서로마 제국의 몰락 이후, 그들이 처음으로 널리 존경받게 된 때는 르네상스 이후였다. 이런 파란만장한 역사에도 불구하고, 적어도 그들 진영에는 사고의 연속성이 있다. 나는, 허턴이 1753년에 존 홀경(Sir John Hall)에게 쓴 편지에서 자신을 탈레스와 비교했음(Playfair, 1805, p.44)을 발견하고 무척 기뻤다[7]. 내가 아는 한, 우리가 이 논문에서 고찰한 스코틀랜드 역사가들은 소크라테스 이전의 이오니아학파의 활동을 일깨워 준 최초의 일관성 있고 영향력 있는 집단이다. 그들은, 궁극적인 진리를 얻을 수는 없지만 진리에 접근할 수 있다는 확신과 지적 겸손에서 유럽대륙의 계몽주의자들(낭만주의적 진보이념)과 달랐다. 그리고 그러한 접근의 최선의 수단은 성실하고 건설적인(새로운 가설생산), 관찰에 기반한 비판(반증)과 주장(또 다른 가설생산)이었다.

이와 반대로, 베르너와 마르크스는 둘 다 같은 유형의 지적 공동체의 구성원이 아니었다. 베르너는(현재를 희생하는) 바쁜 광산 지역에서 많은 학생들과 함께 학교공동체에서 생활하였지만, 비판에 대한 그의 태도는 유순하지 않았다(베르너의 독단주의 때문에 야기된 어려움에 대해서는 Von Raumer와 Steffens의 보고서 참조; Haarmann, 1939, p.597). 이러한 태도는 주님의 복음을 전파하기 위한 사명감을 지닌 열성적인 추종자 집단을 만들어 내었다(Gillispie, 1959, p.79; von Engelhardt, 2001). 베르너의 제자들 가운데는 보이그트(J.C.W. Voigt), 알렉산더 폰 훔볼트(Alexander von Humboldt), 레오폴드 폰 부흐(Leopold von Buch) 등과 같이 베르너의 지구이론에 결정적인 치명적 타격을 입힐 정도로 스승에

7) 마르크스가 수학적 기반(순수 논리적 추상)의 쉽사리 가설을 허용하지 않는 물리학 이론을 만든 뉴턴과 자신을 비교했다는 점을 주목하라. 베르너가 자신의 이론을 수학에 비유했다는 점도 유사하다. 147쪽 본문 참조.

대해 단호했던 비판자들이 포함된다는 점은 이러한 관점의 비중을 바꾸지 못한다. 베르너의 독단주의는 아마도 아이러니하게도 베르너의 스코틀랜드인 제자이자 베르너 자연사학회와 학술지의 창립자인 로버트 제임슨(Robert Jameson)이 가장 잘 기술하였다. 마르크스도 엥겔스를 제외한 다른 사람들의 비판에 호의적이지 않았다. 마르크스는 자신을 경제적으로 후원하는 데 탁월한 재능을 지닌 엥겔스를 제외한 모든 지적 동료들과 다투는 충동적인 성격이었다. 베르너와 마찬가지로 마르크스도 커다란 사명감을 지닌 추종자들을 만들어 냈는데, 그들은 베르너의 추종자보다 그 규모가 훨씬 크고 오래도록 살아남았다.

그러나 스미스와 허턴의 모습은 사뭇 다르다. 둘 다 지적인 대화("사교적 대화는 계몽주의의 이상이었으며 계급 장벽을 넘어섰다"; Jones, 1996, p.38; 알렉산더 칼라일(Alexander Carlyle)이 마련한 친목모임에 대한 묘사는 p.35 참조)가 주된 활동인 신사클럽에서 다른 사람들과 지속적으로 교류하였다. 그들에게는 흄과 같은 엄청난 친구들이 있었는데, 그들은 빈약한 논쟁을 그냥 넘기지 않았다. 허턴에게는 그의 생각을 검증해 주고 언제든 비판해 줄 수 있는 평생을 함께 한 지질학 친구들이 있었다(예를 들어, 1795년 12월 22일에 쓴 편지에서 자신의 저서 지구이론(Theory of the Earth)에 대한 제임스 와트(James Watt)의 반응을 언급했다; Jones et al., 1995, p.380; 주의 깊은 관찰자이자 실험자인 조셉 블랙(Joseph Black)과 허턴의 친밀함은 Ferguson, 1805 참조; 그리고 엘딘(Eldin)에서 허턴에게 도움을 준 존 클러크(John Clerk)의 사례에 관해서는 McIntyre and McKirdy, 1997 참조; 에딘버러에서 허턴과 스미스의 친분에 대해서는, McIntyre, 1997 참조). 스미스는, 자신의 책을 읽고 비판할 교양있는 친구들과 교류하였을 뿐만 아니라, 당시 세계에서 가장 크고 경제적으로 가장 성공한 대영제국의 총리와 각료들이 모두 스미스를 자신들의 스승으로 여겨 그의 앞에서 기립 인사로 존경을 표시하는 드문 대접을 받아 보기도 했다(Raphael, 1996, p.78). 허턴과 스미스의 가르침은, 어떤 댓가를 치르더라도 대가의 이론을 옹호하려는 열성적인 추종자 무리의 출현으로 이어지지는 않았다[36](허턴과 "허턴주의자들(Huttonians)"에 대해서는 Gillispie, 1959, p.79 참조, "허턴인"; 스미스의 추종자들에 관해서는 O'Brien, 1990 참조).

역사주의자들은 낭만주의자일 뿐만 아니라 철학적으로 실증주의자였던 반면, 실제론자들은 포퍼의 관점에서 비판적 합리주의자로 부를 수 있다. 두 집단의 기본적인 차이점은 역사주의자들이 이론의 확증을 찾는 반면, 실제론자들은 이론을 반증하려는 의도를 갖고 있었다는 점이다. 전자는 "확증주의자(verificationists)" 또는 "긍정론자(yeasayers)"로, 이와 반대로 후자는 "반증주의자(falsificationists)" 또는 "부정론자(naysayers)"로 불릴 수 있다[8]. 폰 괴테(von Goethe)가 *파우스트(Faust)*의 "천국의 프롤로그(Prologue in Heaven)"에서 묘사한 메피스토펠레스(Mephistopheles)의 자기 소개장면을 보면, 부정론자들이 생각난다: "나는 항상 부정하는 영혼이다." 아마도 부정(denial)은 천국의 교리일 것이다. 사실 그 희곡의 줄거리는 메피스토펠레스가 주님의 권능을 시험하기 위해 제안한 내용이다.

지질학사의 관점에서, 우리의 주된 목적은 현대 지질학의 초창기에 대립하던 전통적인 "수성론자(neptunist)"와 "화성론자(igneous)" 또는 "실제론자(actualist)"와 "격변론자(catastrophist)"(또는 나아가 "정향론자(directionist)"와 ""평형론자(steady state)")를 구분 짓는 진정한 특성은 그들이 고수했던 특정한 지질 이론이 아님을 규명하려는 것이다. 이들이 고수했던 각 지질이론은 각 진영이 형성되었다고 알려진 시기보다 훨씬 더 오래되었다(Şengör, 1982, 1991, 1992, 2000). 이 논문의 요점은, 허턴을 베르너보다 더 크게 성공시켰던 요인이 두 학자가 각각 정립하고 발전시킨 구체적인 이론의 차이가 아니라 그들 자신의 이

---

8) 독일의 철학자 라이프니츠가 주장한 신에 의한 "예정조화론"과 "최선세계가설"(낙관주의)에 대하여 급진적인 "비관주의" 소설 <캉디드(Candide, ou l'Optimisme, 1759)>를 발표한 프랑스 계몽주의 기수 볼테르와 예정조화론에 "부정적인" 평가를 내리던 스코틀랜드 계몽주의 클럽의 아담 스미스를 상기하라. 87쪽의 각주 46) 참조.

론을 바라보는 방식(시선, 주의, 철학)의 차이라는 점이다. 달리 말하면, 그 자신의 이론을 포함하여 제시된 모든 이론의 반증가능성의 탐구를 장려하는 허턴의 인식론적 배경이 베르너의 확증주의자 입장보다 문제를 인식하고 해결하는 데 더 도움이 되었음이 입증되었다. 이것이 아마도 길리스피가 본능적으로 허턴의 체계가 베르너의 체계보다 "더 과학적인" 것이라고 느낀 이유였을 것이다(Gillispie, 1959, p.79). 그러나 허턴의 인식론적 태도가 독창적인 것은 아니다. 왜냐면 일찍이 기원전 6세기에서 5세기에 이오니아의 밀레투스(Miletus in Ionia)에서 지질학적인 문제로 볼 수도 있는 대상에 그런 사고방식을 적용한 사례가 알려져 있기 때문이다(Popper, 1989a, 1998; Şengör, 1991, 2000 참조). 따라서 허턴 이론의 성공을 인식론적 배경[9]의 차이만으로 설명하기는 어렵다.

허턴 이론의 성공을 제대로 설명하자면 지적인 요소와 사회적인 요소를 추가적으로 더 고려해야 한다. 지적인 요소는 세 가지로 구분할 수 있다. 그 중 첫 번째는 허턴이 이전 학자들의 실수에 기초해 지식을 증진시킨 점이다. 화강암의 기원에 대한 그의 이론은 당시의 수성론자의 견해를 비판하면서 개발되었을 것이다. 허턴은 적어도 수성론자들의 약점을 자신의 이론에 강점으로 포함시켰다. 그래서 그는 더 넓은 범위의 관찰을 설명할 수 있었다. 허턴은 그 당시에도 인정된 이러한 장점을 명백히 깨닫고 있었다. 애런(Arran)에서 역청암 암맥(pitchstone dike)의 발견으로 올드로이드(Oldroyd, 1971; 1996, p.97)와 다른 사람들이 주장해 온 수성론자의 견해와 대비하여 허턴의 이론이 우월하게 되었으므로(예: Laudan, 1987) 그가 크게 기뻐

9) 사물을 어떤 방식으로 볼 것인가? 즉, 구체적인 이론에 앞서 근본적인 '사고방식'에 해당하는 시선, 주의, 철학을 뜻한다. 복고주의 이론가들(베르너와 마르크스)은 허턴이 근본적인 질문이라고 생각했던 '우리가 과연 역사(과거)를 알 수 있는가'라는 논리적으로 보다 선행적인 질문에 대해서 거의 관심을 기울이지 않았던 것처럼 보인다. 126쪽의 본문 참조. 굴드 또한 같은 오류를 범하는데 203쪽 각주 23) 참조.

한 데서 그의 개방적인 자세를 확인할 수 있다. 이런 허턴과 다른 입장에 있던 베르너의 가장 유능한 학생들도 이런 상황을 인식하였다. 예를 들어, 19세기 베르너의 가장 훌륭한 제자 중 한 명이자 19세기에 마그마 융기론을 제시한 가장 영향력 있는 학자의 한 명인 폰 부흐(von Buch)는 화성론자-수성수성론자의 논쟁을 흥미있게 지켜보다가 수성론자편에 서서 논쟁에 참여했지만(von Buch, 1867a) 나중에 여전히 상당히 완고한 입장에서 약간 실망하더니 결국엔 화성론자에게 완전히 굴복하였다(예, von Buch, 1877a, p. 17에는 다음과 같은 표현이 실렸다: 그는 "점차 허턴 박사에게 동의하였다"; 그 과정을 엿보려면 von Buch, 1867b, p.518를 참조: "그래서 우리는 쥬라산맥의 석회암으로 된 몬도르(Montdor) 산을 사례로 언급하며 우리가 고수해 온 이론에 대해 실망하고 좌절하였다. 만약 화산인 푸이 더 돔(Puy de Dome), 다시 말해 사르쿠이(Sarcou)와 푸이 더 누제르(Puy de Nugère) 지역에 분포하는 푸이 더 돔(화산)의 구성암석인 반암(porphyry)이 화강암에서 유래했다면, 몬도르 산을 이룬 지층(석회암)은 화강암(용융 상태가 아닌)이 변성된 것으로 볼 수도 있을 것이고 현무암은 이러한 암석의 유체 산물이 될 수 있었다. 그러나 가장 열광적인 화성론자들도 감히 이 결과를 일반화하여 그 내용을 독일 현무암에 적용할 엄두를 내지 못할 것이다.").

하지만, 똑똑한 비평가들과 더 나은 이론의 존재는 이론의 성공에 충분하지 않다. 아낙시만드로스(Anaximander)는 뛰어난 이론과 함께 크세노파네스(Xenophanes), 아낙시메네스(Anaximenes), 헤라클레이토스(Heraclitus) 등과 같이 매우 뛰어난 비평가들의 뒷받침을 받았지만, 그의 이론은 허턴의 이론처럼 꽃피지 못했다. 또 다른 이유로는, 아마도 지구에 관한 이론에서 피할 수 없는 경쟁자였던 종교가 허턴의 시대에는 그 권위를 많이 잃었기 때문에 종교의 부정적인 영향이 이전 시대보다 허턴의 이론이 등장한 시기에 훨씬 줄어든 탓이라고 말할 수도 있다. 비록 약화된 종교적 권위가 허턴의 이론을 더 많은 사람들이 받아들일 수 있도록 해 주었으나, 그런 상황이 필연적으로 사람들로 하여금 그의 이론을 채택하게 만들거나 심지어 논의해 보게끔 일깨우지는 않았을 것이다. 그러므로 우리는 허턴 이론을 각광받게 만든 세 번째 지성적인 이유를 찾아보고 그것이 허턴 이론의 성공을 설명하기에 충분한지 알아보고자 한다. 허턴은, 갈릴레오로부터 시작하여 뉴턴에 이르러 놀라운 지위를 부여받은 유럽의 위대한 전통(자연과학)을 물려받았다. 자연과학은, 특히 18세기 계몽주의 시대에서 그리고 부분적으로는 19세기 낭만주의시대까지 줄곧, 크게 존경받았다. 이러한 시대적 배경은, 허턴의 이론(물론, 그의 반대자들의 이론들까지)이 대부분의 선배과학자들의 이론들의 경우보다 훨씬 큰 관심을 받게 해 주었다. 그러나 뉴턴의 유산에도 불구하고, 허턴이 활동하던 시절에야 생겨났던 사회적 요인과 전문성을 지닌 직업적인 과학자 계층을 만들어낸 사회적 배경이 없었더라면 허턴의 이론과 그의 반대자들의 이론을 비판적인 관점에서 수용하고자 하는 지식인들의 모임은 고대에 바로(Varro)나 스트라보(Strabo)의 견해에 귀기울이던 사람들보다 더 많지는 않았을 것이다. 이러한 추가적인 요소들은 산업혁명의 시작과 연관되는데 산업혁명은 부분적으로 계몽주의 시대에 일부 스코틀랜드인들의 발명 덕분에 그리고 남극 지역과 북극 지역 이외의 지역에서 실행된 위대한 지리적 발견의 완성으로 인해 촉발되었다(참조, Porter, 1977, 특히 p.207과 p.219). 이 두 가지 요인덕분에 지구의 구조와 역사에 관한 어떠한 이론적인 주장을 비판적으로 평가하려는 능력 있는 사람들의 수가 갑자기 전례 없는 규모로 증가하였다. 이는 그들이 자신의 업무 향상을 위해 그런 지식을 기꺼이 활용하려 했기 때문이다[10]. 그 당시는 과학을 그 때까지 알려지지 않은 규모로 전 세계에 퍼뜨린 제국의 시대였다. 지리적 발견을 통해 알려진 지표면의 비율은 1700년에 50%에서 1800년에 60%, 그리고 1850년에 70%로 증가했다.

허턴 활동 당시에 존 해리슨의 유명한 크로노미터(chronometer)[11]를

10) 산업혁명에 필요한 석탄채굴과 경제적 욕망을 부채질한 전지구적의 탐사는 지구에 관한 실제적 지식이 실질적 효용성을 갖게 되면서 부상했음을 알려준다.

11) 항해 중인 배가 천체관측을 통해 배의 위치를 산출할 때 사용하는 정밀한 시계. 머린 크로노미터, 경선의(經線儀)라고도 한다. 1714년 영국은 정확한 시계를

활용함으로써 바다에서 경도를 측정할 수 있게 되자(Sobel, 1995; Randall, 1996), 바다를 건너 다음과 같은 수많은 원정탐사가 이루어졌다: 존 바이런(John Byron, 1764-1766), 새뮤얼 윌리스(Samuel Wallis, 1766-1767), 필립 까르트(Phillip Carteret, 1766-1768), 루이 앙투안 드 부에(Louis Antoine de Bougainville, 1766-1767), 제임스 쿡(James Cook, 1768-1771, 1772-1775, 1778-1779), 프란치스코 안토니오 모렐 드 라 루아(Francisco Antonio Mourelle de la Ruá, 1775, 1779, 1780-1781), 꼼트 드라 페루즈(Comte de la Pérouse, 1785-1788), 알레산드로 말라스피나(Alessandro Malaspina, 1789-1794), 죠셉 안토완 비 에트레카스토(Joseph Antoine B. d'Entrecasto, 1791-1793) 등이 주도한 탐험으로 태평양 남북쪽의 극지역만이 미지의 세계로 남았다. 이러한 탐험은 탐험한 지역의 자연적인 특징을 기록하도록 지시받았다. 이 지시들 가운데 지구의 운동에 관한 당시의 최신 이론에서 나온 지질학적 질문들이 포함되었다(예를 들면, 당시의 왕립협회 회장이었던 로드 모튼 (Lord Morton)이 제임스 쿡에게 지시한 바에 따르면, 새로운 화산 이론에 관하여 허턴의 친구인 윌리엄 해밀튼 경(Sir William Hamilton)이 언급되었다: Branagan, 1994). 비투스 베링(Vitus Bering)의 위대한 북부 원정(1733-1742)은 거의 동시에 이루어진 요한 게오르크 그멜린(Johann Georg Gmelin)의 내륙 탐험과 함께 아시아쪽 러시아의 북부와 동부 해안 거의 전지역에 대한 지도를 작성하였는데, 이런 지도는 피터 시몬 팔라스(Peter Simon Pallas)의 위대한 탐험(1768-1774)과 그 후속 탐험인 요한 고틀리 게오르기(Johann Gottlieb Georgi)의 원정(1771-1774)과 이반 레페친(Ivan Lepechin)의 원정(1770) 등의 토대가 되었다(Fel, 1960). 장 샤페 다우티로슈(Jean Chappé d'Auteroche 1761)가 수행한 탐험처럼 소규모 탐험은 세심한 기압 관측을 통해 북중아시아 지형에 관한 초기 이론들의 반증작업에 중요한 세부 사항들을 제공했다(Chapé d'Ateroche, 1168, p.101). 듀 할드 신부(Father Du Halde)가 예수회(Jesuit) 문헌들을 수집 정리함으로써(1735) 중국에 관한 정보는

공모하였고, 1735년 J.해리슨이 크로노미터 제1호를 제작하였다.

허턴의 어린 시절에 더 쉽게 접근할 수 있게 되었는데, 그의 일생 동안 주로 중국의 연안 지방에 관한 소량의 정보들이 계속 축적되었다(Appleton 1951, 참조). 남아메리카의 지질, 특히 미나스 제라이스(Minas Gerais)와 같이 광물자원이 풍부한 지역의 지질은 18세기 내내 계속 탐사되었다(Suess, 1877의 요약 참조; Trigueiro de Sousa et al. 1996). 따라서 18세기에 알려진 육지의 면적이 이전보다 10% 증가함에 따라 지질학적 지식도 늘어나게 되었고, 허턴은 그런 지식의 일부를 사용할 수 있었다.

베르너에 비판적인 그의 제자 알렉산더 폰 훔볼트(Alexander von Humboldt)는 1799년 아이메 본플란드(Aimé Bonpland)와 함께 남아메리카 북부로 항해하여 허턴 이후의 탐험을 시작했으며, 1804년 수성론에 대한 그의 믿음이 다소 흔들리는 모습으로 유럽으로 돌아왔다. 1759년 9월 29일 분출했던 멕시코의 호루야(Jorulla) 화산 답사와 줄지어 늘어선 거대한 안데스 화산을 보고 나서 수성론에 대한 믿음이 흔들렸다. 1805년에 이르러 그는 허턴 이론의 정확성을 확신했다(자신의 이름을 밝히지 않고 오직 화산암에 관한 내용만 인정; 자세한 내용은 Hoppe, 1994 참조; von Engelhardt, 2001; de Humboldt, 1823, p.123). 허턴(1795)의 ***증명과 삽화가 있는 지구 이론****(Theory of the Earth with Proofs and Illustrations)* 출판 이후 육지 면적의 10%가 새로 알려졌는데 그 대부분은 캐나다와 호주 동부와 같은 유럽인들이 정착한 식민지나 미국과 같은 새로운 육지다. 이곳은 1800~1850년 사이 혹은 그 직후에 식민지 열강이 산업용 원자재(석탄과 철)와 귀금속(주로 금)에 대한 탐사를 위해 지질 및 광물 조사를 체계적으로 수행한 곳이기도 하다. 미국에서만 석탄 생산량이 1820년 15×10^3t에서 1850년 7×10^6t로 증가했다(Senai Saltoslu, 1997, 저자와의 교신): 1830년에 철도의 총 길이가 37km에 불과했으나 1850년에는 15,210km에 이르렀고, 이후 10년 만에 그 세 배가 되었다(*Encyclopaedia Britannica*, 15th edition, 1992, v.28, p.767-768). 1819년에 증기선이 최초로 대서양을 횡단하였는데

(*Encyclopaedia Britannica*, 15th edition, 1992, v. 28, p.769), 1820년대에는 전 세계 상업용 해운노선의 대부분이 개통되었다.

폭발적으로 증가하는 산업생산에 필요한 석탄, 철, 금을 위주로 한 매우 다양한 탐사작업을 위해 다양한 환경에서 일하는 전문 지질학자의 수가 크게 증가했다. 이들 중 많은 전문가는 그들의 작업과 관련이 있는 이론적인 성격에 대한 질문에 적극적인 관심을 보였다. 스태퍼드(Stafford, 1989)가 로데릭 머치슨 경(Sir Roderick Murchison)의 제국 지질학자로서의 경력을 기술하여 경의를 표한 점은 적절하며, 당시 지질학이 국제 경제에서 수행했던 중요한 역할을 정확하게 반영하고 있다. 머치슨(Murchison)의 생애가 허턴의 생애와 5년 정도만 겹치는 점을 고려하면, 허턴 사후에 지질학이 매우 빨리 발전했음을 알 수 있다. 경제뿐만 아니라 제국의 안보를 위해서도 지리학과 지질학 모두에 관한 더 나은 지식이 필요했다. 예를 들어, 러시아와 대영 제국 사이의 "대경쟁(Great Game)"의 일부로(Hopkirk, 1992) 티베트의 지도를 작성하려는 노력(Waller, 1990; Hopkirk, 1995)은 과학의 지평을 넓히는 데 기여했다(de Margerie, 1929의 도해 요약 참조; 그리고 스벤 헤딘(Sven Hedin)에 관한 더 자세한 요약은 위의 문헌에 실린 참고문헌을 참조). 이 단계에서 이루어진 지질학적 활동 덕분에, 허턴 지질학이 승리를 거두었을 뿐만 아니라, 1850년에 라이엘(Lyell)이 영국지질학회(The Geological Society of London) 회장 연설에서 선언한 바와 같이 허턴의 이론은 19세기 말 최초로 지질학을 집대성한 저서, 즉 쥐스(Suess)의 ***지구의 표면***(*The Face of the Earth*, 1883-1909)의 기초를 다지기도 하였다[12].

---

12) 지식생산의 주도권을 갖는 국가가 경제적 정치적 헤게모니도 선취한다. 학문은 단순히 현실과 유리된 관념의 유희나 논리적 추상이 아니라 현실을 효과적으로 관리하고 통제하기 위해 조직된 지극히 유용하고 실용적인 체계다. 이는 실제론적 지식이 인류가 성취한 위대한 지적 유산임을 보여준다. 학자, 특히 과학자가 서구권에서 상당히 존경받는 이유가 그것이다.

따라서 허턴의 지질학적 사고의 성공을 고려할 때 비판적 합리주의적 접근법을 질적인 측면에서만 생각하는 것은 충분하지 않고, 양적으로도 생각해야만 한다. 얼마나 많은 사람들이 그와 그의 반대자들의 이론들을 얼마나 많은 다양한 지질학적 대상들에 대해 검증하고 있었는가? 앞 단락에서 내가 제시한 사례가 충분하지 못하다는 점은, 허턴이 죽은 후, 수많은 지질학자, 광산 기술자, 그리고 심지어 남극 대륙을 제외한 모든 대륙의 제국 영토를 넘나드는 군인들의 무수한 관찰에서 비롯된, "....가 존재한다"는 보고가 갑작스럽게 전례 없이 폭발적으로 늘어난 점으로 미루어 알 수 있는데, 이런 보고의 증가는 그러한 지질현상이 산업혁명과 제국경제에 미치는 영향이 컸기 때문이다. 그러한 관찰 내용은 최초보고자에 의해 또는 그들의 출판물을 통해, 본국이나 식민지 현지에서, 그들의 동료들에 의해 기존 이론의 주장을 시험하기 위해 제국 지질조사소, 지질학회, 광산학회, 지리학회, 또는 일반 과학 협회에 전달되었다[13].

확실히 허턴의 후계자들 중 소수만이 그의 철학적 사고를 공유했다. 그러나 더 많은 사람들이 관측을 했고 대부분은 전임자들의 사고나 관찰이 잘못되었음을 깨달았다. 스미스의 "보이지 않는 손[14]"

---

13) 지식생산의 주도권을 갖기 위해서는 다른 영역(종교, 정치, 예술, 경제, 군사 등)과 구별되는 자율적인 "과학(학문)의 장(場, field)"이 필요하며 더 본질적으로는 과학에 집합적으로 투신하는 열광적인 학자군이 형성돼야 한다. 한 국가의 헤게모니는 과학(학문)이 다른 영역과 긴밀히 교류하면서 정치, 경제, 군사 분야의 선순환이 이루어지는 상승작용을 만들어낼 때 성취된다. 그러나 그것이 가능하기 위해서는 우선 지식생산을 주도하는 학문의 장이 미리 어느 정도 성숙해있어야 한다. 학문의 장이 성숙하려면 종교나 정치 같은 다른 영역(다른 장[場])의 간섭을 상대적으로 덜 받는 나름의 독자성이 선결돼야 한다. 그래야만 자발적으로 학문에 투신하는 상당한 과학자 집단이 무르익은 상태가 될 수 있다. 그렇게 형성된 탄탄한 기초학문의 독자적 전통은 정치, 경제, 군사, 예술 같은 여러 영역과 자연스럽게 교류하면서 선순환을 이룰 수 있다. 그때 비로소 한 국가의 헤게모니가 완성되는 것이다.

14) 교정원리를 설계하고 지배하는 신성인 쥬피터를 가리킨다.

이 경제 성장을 지배하는 것처럼, 이러한 반증활동은 전임자들의 실수를 되풀이 하지 않는 새로운 이론의 제시와 함께 진행된다면, 지식을 발전시키는 경향이 있었다. 규모가 큰 객관적인 공동체, 본질적으로 헤라클레이토스의 "공인(the common)"이 존재할 경우에만(참조. Schrodinger, 1954, p.70-72) 틀린 이론이 효과적으로 억제될 수 있으며 그릇된 이론이 발을 들여 놓을 수 없다[15](참조 Popper, 1957, section 32; 1966b, p. 217-223). 허턴 이후, 주창자들의 이름으로 포장된 다양한 이론에 대하여 전세계적으로 이런 방식의 진지한 논증이 진행되고 있었다. 그 결과, 베르너와 그의 선배들의 수성론, 허턴의 열경화론, 라이엘의 과다 해양침식론 등과 같이 검증에서 살아남지 못한 이론들은 빠르게 걸러졌다. 그 대신, 더 나은 이론이 제시되었고 지질학은 다른 자연 과학과 함께 점점 더 성공적이 되었다(Drayton'의 뛰어난 연구논문(Drayton, 2000)에서 다른 식물학의 동반 발전 참조).

지구과학은 일찍이 이렇게 급속하게 사고를 전환하고 수많은 관측을 실행해 본 적이 없었다. 이 과정에 관여한 많은 사람들의 비판정신의 중요성을 고려하지 않는다면, 지질학 이론들은 합리적인 이유를 통한 논증 없이 역사의 무대에 오르내리게 되었을 것이다. 대규모로 진행된 검증과정의 다양함과 신속함 덕분에 관찰에 명백히 어긋나는 이론은, 그 이론 주창자가 반박할 여지없이 지질학자가 활용하는 이론에서 삭제될 수 있었을 뿐이다. 지구의 역동성에 대한 허턴의 전반적인 관점이 학계 안팎에서 벌어진 논증을 통해 다듬어졌듯이, 좋은 이론과 그에 대한 성공적인 반증작업 때문에 진보가 가능했다.

베르너의 인식론적 배경과 관념적인 배경 때문에, 베르너가 비실

15) 인간은 헤라클레이토스가 이상적으로 생각한 바와 달리 모두 불완전하기 때문에 완벽하게 객관적일 수 없다. 모두가 "공인"이라면 공동체에는 가설의 반증과 탄생이라는 과학의 혁신과 역동적인 역사는 존재하지 않을 것이다. 플라톤의 이데아같은 단 하나의 최종적인 해답만 존재하는 정적인 상태일 것이다.

제론자이고 비균일론자가 되지 않을 수 없었듯이, 허턴도 자신의 인식론과 관념의 배경덕분에 실제론자이자 균일론자가 되지 않을 수 없었다. 허턴은 스코틀랜드 계몽주의의 상식철학[16]의 환경에서 시간과 공간 내의 자연 법칙의 통일성[17]에 대한 흄의 합리주의적 접근(그러나 그의 비합리적 결론은 아님)을 채택한 반면에, 베르너는 자신의 성장 배경인 중부유럽의 광산업자들의 낭만주의적 전통 하에서 루터교파와 경건주의파의 일원으로서 토론을 싫어하고 지구 역사에 관한 성서적 이론을 받아들였다[18]. 따라서 균일론은 허턴이 물려받았던 우주의 작용에 관한 가설의 하나에 지나지 않아 보인다(시공간 내의 자연법칙의 통일성). 베르너가 물려받지 못한 그런 배경덕분에 허턴은 이론적인 다시 말해, 사변적인 유추를 검증 가능한 이론(가설)으로 만들었다.

글래스고(Glasgow)에서 흄과 스미스의 스승인 프랜시스 허치슨(Francis Hutcheson)이 *아름다움과 미덕에 대한 사고의 기원에 관한 연구 (An Inquiry concerning the Original of our Ideas of Beauty and Virtue, 1725)*에서 아마도 처음으로 주목한 것처럼, 균일론 가설은 단순성의 요소를 지니고 있다(Smith, 1941, p.44). 그렇지만, 이를 유일한 매력적인 구성요소(오컴의 면도날)로 간주하는 것은(예: Goodman, 1967) 단순성의 가장 결정적인 기능을, 말하자면, 과거는 우리가 경험할 수 있는 현재와 비슷하다고 가정함으로써 과거에 관한 검증 가능한 가설을 시험하기 위한 시금석(검증수단)을 억지로 내치는 셈이다[19]. 이러한 검

16) 현재의 환경에서 반복적으로 확인되어 관습화된 사실(상식)에 기초하여 가설을 생성한다는 기조다.

17) 자연법칙이 격변론의 주장처럼 과거와 현재와 미래가 달라지지 아니한다. 즉, 자연법칙은 언제나 균일하게 작용한다. 다시 말해 통일성이 있다.

18) 하느님이 첫째 날, 둘째 날, 셋째 날 창조한 세계가 서로 다르다. 자연법칙(순리)이 균일하게 작동하지 않는다.

19) 오컴의 면도날은 경합하는 가설 중 둘 다 타당성이 같다면 단순한 설명을 선택하는 것이 과학적이라는 것인데, 반드시 아무런 문제가 없다고 볼 수는 없다.

증수단은, 화이트헤드가 나중에 표현한 것처럼 "단순함을 가정하지만, 그것을 불신함"으로써 검증을 가능케 하는 도구다. 굴드의 방식으로(Gould, 1965), 이 간단한 작업가설을 실질적인 개념[20]과 방법론적인 개념[21]으로 나누는 것은 내가 보기에 허턴과 라이엘의 관점에 맞지 않는다. 두 사람 모두 오늘날 볼 수 있는 현상과 매우 다른 속도와 강도(세기)의 사건을 일으키는 자연적인 원인의 작동을 인정했다(아마도 가잘 널리 알려진 현상 가운데, 허턴의 경우 빙하작용, 라이엘의 경우 빙하작용과 생물진화에 대해서 그렇게 생각했다; Blei, 1981, p.330). "실질적인" 균일론이라는 표현은 불필요하다.(사실 나는 지구 역사에 관한 실질적으로 균일론적인 어떤 이론도 알지 못한다; 어쨌든 그 어떤 이론도 균일론적이라고 믿어지지 않을 것이다.) 둘째, 굴드가 제안한 방식처럼 "방법론적인"이라는 수식어를 붙여 '방법론적인 균일론'을 사용한다면, 그것은 신의 계시를 믿는 것과 같을 것이다.[22](왜냐하면, 어떤 귀납법이든, 굴드가 생각하기에 "방법론적인" 균일론을 활용하는 귀납법이 어떻게 입증될 수 있는지 나는 모른다.)

굴드(1965년)는 지질학이 균일론적이라고 말하는 것은 지질학이 과학이라고 말하는 것이나 다름없기 때문에 균일론이라는 용어는 더

면도날로 잘려나가는 것이 무엇인지 세심히 살펴야 한다.

20) 실질적 균일론 : 과거와 미래가 현재와 "완벽히" 대칭적이다. 이것은 역사성이 거세된 세계인데 앞서 허턴의 나선형 모델에서 이것은 불가능하다.

21) 과거가 완벽히 현재와 같은 것은 아니지만, 그렇게 "방법론적으로" 가정하고 과거를 탐구하면 더 효과적인 연구가 가능하다.

22) 특정 목적(예, 미래 공산주의 유토피아)의 실현을 위해 사용하는 "방법론적" 형이상학은 반증이 불가능할 뿐 더러 경험적 입증도 불가능하다. 저자는 굴드가 제안한 "방법론적" 균일론을 과학이 아니라 앞서 살펴본 역사에 대한 복고주의 이론가들이 전제한 독단적 형이상학처럼 간주하고 비판하고 있다.

굴드는 생물 진화에서 복고주의 이론가들처럼 격변론적 전통에 맞닿은 단속평형론을 주장한 고생물학자다. 즉, 격변론을 지지하면 마르크스와 베르너처럼 반드시 결정론의 오류("'필연'은 '사실'로부터 연역될 수 없다"(Grice, 1970,p. 89)] [본문 40쪽 참조.])에 빠질 수 밖에 없다. 그의 이론과 복고주의 이론의 유사성과 차이점에 관한 87쪽의 각주 47)과 79쪽의 각주 29) 참조.

이상 필요하지 않다고 주장했다. 굿맨(Goodman, 1967)도 이런 굴드의 주장과 매우 유사한 주장을 반복하였는데, 이러한 주장은 균일론-격변론 논쟁이 무엇에 관한 논쟁인지, 그리고 오늘날 우리가 지질사를 어떻게 연구할 것인지에 관한 편협한 시각에서 비롯되었다고 생각한다. 예를 들어, 시생누대(Archean Eon)의 지구조운동의 특성을 둘러싸고 끊임없이 이어지는 논쟁을 살펴보자. 시생누대의 지구조운동에 관한 일부 매우 경청할 만한 의견을 굴드식 표현을 사용하여 표현하면, 시생누대의 지구조운동은 실질적으로 균일론적이지도 않고 방법론적으로도 균일론적이지 않다. 굴드가 "왕초보(a teeny neophyte)" 지질학도에 불과했을 때 균일론이라는 용어가 사용되는 방식에 혼란이 있었다고 언급한 것은(Gould, 1987, 페이지 118) 칭찬할 만한 일이지만, 분명히 그는 균일론이 무엇에 관한 것인지 이해하지 못했다. 굴드(Gould, 1965)는 내가 개략적으로 설명해 보려고 했던 지질 이론의 인식론적 배경을 고려하지 않았다.[23]

이 책에서 나는 스미스(Adam Smith)와 허턴(James Hutton)의 명백한 비종교성에 대한 나의 주장을 이끌어 내는 데 시간을 투자했으나 그것을 뒷받침할 직접적인 증거를 인용하지 못한 채, 둘 다 아마도 무신론자(적어도 불가지론자)일 것이라는 내 개인적인 신념을 표현했다. 나는 이 점이 중요하다고 생각한다. 왜냐하면 나는, 그들이 자신들의 명성을 떨친 분야와 그들이 저술한 다른 분야들 모두에서, 그들이 만들어낸 시스템을 어떻게 내적으로 일관되게 만들 수 있는지를 알아 낼 마땅한 다른 수단을 찾을 수 없었기 때문이다. 그러한 내적 일관성의 결여[24]는 스미스의 저술보다 허턴의 저술에서 훨씬 더 뚜렷한데, 허턴의 저술에 일관성을 부여할 수 있는 길은 허턴이 신

23) 과거가 "실질적"으로 균일한지 "방법론적"으로 균일한지 따지기 전에, 과거 자체를 우리가 전혀 알 수 없다는 보다 근본적인 흄의 인식론적 딜레마를 고찰했어야 함을 가리킨다.

24) 신을 삭제시키면 목숨이 위태로웠던 시대적 배경을 의미한다.

(God)(또는 이에 상응하는 어떤 구절)을 언급할 때마다 자연으로 이해하며 신의 지혜와 은총과 연관된 목적론을 제거하는 것이다. 갤브레이스(Galbraith, 1974)와 대부분의 다른 허턴 학자들과는 완전히 대조적으로, 나는 허턴의 과학적 연구의 독창성과 종합적인 내적 통일성과 일관성은 그의 신학적 진술이 빠져야만 이해가능하다고 믿는다. 이 논문에서 나는 이에 관한 여러 인용문들을 제시하려고 노력했다. 톰키프(Tomkeieff, 1948-1949, p.396), 매킨타이어(McIntyre, 1963), 그리고 엘렌버거(Ellenberger, 1973) 등이, 허턴의 과학적 저술과 직업을 통해 허턴의 연구 동기를 밝히기 위한 허턴 사고의 진화에 관한 분석은 훨씬 더 유망한 접근법이었다. 왜냐하면 그런 방식이야말로, 허턴 이론의 성공에 필수적인 것처럼 보이는 수많은 주장과는 실제로 모순되는 그의 진술을 사용하거나[25] 허턴 연구의 관심에서 벗어나 있는 그의 주장을 활용하는 것보다 낫기 때문이다.

그러나 종교에 관한 허턴과 스미스의 견해에 대한 어떤 판단도 그들의 인식론적 입장에 대한 주장에 아무 영향을 미치지 않아야 함을 강조하는 것도 마찬가지로 중요하다. 그들이 무신론자든, 불가지론자든, 이신론자든, 유신론자이든 심지어 온건한 기독교인이든, 포퍼의 관점에서 그들은 비판적 합리주의자일 수밖에 없는데, 그런 점에서 그들은 베르너나 마르크스와 크게 다르다.

여러 면에서 우리 시대는 이 논문에서 고찰한 네 명의 역사학자들이 활동했던 시기와 유사하다. 우리는 지질과학의 역사에서 위대한 혁신의 물결을 몸소 겪으면서 살아왔으며, 그 여파는 새로운 산업의 폭발적인 성장을 동반하였다. 이런 신산업의 폭발적인 성장은 또한 새로운 개척지인 태양계의 발견과 탐험과도 관련이 있다. 우리는 달, 화성, 금성, 소행성, 그리고 목성의 위성들에 관한 새로운

---

25) 시대적 핍박을 회피하기 위해 어쩔 수 없이 차용한 그의 신학적 견해들을 의미한다.

지질학적 시스템을 연구하게 되었다. 다른 행성들과 위성들이 빠르게 지질학자의 관심대상이 되고 있다. 태양계 내의 위성들과 태양계 바깥의 완전히 새로운 행성계가 발견되고 있다. 우리 행성에서 가장 오래된 암석의 연대는 점점 더 증가한다. 우리는 여전히 어떤 모델이 이 모든 새로운 학문적 지형에 가장 적합한지 논쟁하고 있다. 내가 이 연구를 통해 알아내어 이 논문으로 발표하는 유일한 교훈은, 현재에 기반한 다양한 모델 생성, 무자비한 검증과 부적합한 모델의 폐기만이 앞으로 나아갈 수 있는 유일한 길이라는 점이다. 최종적인 해답을 얻었다고 믿는 것은 역효과를 낳을 뿐만 아니라 위험할 수도 있다.

그렇기 때문에 과거가 현재의 열쇠이기 보다 현재가 항상 과거에 관한 좀 더 믿을만한 열쇠이다. 이렇게 모든 것을 말하고 나니, 내가 이 책에 담긴 내용을 써나가면서 지녔던 마음가짐을 딱 들어맞게 표현한 위대한 이상주의 철학자 프란시스 허버트 브래들리(Francis Herbert Bradley, 1846-1924)의 다음과 같은 인용구로 끝낼 수밖에 없다 : “나는 항상 너무 자신만만하게 글을 쓰는 것이 두렵다. 아마도 자신만만하지 않으면 전혀 글을 쓰지 못할 수도 있기 때문이다. 두려운 자신감으로 글을 쓰면서 나는, 가치 있는 어떤 판단을 내릴 줄 아는 사람에게 많은 해를 끼치거나 강요하는 위험을 무릅 써도 괜찮은지 아직도 모르겠다”(Bradley to Russell, Russell, 1995, p.236).

감사의 글

지금까지 내가 수행한 그 어떤 연구보다 더 큰 기쁨과 만족감을 준 이 연구에서 아리프 샤를라(Arif Çağlar)와 도널드 B. 매킨타이어(Donald B. Mclntyre)에게 가장 큰 신세를 졌습니다. 애덤 스미스와 칼 마르크스의 저서에 대해 내가 알고 있는 많은 부분은 아리프 샤를라 덕분이다. 그는 내가 읽을 자료와 그에 관해 조언해 주었을 뿐만 아니라 그가 살고 있는 베를린과 내가 사는 이스탄불 사이의 먼 거리에도 불구하고 오랜 시간 동안 나를 가르쳐주었다. 도널드 B 매킨타이어는 나를 스코틀랜드의 모든 허턴 유적지로 안내하면서 지질학과 역사에 대한 심오한 지식을 아낌없이 공유해 주었고, 내가 에딘버러에 있는 허턴과 스미스 그리고 그들의 친구들의 교류유적지를 방문할 때 한 곳을 제외하고 모두 안내해 주었습니다. 도날드는 제 선생님들의 스승이기도 했기 때문에 나는 학창 시절부터 여러 해 동안 도날드의 간접 수혜자이기도 했습니다. 그는 또한 미국지질학회 과학편집자 아비짓 바수(GSA Science Editor Abhijit Basu)의 요청으로 19페이지에 걸쳐 빽빽하게 타이핑된 원고를 꼼꼼히 읽고 검토하여 이 책의 내용을 크게 향상시켰습니다! 페니쿠익(Penicuik)의 존 클럭 경(Sir John Clerk)과 그의 부인은 친절하게도 도날드와 저를 그들 조상의 따뜻한 집에 초대하여 독특한 클럭 가문의 분위기를 느낄 수 있게 해주었습니다. 그들은 또한 친절하게도 이 책의 그림 3에 제시된 세 개의 그림을 사용할 수 있도록 허락해 주었습니다. 도날드는 내게 데니스 R. 딘(Dennis R. Dean)를 소개해 주었는데, 나는 딘에게 큰 신세를 졌다. 특히 딘이 이스탄불 공과대학의 지질학과에서 안식년을 보내는 동안, 그는 내게 지질학사 연구에 필요한 문헌의 연관성을 가르쳐주고 허턴과 라이엘에 대한 훌륭한 토론 상대가 되어 주었다. 도날드가 내게 소개해준 톰 존스턴(Tom Johnston)은 스미스에 대한 귀중한 여분의 자료를 내게 주었습니다. 나의 스승이신 루돌프 트륌피(Rudolf Trümpy)는 이 책의 초고를 매우 꼼꼼하게 검토해 주셨고, 헬가 노보트니(Helga Nowotny)와 알레산드로 마라타(Alessandro Maranta; 두 분 모두 쮜리히연방공과대학(ETH-Zürich) 교수)에게 철학적인 측면을 검토해달라고 부탁해 주셨는데, 그들의 검토는 매우 큰 도움이 되어 감사드린다. 볼프 폰 엥겔하르트 남작(Baron Wolf von Engelhardt)도 제 원고를 검토했고 비판과 정보를 제공해 주었다. 로버트 H. 돈 주니어(Robert H. Don, Jr.) 교수와 H. 스콧 코던(H. Scott Gordon) 교수도 유익한 검토의견을 제공해 주었다. 매킨타이어(Mclntyre), 도트(Dott), 고든(Gordon) 등은 모두 관대하게 내가 읽을 필요가 있다고 생각되는 문서를 보내주었다. 바수 교수는 리처드 히긴스(Richard Higgins)에게 내 원고를 영어와 형식에 알맞게 편집해달라고 부탁하기도 했다. 히긴스 씨의 편집은 내용전달을 개선시켰을 뿐만 아니라, 나의 자극적인 지중해식 표현을 사실상 열정에서 나온 즐거움으로 받아들일 수 있도록 평온한 수준으로 식혀주기도 했다. 제임스 허턴과 알프레드 베게너의 사고를 소개하면서, 나는 나의 멘토로 고인이 되신 이산 케틴(Ihsan Ketin)과 시리 에린치(Sirri Erinç)에서 빚을 졌습니다. İTÜ 광산학부의 세나이 살톨루(Senai Saltoğlu)는 친절하게 18세기와 19세기 석탄 생산의 역사를 알려주었다. 케임브리지대학 지구과학부의 훌륭한 사서인 루스 뱅어(Ruth Banger)는 대학 도서관에 있는 많은 책들의 사본을 얻을 수 있도록 도와주었다. 내가, 칼텍(Caltech)의 지질 및 행성 과학부에서 고든 W. 무어 우수학자(Gordon W. Moore Distinguished Scholar)로 일하는 동안 이 책을 마지막으로 수정하였다. 이 책의 출판을 격려하면서 많은 조언과 함께 훌륭한 검토자를 찾아준 아비짓 바수에게 신세를 졌습니다.

1. 본 문서의 작성 연대는 폰 엥겔하르트와 벤젤(von Engelhardt and Wenzel, 1989, p.924)을 참조하십시오. 이 문서는 1833년에 처음 출판되었는데, 이 문장은 쿤과 폰 엥겔하르트(Kuhn and von Engelhardt, 1970, p.302) 책에서 인용하였다.
2. 룹케(Rupke)의 책에 나와있는 이 구절을 주목하게 해준 내 친구 데니스 R. 딘(Dennis R. Dean) 교수에게 감사한다.
3. 심지어 격변론자인 머치슨경(Sir Roderick I. Murchison)도 폰 부흐(von Buch)의 생각을 진지하게 받아들이기 어려웠다(폰 부흐의 격변론 개념에 관한 또 다른 설명은 Semper, 1914, p.184-188 참조).
4. 포퍼에 대한 이러한 견해는 다음과 같은 이유로 공격받았다. (1) 그가, 반증법이 보편적인 지지를 거의 받을 수 없으리라는 사실에 충분히 주의를 기울이지 않았다고 여겼다[1](예: Lakatos, 1970; Chalmers, 1990). (2) 연구의 심리학 및 사회학은 아마도 이론의 수용이나 퇴출에서 그 논리만큼이나 결정적일 것이다[2](Kuhn, 1970, 1990, 1992; Feyerabend, 1988, 1991; 이와 같은 반포퍼적 견해와 또 다른 반포퍼적인 견해에 대한 요약은 Laudan et al., 1986 참조; 또한 담론의 중요성에 대해서는 Gavroglu, 1994 참조하고 포퍼의 견해에 관한 몇몇 심도있는 비판은 O'Hear, 1995 참조). 나는 이 모든 비판들이 어떤 진실을 담고 있음을 발견했으나, 그런 진실이 포퍼의 주요 논제를 훼손하지는 않

---

1) 과학철학자 임레 라카토스(Imre Lakatos, 1922~1974)는 반증 사례를 통해 모델을 바로 제거하는 것이 아니라 기존의 핵심 이론(연구 프로그램)을 계속 고수하면서 변통하는 과정에서 오히려 과학이 성장한다고 보았다(과학적 연구 프로그램의 방법론). 그는 쿤의 패러다임 과학관을 중심으로 포퍼의 과학관을 비판적으로 수용했다. 자세한 내용은 (The Methodology of Scientific Research Program, 1978)(한글판: 임레 라카토스(신중섭 옮김), 2002, 과학적 연구프로그램 방법론, 아카넷) 참조.
2) 과학이 포퍼가 생각하는 것처럼 이상적으로 합리적이게 작동하지 않는다. 이와 같은 입장은 70쪽의 각주 23) 참조.

는다고 생각한다. 중세 초기에 유럽인의 거의 전부가 지구의 지리에 대해 말도 안 되게 생각했다는 점은 로마시대 말기의 비극과 기독교의 발흥으로 변화된 사회에 적합한 현상이었다. 다시 말해, 2세기에 저술된 프톨레미(Ptolemy 또는 프톨레마이오스) *지리학*(지리학 안내서, *Geographike Uphegesis*, Geographical Guidance)의 압도적인 영향력이 그 이후에 제시된 다른 생각으로 인해 조금이라도 줄어들지는 않았으나, 새로운 주장이 관찰내용과 잘 일치하면(그렇지만 관찰내용이 기존이론의 오류를 바로잡지는 않는다) 새로운 생각이 확립된다. 서기 9세기에 아랍인들은 그들의 관찰에 근거하여 프톨레미보다 훨씬 더 나은 지도를 만들어 냈다(Sezgin, 1987, 1993, 2000, 특히 Chapter I, Section D). 이것이 13세기까지 서양에 알려지지 않게 된 사정은 사회적인 영향으로 설명되지만, 이것이 중세 후기의 아랍 지리학을 열등하게 만들지는 않는다. 눈치 빠른 포르투갈 사람들이 아랍 지리학을 알게 되자마자, 그것을 아주 유용하게 사용했다. 내가 과학적 견해의 우수성을 말할 때, 나는 단지 특정 이론의 지지자 수나 지리적 확산이 아니라 오로지 관찰과 일치하는 정도를 언급한다. 따라서 나는 "정치혁명과 마찬가지로 패러다임 선택에서도 관련 공동체의 동의보다 더 높은 기준은 없다"는 쿤(Kuhn, 1970, p.94)의 진술이 완전히 사실과 다르다고 본다(Notturno, 1999, p.46 참조). 나는 또한 파이어아벤트(Feyerabend)가 주장하는 바와 같은, "마법, 귀신 들림, 악마의 존재 등등"의 근거가 되었던 "관찰"이 과학적인 관찰만큼 좋다는 주장은 적절하지 않다고 생각한다. 왜냐하면 그런 관찰은 오늘날의 미확인비행물체(UFO)에 관한 보고처럼 재현될 수 없기 때문이다[3](여기서 강조하자면 파이어아벤트의 후기 글들은 진지한 과학철학에 관한

3) 일회적인 수준에 그치므로 똑같이 실험을 통해 해당 결과를 다시 반복하는 검증 시도가 불가능하다. 이와 같은 과학적 방법을 재현성(再現性, reproducibility)이라고 한다.

글이라기보다 정치적인 선전물이다. 그러한 예로써, Feyerabend, 1988, p.159-160 참조). 비록 관찰, 이론 구축 및 검증에 심리적 요인이 많이 개입되고(다음 논의의 대부분은 역사과학에서의 이론 구축 및 검증에서 심리적 요인, 대부분 편향된 심리의 발견에 기초한다), 거기에 수반되는 모든 논의에도 불구하고 궁극적으로 이론의 운명을 결정하는 것은 관찰이다. 그러므로 나는 과학사의 상대론적 관점을 지지하지 않는다. 다양한 담론에서 논의되는 사회적(지지자의 수로 위시되는 공동체의 동의), 심리적 요소들(개인적 기질이나 종교적 신념)을 고려하더라도, 나는 그것이 궁극적으로 지지를 받게 되는 이론의 논리라고 믿는다.

5. "Man hat der Historie das Amt, die Vergangenheit zu richten, die Mitwelt zum Nutzen künftiger Jahre zu belehren, beigemessen: so hoher Ämter unterwindet sich gegenwärtiger Versuch nicht: er will bloß zeigen, wie es eigentlich gewesen (역사는 과거를 재단하고, 미래의 혜택을 도모하도록 세상을 가르치는 임무를 부여받았다. 그러한 고귀한 임무는 현재의 노력에서 벗어나지 않는다. 그들은 단지 과거가 어땠는지 보여주고 싶을 뿐입니다)." (1494-1514년의 로마인과 독일민족의 설화 *(Die Geschichten der Romanischen und Germanischen Völker von 1494-1514)*의 서문에서 인용, 폰 랑케(von Ranke)의 역사에 관한 첫 번째 저서, 1824년 출간; Michael, 연대미상, p.8에서 인용.)

6. 보편적인[일반적인] 대상이든 특정한 대상이든 가설 창출의 입장에서는 모두 보편적으로 기능한다는 점에서 동등하다는 점은, 모든 자연 법칙이 가설에 지나지 않는 이유를 명확히 보여준다("어떤 가설이 일반적인 경우에 적용되든 특별한 경우에 적용되든 상관없이 불충분한 정보를 통해 검토된 가설은 어떤 것이든 동일한 논리적 기초 위에 있음을 알 수 있다." 24p). 이 책에서는 이 흥미로운 철학적 이슈에 대해 더 이상 논의하지 않겠지만, 나는 암스트롱[Armstrong, 1983]과 특히 기어(Giere, 1999)를 더 읽어볼 것을 추천한다. 자연법칙 개념의 진화에 대한 흥미로운 리뷰는 Ruby(1986)를 참조하십시오.

7. 스미스와 허턴의 친밀한 우정뿐만 아니라 스미스와 흄의 친밀한 우정 또한 잘 알려져 있다. 그런데, 흄과 허턴이 만났다는 직접적인 증거는 없는 것 같다. 그러나 정황증거에 따르면 매킨타이어(Donald B. McIntyre)의 말에서 알 수 있듯이, "그들이 만나지 않았다고 상상할 수 없을 것 같다." 그 이유에 대한 설명은, 에딘버러에서 허턴의 삶에 관한 매킨타이어의 훌륭한 논문을 참조(McIntyre, 1997, 특히 p.139-140).

8. 이 에세이는 사후 출판된 단편으로 스미스의 친구이자 그의 유언 집행자인 조셉 블랙(Joseph Black)과 제임스 허턴이 *고 아담 스미스의 철학 주제에 관한 에세이(Essays on Philosophical Subjects by the late Adam Smith, L.L.D)* 라는 제목으로 편집한 책에 포함되었는데, 이 책에는 에딘버러 왕립협회 회원(F.R.S.E., Fellow of Royal Society Edinburgh) 더글라스 스튜원(Dugald Stewan)이 작성한 *저자의 삶과 저술에 대한 설명(Account of the Life and Writings of the Author*, Dugald Stewan, 1795)이 서문으로 들어 있다. 이 책은 비록 "국부론"이나 "도덕정서론"만큼 널리 알려지지는 않았음에도 불구하고 19세기에 파리(Paries) 판본과 바젤(Basel) 판본을 포함하여 적어도 8개의 판본으로 출간되었다(Wightman, 1980a, p.5).

9. 스미스의 경제 이론의 성공은 임레 라카토스(Imre Lakatos)의 연구 프로그램 이론에 의해 가장 잘 설명될 수 있다는 오브라이언(O'Brien, 1990)의 주장과 이 주장을 혼동하지 마십시오. 나의 요점은, 지식의 증진 방식과 그에 따라 결과적으로 과학을 어떻게 해야 하는지에 관한 스미스 자신의 견해를 가리키는 반면, 오브라이언의 견해[4]는 스미스 자신의 경제이론의 성공에 대한 설명이다. 스튜어트(Stewart, 1793[1980])가 이론적인 역사라는 용어를 사용

---

4) 임레 라카토스의 연구 프로그램 이론은 포퍼를 변형시켜 수용하긴 하지만 근본적으로 쿤의 이론에 기초한다.

한 방식과 포퍼가 자신의 논문(Popper, 1957, x)에서 그 용어(이론적인 역사)를 사용한 방식은 서로 다르다. 포퍼는, 과거를 더 잘 이해하려는 관점에서 이론을 만들어내는 것을 반대한 것이 아니라 독자적인 법칙[5]을 지닌 이론적인 역사적 사회과학의 가능성에 반대한다. 포퍼의 주장을 더 명확하게 이해하기 위해서는, 역사이론을 정립하기 위한 사회사에서 검증 불가능한 영역의 사변적인 거시 수준의 지배적인 법칙(형이상학)과 미시 수준의 법칙(가설) 간의 차이를 논의한 로버츠의 논문(Roberts, 1996)을 참조하라.

10. 나는 이 논문에서 포퍼가 규명한 비합리성을 다음과 같은 인용구절로 언급하고자 한다: “우리는, 칸트를 통해 인간의 이성이 사물의 세계(만약 그러한 세계가 있다면) 그 자체를 파악하거나 알 수 없다는 것을 알기 때문에, 우리는 그것을 알 수 있는 희망을 포기하거나, 아니면 이성에 의해서가 아닌 다른 방법으로 그것을 알려고 노력해야 한다. 그리고 우리는 이 희망을 포기할 수 없고 포기하지 않을 것이기 때문에, 우리는 비이성적이거나 초이성적인[*나는 포퍼가 이런 수단을 “초이성적인”이라고 부른 이유를 모른다. 나라면 그것을 준이성적(sub-rational) 이라고 부를 것이다*[6].] 수단, 일테면 본능, 시적 영감, 기분 또는 감정만을 사용할 수 있다(Popper, 1989b, p.193). 사물 그 자체에 대한 믿음은 그 자체로 훨씬 무의미한 철학적 사고와 논쟁을 야기하는 비합리적인 믿음이다. 다른 곳(Popper, 1989b, p.200)에서 포퍼는 현대 비합리주의 철학의 밑바닥에 내가 흄의 이론이라고 부르는 것이 있다고 지적했는데 내가 이렇게 말하는 이유는 귀납의 비논리적인 속성을 밝히면서도 귀납이 지식에 이르는 유일한 방법인 것 같다고 생각한 사람은 다름 아닌 흄이기 때문이다. 만약 귀납법이 비논리적인

5) ‘형이상학’이라 일컫는 거시 수준의 “지배적인”(독단적인, 즉 반증을 거부하는)법칙

6) 저자가 과학에서 이성 이외의 것에 어떤 가치판단을 부여하는지 엿볼 수 있는 언어유희다.

것이라면, 우리는 비논리적으로 일반 지식을 산출하는 귀납의 힘을 계속 믿을 수밖에 없다.

11. 플랑드르어 Maes, 즉 뫼즈(Meuse)강(네덜란드어로는 Maas)에서 나왔다.

12. 나의 외조부 메흐메트 누리 시파히오을루(Mr. Mehmet Nuri Sipahioğlu, 1894-1969)는 아주 가난한 집안에서 태어나 큰 부를 얻은 분으로 인생의 후반부에 여러 가지 만성 질환으로 고생하셨는데, 그 병들은 대부분 젊은 시절에 힘들게 일하느라 몸을 제대로 돌보지 않은 결과다. 외조부는 한탄하기를 "나는 인생의 전반기에는 엄청난 재산을 모으면서 보내고, 인생의 후반기에는 건강을 회복하기 위해 재산을 써버리면서 보내고 있다."

13. ***흄, 뉴턴, 그리고 설계 논쟁****(Hume, Newton, and the Design Argument)*의 저자 헐버트(Hurlbutt, 1985, p.188)는 흄의 종교적 신념에 대해 다음과 같이 썼다: "흄은 이신론자도 아니고 유신론자도 아니었다. 그는 가장 현대적인 의미에서 불가지론자였으며, 인간의 관찰과 논리의 한계가, 신학적인 주장을 포함하여 특정한 형이상학적인 주장을 정립하는 것을 불가능하게 만든다고 주장하는 사람이었다. 자연종교, 설계 논쟁, 신학 일반을 다루면서, 동시대의 철학자들은 흄의 주장을 반복하고 그의 자료를 인용할 뿐입니다."

14. 허턴이 사용한 "형이상학(methaphysics)"이란 용어는 여기서 "인식론(epistemology)"을 의미한다. 형이상학은 자연과학의 과학, 또는 어떤 분야든 지식의 첫 번째 원리라는 의미로 다양하게 사용되어 왔음에 주목하자. 또한 형이상학은 물리적인 또는 자연적인 것을 초월한 대상에 대한 곧, 과학적으로 분석할 수 없는 대상에 대한 선험적 추측을 의미한다. 허턴은 자연계에 대한 지식의 한 분야에 관한 연구라는 원래의 의미, 즉 자연과학의 인식론이라는 의미로 형이상학을 사용한다.

15. 허턴은 지질학 이론 외에도 다른 물리 이론도 개발했다(Playfair, 1805 참조). "내 물리적 이론"은 당연히 모든 것을 포괄하는 것입니다. 그렇지만 그의 지질학 이론이 단연코 가장 포괄적이고 가장 많은 시간과 노력을 들인 이론이었다.

16. 허턴은, 그런 식의 절대적인 회의론에 빠지지 않기를 바랐을 뿐만 아니라, 일반적으로 알려진 바와 달리, 그가 ***논문(Treatise)*** (Hume, 1793[1978], p.183; 또한 Smith, 1941, p.126, note 1)에서 지적한 바와 같이 그런 회의론에 빠지지도 않았다.

17. 허턴과 아리스토텔레스의 연관성에 대해서는 Ellenberger, 1973을 참조.

18. 허턴이 기술한 모든 지질학적 기재내용의 두드러진 특징은, 허턴이 직접 눈으로 본 내용과 자신과 관련이 있거나 표본 형태로 교신한 내용을 세심하게 구분해 놓았다는 점이다.

19. 이 책을 쓰는 동안, 나는 1807년에 출판된 열한 번째 판을 입수하여 내 서재에 모셔 두었다.

20. 이 점에서 나는 데이비스의 훌륭한 저서 "**쇠퇴중인 지구**(The Earth in Decay)"의 유감스럽지만 의도치 않은 역효과를 강조해 두고자 한다. 그 책에서 데이비스는, 하천 침식에 관한 생각의 역사에서만 다뤄지는 허턴의 위치가 수정되어야 한다고 느껴 다음과 같이 썼다. "허턴의 이론은 당시의 공상적이고 성서적인 대부분의 이론들로부터 벗어난 엄청난 발전을 보여준다. 그의 지질학적 연구에 대한 어떠한 재평가도 그를 과학사의 뛰어난 인물 중 한 사람으로 기려야 한다(Davies, 1969, p.194). 일부 과학사 연구자들은 이 명확한 주장을 반대로 생각하기도 했고, 데이비스가 허턴의 위대한 명성이 부당함을 암시하고 있다고 믿었다. 데이비스는 자신의 연구에 쏟아지는 오해에 짜증이 나서 1985년에 지구 과학자로서의 허턴에 대한 자신의 높은 평가를 더욱 강하게 반복했고, "과학의 신전에서 허턴은 아이작 뉴

턴 경이 차지한 자리에 가까이 있어야 한다"는 톰키프(Tomkeieff)의 의견에 동의했다. 데이비스의 영향력 있는 저서가 지질학 역사에서 허턴의 위치를 깎아 내리려는 어떠한 시도와도 연결될 수 없음은 분명하다.

21. 모든 인간의 사고는, 그것이 실제적이라면 적어도 한 가지 비합리적인 점을 포함한다. 외부의 실제 세상에 대한 우리의 믿음은 이성적으로 뒷받침될 수 없다(참조 Popper, 1983, p.80). 내가 이 책에서 비합리성과 비합리주의에 대해 이야기할 때, 비합리성의 일반적인 형태를 가리키는 것이라기보다는, 앞에서 개략적으로 설명한 바와 같이(10번 미주 참조), 우리가 신념에 복종해야 한다는 견해를 가리킨다. 그 신념의 본질은 우리가 이해할 수 있는 이성의 능력 이상 이며(실제의 믿음 제외) 이를 넘어서는 것으로 간주되고 이성적인 비판에 오염되지 않은 감정으로 이어진다. 나는, 삶에서 감정과 열정이 지배하는 비합리주의를 고양시키는 태도를 낭만주의라고 부른다.

22. 중부유럽의 광산 민속에 대한 좀 더 자세한 설명이 필요한 독자는 광산에 대한 모든 문화 연구에 필수불가결한 자료인 Heilfurth and Greverus(1967)을 참고해야 한다.

23. 다음 절과 같다:(Heilfurth, 1958, p.23):

"Beglücke Herr den Bergwerksstand,
Laß reiche Erz wachsen!"
(주님, 광산 지대를 축복하시어,
좋은 품위의 광석이 자라게 해주소서!)

24. 19세기 이전에 "화석"은 땅에서 파낸 것을 의미했다. 베르너의 용어로 그것은 광물과 맞먹었다.

25. 이것은 원래 신성 로마 황제 프레데릭 II세(the Holy Roman Emperor Frederick ll ; "stupor mundi (the wonder of the world):"1194-1250)에 관한 오래된 전설로, 그가 세상을 구하기 위해 에트나산(Mount Etna)의 품에서 돌아오기를 기다렸다고 한다(비록 그의 적들

이 두 번이나 파문당한 그를 세상의 종말에 출현하는 적그리스도로 여겼지만). 이 전설은 1519년에 ***프리드리히 황제에 관한 민중서***(Volksbuch von Friedrich Barbarossa (Friedrich Barbarossa's Folk Book: 바르바로사 - 프리드리히 1세의 별칭)에서 스타우펜 황제 프리드리히 1세 바르바로사(the Staufen Emperor Frederick I Barbarossa, 1190년 사망)에 맞춰 처음 각색되었다. 노발리스의 저서에서 이 전설은 호엔촐레른(the Hohenzollern) 왕조의 창시자 프레데릭 공작(Duke Frederick)에 맞춰 다시 각색된다.

26. 베르너가 토론과 가설을 싫어했다는 점이 이러한 용어 선택에 잘 반영되어 있다. *지질학*이라는 용어는 적어도 1657년부터 존재해 왔다(M.P. Escholt's *Geologia Norvegica*: Edwards, 1967, p.40 참조; 이 제목*(Geologia Norvegica)*으로 출판할 원고와 도면을 준비했던 Ulisse Androvandi[1522-1605]도 그의 유언장에서 지질학을 사용하었다: Cortani, 1963, p.507) 그리고 그 이후로 지구의 역사에 대한 매우 사변적인 설명에 붙이는 꼬리표가 되었다. "베르너 생존 당시에, 드뤽(de Luc)이 지질학을 정의했지만(de Luc, 1778, p.vii-viii; 드뤽이 이탤릭체로 표기한 부분), 베르너는 지질학이란 용어 사용을 꺼려했다: "우주론(Cosmology)으로 나는 우주의 지식이 아니라 지구에 대한 지식을 이해한다. 그런 의미에서 *지질학*이 적절한 용어였을 것이나, 그것이 (흔히) 채택되지 않기 때문에 나는 지질학이란 말을 사용하지 않는다". 나중에 드 소쉬르(de Saussure)는 지질학과 지구이론을 동일시했다(de Saussure, 1779, p.ll). 이러한 함축적인 의미가 모두 베르너에게 혐오감을 주었을 것이고, 베르너는 결과적으로 그의 관심이 *논리*(*logos*, 논증 discourse)보다는 *깨달음*(*gnosis* 지식 knowledge)에 있다는 것을 강조하기 위해 지인지론(지층진단학, geognosy)을 발명했다.

27. 에리히 하르만(Erich Harmann)이 시작하고 관리 하던 지질학자료집성(Geologenarchiv)에는 베르너가 쓴 편지와 베르너를 언급한 편지 몇 통도 있었다. 유감스럽게도 이 자료들은 2차 세계대전

중에 소멸되었다. 그 자료집성(archive)의 자료 가운데 하르만의 노력으로 겨우 출판된 문헌이 내가 아는 한 살아남은 모든 자료다.

28. 포퍼의 과학적 발견의 논리(Popper's Logic of Scientific Discovery)를 읽은 사람들은 그 책의 첫 번째 모토가 "가설은 그물이다. 그물을 던지는 자만이 잡을 수 있다"라는 노발리스의 말을 인용한 것을 알아차리고, 노발리스는 그의 스승(베르너)과 다르게 생각했거나 어쩌면 베르너가 글로 남기지 않은 그의 가르침 가운데 일부를 밝혀주고 있었는지도 모른다고 생각할 것이다. 이 인용구가 들어 있는 짧은 대화는 가설의 가치에 회의적인 인물 A와 가설 지지자인 B 두 인물간의 대화다(실제 주장은 이론에 관한 내용이 아니라 가설에 관한 내용이다; 하지만 포퍼는 가설이나 이론이 큰 차이가 없다고 옳게 생각했다). 울리히 슈타들러(Uhlich Stadler)는 존 노이바우어 논문(Neubauer, 1997, p.62)에 대한 토론에서 포퍼가 인용한 구절을 말한 사람은 노발리스 자신이 아니라 다섯 번째 대화의 화자 B(가설 지지자)뿐이라고 지적했다(Novalis, 1981, p.668-669). 노발리스의 입장을 가설과 비교 평가할 때, 그의 과학자로서의 목표와 낭만주의 시인으로서의 목표가 과학자 베르너의 목표와 다르다는 것을 잊어서는 안 된다(Neubauer, 1997 참조). 나는 노발리스가 분명히 가설을 선호하고 포퍼가 그를 인용했다는 점에서 가설의 용도를 이해했다고 생각하지만, 만약 너무 개별적인 내용에 국한되었다고 베르너의 서술을 부정한 점(가설 없는 기재중심 지질학)이 노발리스의 특징이라면 베르너를 통해서 라기 보다는 베르너임에도 불구하고[7] 이러한 인식이 더 컸다고 생각한다(Stadler, 1997, p.92). 하지만 이 경우에도 노발리스의 대화는 모두 원고로 남아 있어 신중해야 한다.

---

7) 베르너도 우리가 모르는 가설 연역적 사고를 했던 것이 아니라 노발리스가 베르너의 독재적인 세뇌 교육에도 "불구하고" 상당히 예외적인 사례인 듯하다.

29. 베르너가 발견한 이러한 형태의 전통은 1669년의 스테노의 *프로드로무스*(Stenonis's *Prodromus*)와 1721년의 발리스니에리(Vallisnieri)의 *데이 코르피 마리니체 수이 몬티시 트로바노*(*Dei Corpi Marini che sui Monti si Trovano*; Of the marine bodies, which on the mountains are found; 산 위에서 발견된 해양 생물체에 관하여)에서 시작된다고 볼 수 있다. 수많은 다른 수성론은, 1984년에 미주리주 캔자스시티의 린다 홀 도서관(the Linda Hall Library)에서 출판한 훌륭한 목록(*Theories of the Earth 1644-1830 The History of a Genre*)을 참조하십시오(Ashworth and Bradley, 1984). 일반적인 이해를 위해서, 나는 엘렌버거(Ellenberger)의 저서 두 권(1988, 1994)이 지질학의 이론적인 측면을 깊이 이해하는 데는 부족하지만 단연 최고라고 생각한다(Dean, 1985; Huggett, 1989 참조). 나는 광부의 전통에서 벗어나 있지만 명백하게 그 전통을 뒷받침하는 가장 의미 있는 수성론만을 여기에 열거했다. 칼 폰 린네(Carl von Linné, Carolus Linnaeus)는 자신의 저서 Oratio do Telluris Habitabilis Incremento(Linnaeus, 1774)에서 전체 지구가 생성되는 기간 동안 하나의 큰 섬을 제외하고 지구 전체가 물로 덮여 있었다고 주장했다. 그 섬은 아담과 이브가 창조된 에덴동산이었고, 아담은 모든 생물에게 이름을 지어주었으니, 그 섬에 모든 것도 존재했음에 틀림없다. 창조 이후 물이 빠지고 고도가 높은 지역에서 거주하기 어렵게 되면서 생물들은 낮은 고도로 흩어졌다. 폰 린네의 견해는, 베르너와 조르주 퀴비에(Georges Cuvier)의 견해가 결합된 원형으로 온전한 지구의 수성론이다(그리고 베르너는 틀림없이 이런 이론을 잘 알고 있었을 텐데, 다름 아닌 토번 베르그만(Torbern Bergmann)의 저서를 통해서: 다음 참조). 린네의 원리 또한 독창적인 것은 아니었다. 왜냐하면 비슷한 주장을 오래 전에 제시한 이들은 아낙시만드로스(Anaximander)(Kahn, 1960, p.102), 조로아스터(Zoroaster; 다른 이름으로 차라투스트라)(*Videvdat*), 그리고 에프렘 성인(St. Ephrem the Syrian; 그의 첫 번째 낙원찬양,4) 등이고, 근래에는 드

마일로(De Maillet, 1778), 부퐁(Buffon, 1778), 라이프니츠(Leibnitz, 1749, 1949)와 그들의 추종자들이 비슷한 견해를 보였다. 레만(Lehmann, 1756)과 같은 광부-지질학자들은 이런 원리로부터 만들어진 상식을 활용했고 그것을 광부들의 구체적인 관찰과 결합시켰다.

30. 킹 제임스 버전에서는 다윗왕의 시편 24장, 2절.
31. 이것은 베드로후서 3장에 대한 언급이다.
32. 베를린의 디츠 출판사(Dietz Verlag)가 펴낸 *마르크스 엥겔스의 저작물(the Marx Engels Werke)*인 소위 "블루 시리즈(Blue Series)" 제3권에 이 책이 1932년 처음 출간된 것으로 기록되어 있다. 그러나 하이더(Heider, 1931, p.4)는 이 중요한 저술은 1926년에 라자노프(D. Rjazanov)에 의해 *마르크스와 엥겔스 저작집(Arkhiv K. Marksa I F. Engelsa)* 제1권에 실려 처음 출판되었다고 지적했다. 나는 아직 이 출판물을 읽어보지 못했다.
33. 하이더(1931)는 엥겔스가 남긴 원고에서 다음과 같은 구절을 인용했다. "역사는 우리에게 하나이면서 전부이고, 이전의 그 어떤 철학적인 지침보다 우리가 역사를 더 높이 평가하였는데, 헤겔조차도 우리보다 더 높이 평가하지 않았다".
34. 그렇지만, 하이더(1931, p.18)에 따르면 헤겔은, 마르크스가 주장하는 만큼 포괄적으로 변증법, 특히 정-반-합의 3단계 규칙을 사용하지 않았다. 헤겔은 영혼의 포괄적인 초월적 운동, 자연에 대한 영혼의 자기표현, 영혼 그 자체의 몰입, 그리고 영혼의 제자리로 돌아오기 등의 경우에만 그것을 사용했다.
35. 포퍼(Popper, 1957, p.3)는 역사주의를 다음과 같이 정의했다: "...역사주의는 역사적인 예측이 그들의 주된 목표라고 가정하는 사회과학에 대한 접근법인데, 이런 접근법은 역사에서 진화의 기저에 놓인 '리듬', '패턴', '법칙'이나 '경향'8)을 발견함으로써 이 목적이 달성될 수 있다고 가정한다(Notturno, 1999, p.45, note 2에

서 그는 역사주의가 마술이라는 취지로 포퍼의 견해를 부연설명했다). 이것이 내가 이 책에서 사용하는 의미인데, 이제 내 진술의 근거를 제시하겠다. 포퍼의 요점은 단지 역사의 근본적인 불가지성(不可知性)에 대한 강조다. 우리는 역사를 알아내려고 노력하지만, 우리가 완벽한 귀납을 실행할 수 없기 때문에 결코 결과를 확신할 수 없다. 완벽한 귀납은 몇몇 사소한 경우를 제외하면 불가능한 일이다. 포퍼는 이어 사회과학에서 역사는 미래를 예측하는데 활용되어서는 안 된다고 말했으며, 알려진 과학적 예측을 충족시키기 위해 수백만 명의 목숨을 희생시킨 20세기의 잘 알려진 소름끼치는 마르크스주의 정권(전체주의 정권)에 의해 자행된 많은 사건들을 기술했다. 자연과학에서 역사주의의 결과는 당장 그리 심각하지 않다. 그러나 역사주의자 방법론은 사회과학에서처럼 자연과학에서도 마찬가지로 결함이 있다. 가설을 정립하기 위한 경험적 도구로서 역사를 활용할 수 있지만(이 경우 더 투철한 역사주의자 방법론과 반대로 역사적 방법[9]을 활용할 수도 있음), 가설은(연구중인 사례에서 완벽한 귀납이 가능하지 않는 한) 영원히 가설상태로 남게 된다는 점을 깨달아야 한다. 스틸(Stille)의 역사주의자 지구조 가설과 그 가설의 실패에 관해서는 셍고르(Şengör, 1996, 1998b)를 참조하십시오. 기후변화를 컴퓨터로 모의실험하는 일반순환모델[10](General Circulation Model)에 입력되는 지질자료의 선별이 엄청나게 어렵다는 점은 자연과학의 역사주의

---

8) 특정 목적(예, 미래 공산주의 유토피아)의 실현을 위해 사용되는 "방법론적" 형이상학은 유물론적 변증법이므로 반증이 불가능하다.

9) 역사적 자료를 이미 예정됐다고 가정된 특정 목적(최종적이고 완전한 과학적 결론)과 그 역사적 법칙에 봉사시키는 자의적 방식으로 활용하지 않겠다는 뜻. 그저 현재의 자료와 동일한 위상에서 새로운 가설을 설정하기 위한 자료 그 이상도 이하도 아니다.

10) 유동적이고 불규칙한 기후(유체) 현상 일반에 보편적으로 통용될 수 있는 예측(통제) 가능한 모델로, 플라톤의 이데아처럼 "최종적이고 완결된 해답"과 같다.

적 접근법(역사적 접근이 아닌)이 취약하다는 것을 보여주는 현재의 좋은 예이다(포퍼의 역사주의에 대한 적절한 논의는 Donagan, 1974 참조; Stokes, 1998, p.53-55 및 74-75도 참조).

36. 스콧 고든(H. Scott Gordon) 교수는 이 책의 리뷰에서, 상당한 범위와 기간에 걸쳐 이데올로기적 자유방임적인 정치 이론이 발전하여 아담 스미스를 그 권위자로 삼았다고 지적했다. 그러나 그는 아담 스미스의 사상을 다양한 형태의 이념적 자유방임 정치 이론과 동일시하는 것은 부당하다고 설득력 있게 주장한다(Gordon, 1968, 1991). 그것이 비록 정당하다고 해도, 마르크스가 그의 추종자들 사이에서 거의 예언자처럼 떠받들어 졌다는 점과 닮은 점은 거의 없을 것이다.

옮긴이의 글

요즘은 누구나 인터넷을 통해 그 어느 시대보다 다양한 정보를 실시간으로 접할 수 있을 뿐만 아니라 인공지능을 통해 요약된 정보를 선택적으로 취득할 수도 있으니 정보 과잉의 시대다. 우리가 읽고 듣고 보는 정보들이 얼마나 신뢰할 만한 지 꼼꼼하게 따져 볼 줄 알아야 집단지성의 긍정적 기여를 기대해 볼 수 있을 것이다. 그러자면 사실과 의견을 분별하고 사실을 확인검증하여 서로 다른 의견을 평가하면서 진실을 추구할 수 있어야 하는데 우리의 현실은 그렇지 못하다. 관심사를 검색하다 보면 알고리즘에 따라 각자의 기호와 관심에 맞는 자료나 정보를 선택적으로 접하게 되니 편향성이 더욱 강화되어 사실과 의견을 혼동하고 사건의 전모나 진실을 파악하려 애쓰기보다 자신의 입맛에 맞는 내용을 바탕으로 왜곡된 의견을 사실처럼 받들기도 한다. 따라서 이 논문의 주제와 결론은 인공지능 정보화 시대에 우리에게 생각하는 인간으로서의 정체성을 되찾고 집단지성의 길을 여는 성찰적 사고의 기초를 제공할 것이라 생각한다.

일찍이 공자께서 '아는 것을 안다 하고, 모르는 것을 모른다 하는 것. 이것이 곧 아는 것이다(知之爲知之 不知爲不知 是知也)'라 하셨다. 그런데 도대체 안다는 것을 어떻게 알 수 있을까? 불완전한 감각과 제한된 자료를 바탕으로 우리는 어떻게 신뢰할 만한 지식을 얻을 수 있을까? 이에 대한 고찰이 이 논문의 주제다. 다시 말해, 이 논문은 공자의 언명에 앞서는 근원적인 질문을 해명한다. 그 질문의 답은, 현재를 주의 깊게 관찰하고 그 관찰로부터 유추를 통해 가설을 세우고 그 가설을 검증하면서 가차 없이 오류를 제거하는 노력이 과학과 지식의 증진에 기여해 왔다. 곧, 관찰이 가능한 현재는 과거나 미래를 이해하는 열쇠인만큼 우리를 둘러싼 세상을 잘 관찰하고 신뢰할 수 있는 가용한 자료를 검토한 다음, 그로부터 합리적으로 유추할 수 있는 다양한 가설적인 견해를 면밀하게 검증하여 오류를 배제함으로써 믿을만한 지식을 만들어 낼 수 있다. 이처럼 실제론에 기반한 비판적 합리주의만이 우리에게 허용된 불완전한 감각과 부분적일 수 밖에 없는 자료로부터 그나마 믿을만한 지식을 만들어 낼 수 있다고 한다. 정보 과잉의 시대에 우리의 인식론적 한계를 깨닫고 이 논문을 길라잡이 삼아 좀 더 진실에 다가가는 노력을 기울일 수 있기를 소망한다.

2023.2.28

옮긴이 이철우, 고주영

참고문헌

Acton, H.B., 1955, The illusion of the epoch: Marxism-Leninism as a philosophical creed: London, Cohen and West, viii + 285p.

Adams, F.D., 1938, The birth and development of the geological sciences: Baltimore, Maryland, Williams and Wilkins Company, v + 506p.

Allaby, A., and Allaby, M., 1990, The concise Oxford dictionary of earth sciences: Oxford, Oxford University Press, xxi + 410 p.

Alvarez, L.W., Alvarez, W., Asaro, E, and Michel, H.V., 1980, Extraterrestrial cause for the Cretaceous-Tertiary extinction: Science, v.208, p.1095-1108.

Ambraseys, N.N., and Finkel, C.F., 1995, The seismicity of Turkey and adjacent areas: A historical review: Istanbul, Eren, 240 p.

Appleton, W.W., 1951, A cycle of Cathay: The Chinese vogue in England during the seventeenth and eighteenth centuries: New York, Columbia University Press, xii + 182 p.

Armstrong, D.M., 1983, What is a law of nature?: Cambridge, Cambridge University Press, x + 180 p.

Ashworth, W.B., Jr., and Brakley, B., 1984, Theories of the Earth 1644 - 1830: The history of a genre: Kansas City, Missouri, Linda Hall Library, 68 p.

Bacon, F. (Lord Verulam), 1620[1900], Advancement of learning and novum organum, revised edition: New York, Wiley Book Co., xii + [i] + 476 p.

Baeumler, A., 1926, Einletung, *in* Der Mythus von Orient und Occident: Eine Metaphysik der Alten Welt aus den Werken von J.J. Bachofen: Munich, C.H. Beck, p. xxv-ccxciv.

Baiter, M., 1999, New light on the oldest art: Science, v. 283, p. 920-922.

Balter, M., 2000, Paintings in Italian cave may be the oldest yet: Science, v. 290, p. 419-421.

Barnes, J., 1981, The presocratic philosophers [revised edition]: London, Routledge and Kegan Paul, xxiii + 703 p.

Barnes, J., 1987, Early Greek philosophy: London, Penguin, 318 p.

Behrmann, W., 1948, Die Entschleierung der Erde: Frankfurter Geographische Hefte, 16. Jahrgang, einziges Heft, 56 p., 12 plates.

Beurlen, K., 1939, Einige Bemerkungen zur Geschichte der Geologie: Zeitschrift der Deutschen Geologischen Gesellschaft, v. 91, p. 236-252.

Bingel, H., 1934, Abraham Gottlob Werner und seine Theorie der Gebirgsbildung: Marburg, R. Friedrich's Universitatsdruckerei, 126 p.

Blei, W., 1977, War der Aktualismus Huttons und Lyells ahistorisch?: Zeitschrift der Geologischen Wissenschaften, v. 5, p. 537-541.

Blei, W., 1981, Erkenntniswege zur Erd- und Lebensgeschichte. Ein Abriß: Wissenschaftliche Taschenbiicher. Texte und Studien: Berlin, Akademie-Verlag, 433 p.

Blumenberg, H., 1987, Das Lachen der Thrakerin: Eine Urgeschichte der Theorie: Frankfurt am Main, Suhrkamp, 162 p.

Bober, M.M., 1948, Karl Marx's interpretation of history [second edition]: Cambridge, Harvard University Press, x + 445 p.

Bonar, J., 1894, A catalogue of the library of Adam Smith: London, Macmillan and Co., xxx + 126 p.

Borges, J.L., 1997, Fini Mundi avec les peintures de John Martin (1789-1854) choisies et commentées par William Feaver et Gianfranco Malafrina: Milan, Franco Maria Ricci (Les signes de l'homme 20), 194 p.

Branagan, D., 1994, The Waistland: Three centuries of mineral exploration in the Pacific region, *in* Branagan, D.F., and McNally, G.H., eds., Useful and curious geological enquiries beyond the world. Pacific-Asia historical themes: New South Wales, Springwood, p. 14-29.

Brock, B.B., 1972, A global approach to geology: The background of a mineral exploration strategy based on significant form in the patterning of the Earth's crust: Cape Town, South Africa, A.A. Balkema, xix + [i] + 365 p.

Bucher, W.H., 1936, The concept of natural law in geology: Ohio Journal of Science, v. 36, p. 183-194.

Buffon, Comte de, 1778, Histoire Naturelle, Generale et Particuliere; Supplement, tome Cinquieme, Des Epoques de la Nature: Paris, L' Imprimerie Royale, viii + 615 + [1] + xxviii p.

Burke, K., 1997, Foreword, *in* de Wit, M.J., and Ashwal, L.D., eds., Greenstone belts: Oxford, Clarendon Press, p. v—vii.

Burnet, J., 1930, Early Greek philosophy [fourth edition]: London, Adam and Charles Black, vii + [i] + 375 p.

Carozzi, M., 2000, H.-B. de Saussure: James Hutton's obsession: Archives des Sciences Genève, v. 53, p. 77-158.

Carozzi, A.V., and Carozzi, M., 1991, Reevaluation of Pallas' Theory of the Earth (1778): Archives des Sciences Genève, v. 44, fascicule 1, [ii] + 105 p.

Carrasco, A.L., 1988, Mourelle de la Ruá in the South Sea, *in* Spanish Pacific from Magellan to Malaspina, Sección Española de la Exposición Mundial Brisbane - Australia 1988: Madrid, Ministerio de Asuntos Exteriores, Secretería de Estado para la Cooperación Internacional y para Iberoamérica, Dirección General de Relaciones Culturales, Comision del V Centenario del Descubrimiento de America, Comisión del Bicentenario de Carlos III, p. 133-145.

Chalmers, A.F., 1990, The limitations of falsificationism, *in* Chalmers, A.F., ed., What is this thing called science? [second edition]: Queensland, University of Queensland Press, p. 60-76.

Chappe d'Auteroche, J., 1768, Voyage en Siberie fait par Ordre du Roi en 1761; contenant les mceurs, les usages des Russes, et l'etat actuel de cette Puissance; la Description geographique & le Nivellement de la route de Paris a Tobolsk; l'Histoire naturelle de la meme route; des Observations astronomiques, & des Experiences sur l'Elecricite naturelle; enrichi de cartes geographiques, de plans, de profits du terrein; de Gravures, qui representent les usages des Russes, lurs mceurs, leur habillements, les Divinites des Calmouks, & plusieurs morceaux d'histoire naturelle: Paris, Debure, v. 1, xxx + [1] + 347 p.; v. 2, seconde partie, p. 347-767; Atlas, 31 plates.

Charpentier, J.F.W., 1778, Mineralogische Geographie der Chursachsischen Lande: Leipzig, Siegfried Lebrecht Crusius, xliv + xvi + 432 + [2] p., 7 plates.

Chauvet, J.-M., Deschamps, E.B., and Hillaire, C., 1996, Chauvet Cave: The discovery of the world's oldest paintings: London, Thames and Hudson, 135 p.

Christen, Y., 1981, Le Grand Affrontement Marx et Darwin: Paris, Albin Michel, 268 p.

Clarke, G., 1992, Space, time and man: A prehistorian's view: Cambridge, UK, Cambridge University Press, xiii + 165 p.

Collingwood, R.G., 1946, The idea of history: Oxford, Clarendon Press, xxvi + 339 p.

Collins, H., 1981, Stages in the empirical program of relativism: Social Studies of Science, v. 11, p. 3-10.

Comte, A., 1830[1864], Cours de Philosophie Positive, tome premier, deuxieme edition augment& d'une preface par E. Littre: Paris, J.B. Bailliere et Fils, lxxxix + 534 p.

Conche, M., 1991, Anaximandre: Fragments et Temoignages: Epimethe: Paris, Presses Universitaires de France, 252 + [1] p.

Cortani, M., 1963, Italian pioneers in geology and mineralogy: Cahiers d'Histoire Mondiale, v. 7, p. 503-519.

Craig, G.Y., McIntyre, D.B., and Waterston, C.D., 1978, James Hutton's Theory of the Earth: The lost drawings: Edinburgh, Scottish Academic Press, [iii] + 67 p.

Darwin, C.R., 1859, On the origin of species by means of natural selection, or the preservation of favoured races in the struggle for life: London, John Murray, ix + 502 p.

Daston, L., 2000, Can scientific objectivity have a history?: Alexander von Humboldt Stiftung Mitteilungen, no. 75, p. 31-40.

Davies, G.L.H., 1969, The Earth in decay: A history of British geomorphology: London, Macdonald Technical and Scientific, xvi + 390 p.

Davies, G.L.H., 1985, James Hutton and the study of landforms: Progress in Physical Geography, v. 9, p. 382-389.

d'Auboussin de Voisins, J.F., 1819, Trait6 de Geognosie, ou exposé des connaisances actuelles sur la constitution physique et minerale du globe terrestre, Volume I: Strasbourg, France, Levrault, lx + [i] + 496 p.

Dean, D.R., 1973, James Hutton and his public, 1785-1802: Annals of Science, v. 30, p. 89-105.

Dean, D.R., 1975, James Hutton on religion and geology: The unpublished preface to his Theory of the Earth (1788): Annals of Science, v. 32, p. 187-193.

Dean, D.R., 1985, The rise and fall of the deluge: Journal of Geological Education, v. 33, p. 84-93.

Dean, D.R., 1992, James Hutton and the history of geology: Ithaca, New York, Cornell University Press, xiii + [iii] + 303 p.

Dean, D.R., 1997, James Hutton in the field and in the study: Being an augmented reprinting of Vol. III of Hutton's Theory of the Earth as first published by Sir Archibald Geikie (1899): A bicentenary tribute to the father of modern geology: Delmar, New York, Scholars' Facsimiles & Reprints, not paginated.

de Humboldt, A., 1823, Essai Geognostique sur le Gisement des Roches dans les Deux Hemispheres: Paris, F.G. Levrault, 379 p.

de Karamyschew, A., 1764, Dissertatio Academica Demonstrans Necessitatem Promovendae Historiae Naturalis in Rossia, cujus Partem Primam Cons. Experient. Fac. Med. ad Acad. Upsal. Prmside D:no Doct. Carob v. Linne [Ph.D. thesis]: University of Uppsala, Sweden, Upsaliae, 34 p.

de Luc, J.A., 1778, Lettres Physiques et Morales sur les Montagnes et sur l'Histoire de la Terre et de l'Homme: Suisse, Libraires Associes, 224 p.

de Maillet, B., 1748[1968], Telliamed or conversations between an Indian philosopher and a French missionary on the diminution of the sea, in Carozzi, A.V., ed. and translator: Urbana, University of Illinois Press, 465 p.

de Margerie, E., 1929, L'cEuvre de Sven Hedin et l'Orographie du Tibet: Extrait du Bulletin de la Societe de Geographie du Comite des Travaux historiques et scientifiques, 1928: Paris, Imprimerie Nationle, 139 p.

de Santillana, G., 1961, The origin of scientific thought: A mentor book: New York, New American Library, 320 p.

de Saussure, H.-B., 1779, Voyages dans les Alpes, Precedes d'un Essai sur l'Histoire Naturelle des Environs de Geneve, Volume 1: Neuchatel, Samuel Fauche, 541 p.

Desmond, A., and Moore, J., 1994, Darwin: The life of a tormented evolutionist: New York, W.W. Norton, xxi + 808 + [1] p.

Donagan, A., 1974, Popper's examination of historicism, in Schilpp, P.A., ed., The philosophy of Karl Popper, Volume II: La Salle, Illinois, Open Court, p. 905-924.

Donovan, A., 1978, James Hutton, Joseph Black and the chemical theory of heat: Ambix, v. 25, p. 176-190.

Dott, R.H., Jr., 1969, James Hutton and the concept of a dynamic earth, in Schneer, C.J., ed., Toward a history of geology: Cambridge, Massachusetts, M.I.T. Press, p. 122-141.

Dott, R.H. Jr., 1997, James Dwight Dana's old tectonics: Global contraction under divine direction: American Journal of Science, v. 297, p. 283-311.

Dott, R.H., Jr., 1998, What is unique about geological reasoning?: GSA Today, v. 8, n. 10, p. 15-18.

Drayton, R., 2000, Nature's government: Science, Imperial Britain, and the 'improvement' of the world: New Haven, Yale University Press, xxi + 346 p.

Du Halde, J.B., 1735, Description Geographique, Historique, Chronologique, Politique et Physique de l'Empire de la Chine et de la Tartarie Chinoise: Volumes 1-4: Paris, P.G. Le Mercier, v. 1 (viii + lii + iii + 592 p.), v. 2 (iv + 725 p.), v. 3 (iv + 564 p.), v. 4 (ii + 520 p.).

Edwards, W.N., 1967, The early history of palaeontology: London, Trustees of the British Museum (Natural History), viii + 58 p.

Einstein, A., 1981, Mein Weltbild [revised edition]: Ullstein, Frankfurt am Main, 201 p. Ekelund, R.B., Jr., and Hebert, R.F., 1990, A history of economic theory and method (third edition): New York, McGraw-Hill, xv + 688 p.

Eliade, M., 1965, The myth of the eternal return or, cosmos and history: Bollingen Series 46: Princeton, New Jersey, Princeton University Press, xv + 195 p.

Elie de Beaumont, L., 1830a, Recherches sur quelquesunes des Revolutions de la surface du globe, presentant differens exemples de coincidence entre le redressement des couches de certains systemes de montagnes, et les changemens soudains qui ont produit les lignes de demarcation qu'on observe entre certains etages consecutifs des terrains de sediment (suite et fin): Annales des Sciences Naturelles, v. 19, p. 177-240.

Elie de Beaumont, L., 1830b, Recherches sur quelquesunes des Revolutions de la surface du globe, presentant differens exemples de coincidence entre le redressement des couches de certains systemes de montagnes, et les changemens soudains qui ont produit les lignes de demarcation qu'on observe entre certains &ages consecutifs des terrains de sediment: Revue Francaise, no. 15, p. 1-58.

Elie de Beaumont, L., 1831, Researches on some of the revolutions which have taken place on the surface of the globe; presenting various examples of the coincidence between the elevation of beds in certain systems of mountains, and the sudden changes which have produced the lines of demarcation observable in certain stages of the sedimentary deposits: Philosophical Magazine and Annals of Philosophy, new series, v. 10, p. 241-264.

Ellenberger, F., 1973, La These de doctorat de James Hutton et la renovtion perpetuelle du monde: Annales Guebhard, v. 49, p. 497-533. Ellenberger, F., 1988, Histoire de la Geologic, 1: Technique et Documentation: Paris, Lavoisier, 352 p.

Ellenberger, F., 1994, Histoire de la Geologic, 2: Technique et Documentation: Paris, Lavoisier, 383 p.

Elster, J., 1997, Making sense of Marx, in Cohen, G.A., et al., eds., Studies in Marxism and social theory: Paris, Editions de la Maison des Sciences de l'Homme, xv + 556 p.

Engels, F., 1951, Ludwig Feuerbach and the end of classical German philosophy, in Karl Marx and Friedrich Engels selected works, Volume 2: Moscow, Foreign Languages Publishing House, p. 324-363.

Engels, F., 1971, Dialektik der Natur, in Karl Marx Friedrich Engels Werke, Volume 20: Berlin, Institut fur Marxismus-Leninismus beim ZK der SED, Dietz Verlag, p. 305-570.

Evans, R.J., 1997, In defence of history: London, Granta, vii + 307 p.

Fel, S.E., 1960, Kartografiya Rosii XVIII Veka: Moscow, Izdatelstvo Geodezicheskoe Literaturi, 226 p.

Ferguson, A., 1805, Minutes of the life and character of Joseph Black, M.D.: Royal Society of Edinburgh Transactions, v. 5, p. 102-117.

Fernandez-Armesto, F., 1991, The Times atlas of world exploration: New York, HarperCollins Publishers, 286 p.

Feyerabend, P., 1988, Against method [revised edition]: London, Verso, viii + 296 p.

Feyerabend, P., 1991, Three dialogues on knowledge: Oxford, Basil Blackwell, 167 p.

Fischer, D.H., 1970, Historians' fallacies: Toward a logic of historical thought: New York, Harper Torchbooks, xxii + 338 p.

Galbraith, W.H., 1974, James Hutton: An analytic and historical study [Ph.D. thesis]: Pittsburgh, Pennsylvania, University of Pittsburgh, xxii + 277 p.

Gavroglu, K., 1994, Types of discourse and the reading of the history of the physical sciences, in Gavroglu, K., et al., eds., Trends in the historiography of science: Dordrecht, Kluwer Academic Publishers, p. 65-86.

Geikie, A., 1875, Life of Sir Roderick I. Murchison, based on his journals and letters, Volume 2: London, John Murray, viii + 375 p.

Geikie, A., 1897, The founders of geology: London, Macmillan and Co., 297 p.

Gerstner, P.A., 1971, The reaction to James Hutton's use of heat as a geological agent: British Journal for the History of Science, v. 5, p. 353-362.

Giere, R.N., 1999, Science without laws: Chicago, University of Chicago Press, x+ 285 p.

Gilbert, G.K., 1896, The origin of hypotheses. Illustrated by the discussion of a topographic problem, in Cross, W., and Hayes, C.W., eds., The Geological Society of Washington, Presidential Address ... with Constitution and Standing Rules, Abstracts of Minutes and List of Officers and Members: Washington, D.C., Geological Society of Washington, p. 3-24.

Gillispie, C.C., 1959, Genesis and geology, new printing with a new preface added: New York, Harper Torchbooks, viii + [1] + 306 p.

Gohau, G., 1990, A history of geology, revised and translated from the French by Albert V. Carozzi and Marguerite Carozzi: New Brunswick, Rutgers University Press, ix + [2] + 259 p.

Goodman, N., 1967, Uniformity and simplicity, in Albritton, C.C., Jr., et al., eds., Uniformity and simplicity: A symposium on the principle of the uniformity of nature: Geological Society of America Special Paper 89, p. 93-99.

Gordon, H.S., 1968, Laissez-faire, in International encyclopedia of the social sciences, Volume 8: New York, Macmillan, p. 546-549.

Gordon, H.S., 1991, The idea of harmonious order, in Gordon, H.S., ed., The history and philosophy of social science: London, Routledge, p. 211-247.

Gould, S.J., 1965, Is uniformitarianism necessary?: American Journal of Science, v. 263, p. 223-228.

Gould, S.J., 1987, Time's arrow time's cycle: Myth and metaphor in the dis-covery of time: Cambridge, Harvard University Press, 235 p.

Grant, M., 1995, Greek and Roman historians: Information and misinformation: London, Routledge, vii + 172 p.

Greene, M.T., 1982, Geology in the nineteenth century: Changing views of a changing world: Ithaca, New York, Cornell University Press, 324 p.

Grice, I.G.R., 1970, Hume's law: The Aristotelian Society, Supplementary Volume 44, The Symposia Read at the Joint Session of the Aristotelian Society and the Mind Association at the University of Aberdeen, 10-12 July, 1970: p. 89-103.

Gross, P.R., and Levitt, N., 1994, Higher superstition: The academic left and its quarrels with science: Baltimore, The Johns Hopkins University Press, [ii] + 314 p.

Grunewald, V., and Guntau, M., 1967, Bibliographie der Arbeiten von Abraham Gottlob Werner und der Publikationen zu seinen wissenschaftlichen Auffassungen und seiner Person, in Abraham Gottlob Werner Gedenkschrift aus AnlaB der Wiederkehr seines todestages nach 150 Jahren am 30. Juni 1967, Freiberger Forschungshefte C 223 Mineralogie: Leipzig, Lagerstattenkunde, p. 305-317.

Guntau, M., 1967a, Der Aktualismus bei A. G. Werner (Mit einem Fragment zum Aktualismus aus dem handschriftlichen NachlaB von A. G. Werner): Bergakademie, v. 19, p. 294-297.

Guntau, M., 1967b, Zwei Fragmente zum Neptunismus aus dem handschriftlichen NachlaB von A. G. Werner: Bergakademie, v. 19, p. 112-115.

Guntau, M., 1975, Die Entwicklung der geowissenschaftlichen Lehre an der Bergakademie Freiberg seit Griindung der Hochschule im Jahre 1765: Zeitschrift der Geologischen Wissenschaften, v. 3, p. 1579-1594.

Guntau, M., 1984, Abraham Gottlob Werner: Biographien hervorragender Naturwissenschaftler, Techniker und Mediziner, Volume 75: Leipzig, Teubner, 120 p.

Guntau, M., and Wachtler, E., 1974, Die geologischen Wissenschaften an der Bergakademie Freiberg in der Periode der industriellen Revolution: NTM-Schriftenreihe Geschichte, Naturwissenschaften, Technik, Medizin, v. 11, p. 16-23.

Haarmann, E., 1939, Erinnerung an Werner: Geologische Rundschau, v. 30, p. 589-599.

Halley, E., 1724-1725, Some considerations about the cause of the universal deluge: Royal Society of London Philosophical Transactions, v. 33, p. 118-125.

Hebei, J.P., 1960, Der Bergmann von Falun: Vienna, Montan-Verlag, 16 p.

Hedberg, H.D., 1969a, Influence of Tobern Bergman (1735-1784) on stratigraphy: Stockholm Contributions in Geology, v. 20, p. 19-47.

Hedberg, H.D., 1969b, The influence of Tobern Bergman (1735-1784) on stratigraphy: A résumé, in Schneer, C.J., ed., Toward a history of geology: Cambridge,

Massachusetts, M.I.T. Press, p. 186-191.

Hedin, S., 1942, Der Wandernde See: Leipzig, F.A. Brockhaus, 295 p.

Heidel, W.A., 1921, Anaximander's book, the earliest known geographical treatise: American Academy of Arts and Sciences Proceedings, v. 56, p. 239-288.

Heidel, W.A., 1933, The heroic age of science: The conception, ideals, and methods of science among the ancient Greeks: Baltimore, Williams and Wilkins Company, vii + 203 p.

Heider, W., 1931, Die Geschichtslehre von Karl Marx, in Beysig, K., ed., Forschungen zur Geschichts- und Gesellschaftslehre, 3. Heft: Stuttgart and Berlin, J.G. Cotta'sche Buchhandlung Nachfolger, 209 p.

Heilfurth, G., 1958, Gliickauf! Geschichte, Bedeutung und Sozialkraft des Bergmannsgrusses: Essen, Verlag Gliickauf GmbH, 224 p.

Heilfurth, G., and Greverus, I.-M., 1967, Bergbau und Bergmann in der Deutschsprachigen Sagentiberlieferung Mitteleuropas, Band I—Quellen: Magdeburg, N.G. Elwert Verlag, 1291 p.

Herder, J.G., 1964, Une Autre Philosophie de l'Histoire: Auch eine Philosophie der Geschichte: city of publication unknown, Aubier, 369 + [1] p.

Herneck, F., 1964, Der Beitrag der geologisch-paliiontologischen Wissenschaften zum Weltbild des 19. Jahrhunderts: Berichte der Geologischen Gesellschaft zu Berlin, v. 5, p. 57-73.

Heuser, H., 1992, Als Die Gutter Lachen Lernten. Griechische Denker verandern die Welt: Munich and Zurich, Piper, 330 p.

Higueras, D., 1988, The Malaspina Expedition (1789-1794), in Spanish Pacific from Magellan to Malaspina, Seccion Espafiola de la Exposicion Mundial Brisbane—Australia 1988: Madrid, Ministerio de Asuntos Exteriores, Secreterfa de Estado para la Cooperacion Internacional y para lberoamerica, DirecciOn General de Relaciones Culturales, Comision del V Centenario del Descubrimiento de America, Comisi6n del bicentenario de Carlos III, Madrid, p. 147-163.

Hillmann, G., 1966, Marx und Hegel: Von der Spekulation zur Dialektik: Frankfurt am Main, Europaische Verlagsanstalt, 456 + [2] p.

Hoffmann, E.T.A., 1819[1963], Die Bergwerke zu Falun, in E.T.A. Hoffmann Samtliche Werke, v. 2 (Die Serapions-Briider): Berlin and Darmstadt, Der Tempel Verlag, p. 167-194.

Hoffmann, E.T.A., 1943, The mines of Falun, in The tales of Hoffmann: Stories by E.T.A. Hoffmann, translated out of the German by various hands, illustrated with lithographs by Hugo Steiner—Prag together with a prologue from the illustrator: New York, The Limited Editions Club, p. 35-56.

Hoffmann, F., 1838, Geschichte der Geognosie und Schilderung der vulkanischen Erscheinungen: Vorlesungen gehalten an der Universitat zu Berlin in den Jahren 1834 und 1835: Berlin, Nicolaische Buchhandlung, viii + 569 p.

Holder, H., 1989, Kurze Geschichte der Gelogie und Palaontologie: Ein Lesebuch: Berlin, Springer-Verlag, viii + 244 p.

Hooykaas, R., 1963, The Principle of Uniformity in geology, biology and theology: Leiden, E. J. Brill, vii + 237 p.

Hooykaas, R., 1970, Catastrophism in geology, its scientific character in relation to actualism and uniformitarianism: Koninklijke Nederlandse Akademie van Wetenschappen, aft. Letterkunde, Med. (n.r.) v. 33, p. 271-316.

Hopkirk, P., 1992, The great game: The struggle for empire in Central Asia: New York, Kodansha International, xxiv + 565 p.

Hopkirk, P., 1995, Trespassers on the roof of the world: The secret exploration of Tibet: New York, Kodansha International, viii + 276 p.

Hoppe, G., 1994, Die Entwicklung der Ansichten Alexander von Humboldts Ober den Vulkanismus und die Meteorite, in Studia Fribergensia, Vortrage des Alexander-von-Humboldt-Kolloquiums in Freiberg vom 8. bis 10. November 1991 aus AnlaB des 200: Jahrestages von A. v. Humboldts Studienbeginn an der Bergakademie Freiberg, Beitrage zur Alexander-von-Humboldt-Forschung, v. 18, p. 93-106.

Hsii, K.J., 1980, Terrestrial catastrophe caused by cometary impact at the end of the Cretaceous: Nature, v. 285, p. 201-203.

Hsu, K.J., 1987, Catastrophic extinctions and the inevitability of the improbable: Referat und Diskussion der 28. Sitzung der Studiengruppe Energieperspektiven, Baden, 26. M5rz 1987, Dokumentation Nr. 28: Studiengruppe Energieperspektiven, 31 p.

Hsu, K.J., 1989, Rare events, mass extinction and evolution: Introduction: Historical Biology, v. 2, p. 1-4.

Hubbert, M.K., 1967, Critique of the principle of uniformity, in Albritton, C.C., Jr., et al., eds., Uniformity and simplicity: A symposium on the principle of the uniformity of nature: Geological Society of America Special Paper 89, p. 3-33.

Huggett, R., 1989, Cataclysms and Earth history: The development of Diluvianism: Oxford, Oxford University Press, xii + 220 p.

Hume, D., 1739[1978], A treatise of human nature [second edition]: Oxford, Clarendon Press, xix + 743 p.

Hume, D., 1777[1902], Enquiries concerning human understanding and concerning the principles of morals [second edition]: Oxford, Clarendon Press, xl + 371 p.

Hurlbutt, R.H., III, 1985, Hume, Newton, and the design argument [revised edition]: Lincoln, University of Nebraska Press, xvi + 255 p.

Hutcheson, F., 1725, An inquiry into the original of our ideas of beauty and virtue; in two treatises. In which the principles of the late Earl of Shaftesbury are explained and defended, against the author of the Fable of the Bees: and the ides of moral good and evil are established: London, Will and John Smith, xi + 276 p.

Hutton, J., 1785[1987], Abstract of a dissertation read in the Royal Society of Edinburgh, upon the seventh of March, and fourth of April M, DCC, LXXXV, concerning the system of the Earth, its duration and stability, in Craig, G.Y., ed., The 1975 Abstract of James Hutton's Theory of the Earth:

Edinburgh, Scottish Academic Press, 44 p.

Hutton, J., 1788, Theory of the Earth; or an investigation of the laws observable in the composition, dissolution, and restoration of land upon the globe: Royal Society of Edinburgh Transactions, v. 1, p. 209-304.

Hutton, J., 1794a, An investigation of the principles of knowledge and of progress of reason from sense to science and philosophy, Volume 1: London, A. Strahan and T. Cadell, lxxii + 649 p.

Hutton, J., 1794b, An investigation of the principles of knowledge and of progress of reason from sense to science and philosophy, Volume 2: London, A. Strahan and T. Cadell, xxiii + 734 p.

Hutton, J., 1794c, An investigation of the principles of knowledge and of progress of reason from sense to science and philosophy, Volume 3: London, A. Strahan and T. Cadell, xvi + 755 p.

Hutton, J., 1999a, An investigation of the principles of knowledge and of progress of reason from sense to science and philosophy, Volume 1[reprint]: Bristol, Thoemmes Press, xi + lxxii + 649 p.

Hutton, J., 1999b, An investigation of the principles of knowledge and of progress of reason from sense to science and philosophy, Volume 2 [reprint]: Bristol, Thoemmes Press, xxiii + 734 p.

Hutton, J., 1999c, An investigation of the principles of knowledge and of progress of reason from sense to science and philosophy, Volume 3 [reprint]: Bristol, Thoemmes Press, xvi + 755 p.

Hutton, J., 1795, Theory of the Earth with proofs and illustrations, Volume 1: London, Cadell, Junior and Davies, and Edinburgh, William Creech, viii + 620 p. + iv plates.

Hutton, J., 1899[1997], Theory of the Earth with proofs and illustrations, Volume 3, edited by Sir Archibald Geikie: London, Geological Society. Jackson, J.A., ed., 1997, Glossary of geology [fourth edition]: Alexandria, Virginia, American Geological Institute, xii + 769 p.

Jaeger, W., 1953, Die Theologie der Friihen Griechischen Denker: Stuttgart, Kohlhammer, Stuttgart, 303 p.

Johnston, T.L., 1977, Adam Smith and the wealth of nations: Royal Society of Edinburgh Year Book, 1977, p. 5-19.

Jones, J., Torrens, H.S., and Robinson, E., 1995, The correspondence between James Hutton (1726-1797) and James Watt (1736-1819) with two let-ters from Hutton to George Clerk-Maxwell (1715-1784): Part 2: Annals of Science, v. 52, p. 357-382.

Jones, P., 1984, An outline of the philosophy of James Hutton (1726-97), in Hope, V., ed., Philosophers of the Scottish Enlightenment: Edinburgh, University Press, p. 182-210.

Jones, R, 1996, David Hume, in Daiches, D., et al., eds., The Scottish Enlightenment 1730-1790, A hotbed of genius: Edinburgh, Saltire Society, p. 42-67.

Joyce, M., 1951, Edinburgh: The golden age: London, Longmans Green and Co., v + 199 p. Kagi, P., 1965, Genesis des Historischen Materialismus: Karl Marx and die Dynamik der Gesellschaft: Vienna, Europa Verlag, 413 p.

Kahn, C.H., 1960, Anaximander and the origins of Greek cosmology: New York, Columbia University Press, 250 p.

Keferstein, C., 1840, Geschichte and Litteratur der Geognosie, ein Versuch: Halle, Johann Friedrich Lippert, xiv + 281 p.

Kitcher, R, 1982, Abusing science: The case against Creationism: Cambridge, Massachusetts, M.I.T. Press, 214 p.

Kramer, S.N., 1981, History begins at Sumer: Thirty nine firsts in man's recorded history: Philadelphia, University of Pennsylvania Press, xxvii + 388 p.

Kuhn, T.S., 1970, The structure of scientific revolutions, in International encyclopedia of unified science, Foundations of the unity of science, Volume 2 [second edition]: Chicago, Illinois, University of Chicago Press, xii + 210 p.

Kuhn, T.S., 1990, The road since structure: PSA (Philosophy of Science Asso-ciation), v. 2, p. 3-13. (Now reprinted in Kuhn, T.S., 2000, The road since structure, Conant, J., and Haugeland, J., eds.: Chicago, The University of Chicago Press, p. 90-104.)

Kuhn, T.S., 1992, The trouble with the historical philosophy of science: Robert and Maurine Rothschild Distinguished Lecture, 19 November 1991, Department of the History of Science: Cambridge, Massachusetts, Harvard University, 20 p. (Now reprinted in Kuhn, T.S., 2000, The road since structure, Conant, J., and Haugeland, J., eds.: Chicago, The University of Chicago Press, p. 105-120.)

Kuhn, D., and von Engelhardt, W., 1970, Goethe—die Schriften zur Naturwis-senschaft—Erste Abteilung: Texte—Elfter Band—Aufsatze, Fragmente, Studien zur Naturwissenschft im Allgemeinen: Weimar, Hermann Boillaus Nachfolger, xiii + 416 p. + v plates.

Lakatos, I., 1970, Falsification and the methodology of scientific research programmes, in Lakatos, I., and Musgrave, A., eds., Criticism and the growth of knowledge: Cambridge, UK, Cambridge University Press, p. 91-196.

Laudan, L., Donovan, A., Laudan, R., Barker, P., Brown, H., Leplin, J., Thagard, P., and Wykstra, S., 1986, Scientific change: Philosophical models and historical research: Synthesis, v. 69, p. 141-223.

Laudan, R., 1987, From mineralogy to geology: The foundations of a science: Chicago, Illinois, University of Chicago Press, xii + 278 p.

Lefkowitz, M., 1996, Whatever happened to historical evidence?, in Gross, P.R., Levitt, N., and Lewis, M.W., eds., The flight from science and reason: New York, New York Academy of Sciences, p. 301-312.

Lehmann, J.G., 1756, Versuch einer Geschichte von Flotz-Gebiirgen, betreffende deren Entstehung, Lage, darinnen befindliche Metallen, Mineralien and Fossilien: Berlin, Klilter'sche Buchhandlung, [lxxx] + 240 + [iv] p.

Leibniz, G.G., 1749, Protogaea sive de prima facie tellvris et antiqvissimae historiae vestigiis in ipsis natvrae monvmentis dissertatio ex Schedis Manvscriptis in lvcem edita a Christiano Lvdovico Scheidio: Ioh. Gvil. Schmid, xxviii + 86 p. + xii plates.

Leibniz, G.W., 1949, Protogaea, ilbersetzt von W. v. Engelhardt, in Peuckert, W.E., ed., Leibniz Werke, Volume 1: Stuttgart, W. Kohlhammer, 182 p.

Leroi-Gourhan, A., 1971, Prahistorische Kunst: Freiburg, Herder, 601 p.

Lindgren, J.R., 1969, Adam Smith's theory of inquiry: Journal of Political Economy, v. 77, p. 897-915.

Linneaus, C., 1744, Oratio de Telluris Habitabilis Incremento. Et Andreae Celsii Oratio de Mutationibus Generalioribus quae in superficie corporum coelestium contingunt: Lugduni Batavorum, Cornelium Haak, 104 p.

Lyell, C., 1830, Principles of geology, being an attempt to explain the former changes of the earth's surface, by reference to causes now in operation, Volume 1: London, John Murray, xv + 511 p.

Lyell, C., 1875, Principles of geology or the modern changes of the earth and its inhabitants considered as illustrative of geology, Volume 1 [twelfth edition]: London, John Murray, xxii + [1] + 655 p.

Macfie, A., 1971, The invisible hand of Jupiter: Journal of the History of Ideas, v. 32, p. 595-599. Mach, E., 1896, Popular-Wissenschaftliche Vorlesungen: Leipzig, Johann Ambrosius Barth, [iv] + 335 p.

Magee, B., 1973, Karl Popper: The Modern Masters series, New York, Viking Press, 115 p.

Mandelbaum, M., 1938, The problem of historical knowledge: An answer to relativism: New York, Liveright Publishing Corporation, x + 340 p.

Marvin, U., 1990, Impact and its revolutionary implications for geology, in Sharpton, V.L., and Ward, P.D., eds., Global catastrophes in Earth history: An interdisciplinary conference on impacts, volcanism, and mass mortality: Geological Society of America Special Paper 247, p. 147-154.

Marx, K., 1844[1968], Okonomisch-philosophische Manuskripte aus dem Jahre 1844, in Karl Marx Friedrich Engels Werke, Erganzungsband (Schriften, Manuskripte, Briefe bis 1844), erster Teil, Institut fiir Marxismus-Leninismus beim ZK der SED: Berlin, Dietz Verlag, p. 465-588.

Marx, K., 1859[1969], Zur Kritik der Politischen Okonomie, in Karl Marx Friedrich Engels Werke, Volume 13: Institut fiir Marxismus-Leninismus beim ZK der SED [reprint]: Berlin, Dietz Verlag, p. 1-160.

Marx, K., 1866[1965], Marx an Engels in Manchester, in Karl Marx Friedrich Engels Werke, Volume 31: Institut ftir Marxismus-Leninismus beim ZK der SED: Berlin, Dietz Verlag, p. 247-249.

Marx, K., 1867[1981], Das Kapital: Kritik der politischen Oekonomie, Erster Band, Institut fiir Marxismus-Leninismus beim ZK der SED [reprint]: Berlin, Dietz Verlag, 955 p.

Marx, K., 1894[1986], Das Kapital: Kritik der politischen Oekonomie, Dritter Band, Institut ffir Marxismus-Leninismus beim ZK der SED [reprint]: Berlin, Dietz Verlag, 1007 p.

Marx, K., and Engels, F., 1859[1969], Die Deutsche Ideologie, in Karl Marx Friedrich Engels Werke, Volume 2: Institut far Marxismus-Leninismus beim ZK der SED: Berlin, Dietz Verlag, p. 9-530.

McIntyre, D.B., 1963, James Hutton and the philosophy of geology, in Albritton, C.C., Jr., ed., The fabric of geology: Reading, Pennsylvania, Addison-Wesley, p. 1-11.

McIntyre, D.B., 1997, James Hutton's Edinburgh: The historical, social and political background: Earth Science History, v. 16, p. 100-157.

McIntyre, D.B., and McKirdy, A., 1997, James Hutton: The founder of modern geology: Edinburgh, The Stationary Office, xi + 51 p.

McLellan, D., 1971, Marx before Marxism [revised edition]: London, Pelican Books, 301 p.

Michael, H., undated, Einfiihrung, in Meyer, A., and Michael, H., eds., undated, Leopold von Rankes Historische Meisterwerke, Volume 1-2: Vienna, Gutenberg-Verlag Christensen and Co., p. 3-15.

Miihlfriedel, W., and Guntau, M., 1967, Abraham Gottlob Werners Wirken fiir die Wissenschaft und sein Verhaltnis zu den geistigen Stromungen des 18. Jahrhunderts, in Abraham Gottlob Werner Gedenkschrift aus Anlal3 der Wiederkehr seines todestages nach 150 Jahren am 30. Juni 1967, Freiberger Forschungshefte C 223 Mineralogie: Leipzig, Lagerstattenkunde, p. 9-46.

[Murray, J.], 1802, A comparative view of the Huttonian and Neptunian systems of geology, in Answer to illustrations of the Huttonian theory of the Earth, by Professor Playfair: Edinburgh, Ross and Blackwood, and London, T.N. and 0. Rees, v + 256 p.

Neubauer, J., 1997, Das Verstandnis der Naturwissenschaften bei Novalis und Goethe, in Uerlings, H., ed., Novalis und die Wissenschaften: Ttibingen, Max Niemeyer Verlag, p. 49-63.

Norman, R., and Sayers, S., 1980, Hegel, Marx and dialectic: A debate: New Jersey, Humanities Press, viii + 188 p.

Notturno, M.A., 1999, The open society and its enemies: Authority, community, and bureaucracy, in Jarvie, I., and Pralong, S., eds., Popper's open society after fifty years: The continuing relevance of Karl Popper: London, Routledge, p. 41-55.

Novalis, 1977, Schriften, erster Band Das dichterische Werk, edited by P. Kluckhorn and Richard Samuel in cooperation with H. Ritter and G. Schulz; revised by R. Samuel: Stuttgart, Kohlhammer, xvi + 774 p.

Novalis, 1981, Schriften, zweiter Band Das philosophische Werk I, edited by Richard Samuel in cooperation with H.-J. Mahl and G. Schulz; revised by R. Samuel and H.-J. Mahl: Stuttgart, Kohlhammer, xvi + 783 p.

Novalis, 1983, Schriften, dritter Band Das philosophische Werk II, edited by Richard Samuel in cooperation with H.-J. Mahl and G. Schulz [third revised edition]: Stuttgart, Kohlhammer, xv + 1077 p.

O'Brien, D.P.O., 1990, The longevity of Adam Smith's vision: Paradigms, research programmes and falsifiability in the history of economic thought, in Mair, D., ed., The Scottish contribution to modern economic thought: Aberdeen, Aberdeen University Press, p. 153-173.

O'Hear, A., editor, 1995, Karl Popper: Philosophy and problems: Supplement to 'Philosophy' Royal Institute of Philosophy, Supplement 39: Cambridge, Cambridge University Press, 297 p.

Oldroyd, D., 1971, The vulcanist-neptunist debate reconsidered: Journal of Geological Education, v. 19, p. 450-454

Oldroyd, D.R., 1996, Thinking about the Earth: A history of ideas in geology: Cambridge, Harvard University Press, xxx + 410 p.

Olsen, P.E., 1986, Impact theory: Is the past key to the future?: Lamont-Doherty Geological Observatory Yearbook (1985-1986), p. 5-10.

O'Rourke, J.E., 1978, A comparison of James Hutton's Principles of Knowledge and Theory of the Earth: Isis, v. 69, p. 5-20.

Ospovat, A.M., 1969, Reflections on A.G. Werner's "Kurze Klassifikation," in Schneer, C.J., ed., Toward a history of geology: Cambridge, Massachusetts, M.I.T. Press, p. 242-256.

Ospovat, A.M., translator, 1971, Abraham Gottlob Werner; short classification and description of the various rocks: New York, Hafner, x + [ii] + 194 p.

Ospovat, A.M., 1976, The distortion of Werner in Lyell's Principles of Geology: British Journal for the History of Science, v. 9, part 2: Lyell Centenary Issue, p. 190-198.

Ospovat, A.M., 1980, The importance of regional geology in the geological theories of Abraham Gottlob Werner: A contrary opinion: Annals of Science, v. 37, p. 433-440.

Ospovat, A., 1983, Regionale einfltisse auf Ursprung und Entwicklung der geologischen Theorien Abraham Gottlob Werners, in Holder, H., ed., Regionale Einfliisse auf Ursprung und Entwicklung geologischer Theorien, VIII. INHIGEO-Symposium: MOnstersche Forschungen zur Geologie und Palaontologie, Heft 58, p. 87-89.

Outram, D., 1995, The Enlightenment: Cambridge, UK, Cambridge University Press, xv + 141 p.

Page, D., 1865, Handbook of geological terms: Geology and physical geography [second edition]: Edinburgh and London, William Blackwood and Sons, 506 p.

Page, L.E., 1971, Commentary on the paper of M.J.S. Rudwick, in Roller, D.H.D., ed., Perspectives in the history of science and technology: Norman, University of Oklahoma Press, p. 232-237.

Paley, W., 1807, Natural theology; or, Evidences of the existence and attributes of the deity. Collected from the appearances of nature: London, R. Faulder and Son, xi + 595 p.

Pallas, P.S., An VII [1796], Tableau physique et topographique de la Tauride Suivi d'Observations sur la Formation des Montagnes, et les Changemens Arrives a Notre Globe par le Professeur Pallas, pour faire suite a son Voyage en

Russie, in Voyage de Pallas, tome IX: Paris, Chez Guillaume and Guide, 172 p.

Pannekoek, A., 1914, Marxismus und Darwinismus: Leipzig, Verlag der Leipziger Buchdruckerei Aktiengesellschaft, 44 p.

Pascal, B., 1966, Pensees, translated with an introduction by A.J. Krailsheimer: London, Penguin Classics, 359 p.

Pfeiffer, J.E., 1982, The creative explosion: Ithaca, New York, Cornell University Press, 270 p.

Playfair, J., 1802, Illustrations of the Huttonian Theory of the Earth: London, Cadell and Davies, and Edinburgh, William Creech, xx + 528 p.

Playfair, J., 1805, Biographical account of the late Dr. James Hutton, F.R.S. Edin.: Royal Society of Edinburgh Transactions, v. 5, part 3, p. 39-99

Poebel, A., 1926, Der Kontlikt zwischen Lagas und Umma zur Zeit Ennatums I. und Entemenas, in Adler, C., and Ember, A., eds., Oriental studies published in commemoration of the fortieth anniversary (1883-1923) of Paul Haupt as Director of the Oriental Seminary of the Johns Hopkins University: Baltimore, The Johns Hopkins Press, and Leipzig, J.C. Hinrich'sche Buchhandlung, p. 220-267.

Popper, K.R., 1933, Ein Kriterium des empirischen Charakters theoretischer systeme (Vorlaufige Mitteilung): Erkenntnis, Volume 3 (Annalen der Philosophie, v. 11), p. 426-427.

Popper, K.R., 1935, Logik der Forschung: Vienna, Springer Verlag, vi + 248 p. Popper, K.R., 1957, The poverty of historicism: London, Routledge and Kegan Paul, xiv + 166 p.

Popper, K.R., 1966a, The open society and its enemies, Volume 1, The spell of Plato [fifth edition]: Princeton, New Jersey, Princeton University Press, xi + 361 p.

Popper, K.R., 1966b, The open society and its enemies, Volume 2. The high tide of prophecy: Hegel, Marx, and the aftermath [fifth edition]: Princeton, New Jersey, Princeton University Press, v + [i] + 420 p.

Popper, K.R., 1967[1985], The rationality principle, in Miller, D., ed., Popper selections: Princeton, New Jersey, Princeton University Press, p. 357-365.

Popper, K.R., 1974, Autobiograpy, in Schilpp, P.A., ed., The philosophy of Karl Popper, Volume 1: Library of Living Philosophers, Volume 14, book I: La Salle, Illinois, Open Court, p. 1-181.

Popper, K.R., 1980, The logic of scientific discovery [tenth edition]: London, Unwin Hyman, 480 p. Popper, K.R., 1982, Quantum theory and the schism in physics: London, Hutchinson, xviii + 229 p.

Popper, K.R., 1983, Realism and the aim of science: Totowa, New Jersey, Rowman and Littlefield, xxxix + 420 + [2] p.

Popper, K.R., 1989a, Back to the Presocratics, in Popper, K.R., Conjectures and refutations: The growth of scientific knowledge [fifth edition]: London, Routledge, p. 136-165.

Popper, K.R., 1989b, Conjectures and refutations: The growth of scientific knowledge [fifth edition]: London, Routledge, xiii + 431 p.

Popper, K.R., 1998, The world of Parmenides: Essays on the Presocratic Enlightenment, edited by Arne F. Petersen, with the assistance of Jurgen Mejer: London, Routledge, x + 328 p.

Popper, K.R., and Kreuzer, F., 1986, Offene Gesellschaft-Offenes Universum. Ein Gesprach Ober das Lebenswerk des Philosophen: Munich, and Ziirich, Piper, 99 p.

Porter, R., 1976, Charles Lyell and the principles of the history of geology: British Journal for the History of Science, v. 9, p. 91-103.

Porter, R., 1977; The making of geology: Earth science in Britain: Cambridge, UK, Cambridge University Press, x + [i] + 228 p.

Prinn, R.G., and Fegley, B., Jr., 1987, Bolide impacts, acid rain, and biospheric traumas at the Cretaceous-Tertiary boundary: Earth and Planetary Science Letters, v. 83, p. 1-15.

Rae, J., 1895, Life of Adam Smith: London, Macmillan, xv + 449 p.

Randall, A.G., 1996, The timekeeper that won the longitude prize, in Anrewes, W.J.H., ed., The quest for longitude, Collection of historical scientific instruments: Cambridge, Harvard University, p. 236-254.

Raphael, D.D., 1996, Adam Smith, in Daiches, D., et al., eds., The Scottish Enlightenment 1730-1790: A hotbed of genius: Edinburgh, Saltire Society, p. 68-91.

Raphael, D.D., and Skinner, A.S., 1980, General introduction, in Smith, A., Essays on philosophical subjects: Wightman, W.P.D., and Bryce, J.C., eds., with Dugald Stewart's account of Adam Smith: Oxford, Clarendon Press, p. 1-21.

Renovantz, H.M., 1778, Mineralogisch-geographische and andere vermischte Nachrichten von den Altaischen Gebtirgen

Russisch Kayserlichen Anteils: Reval (privately printed), 274 p.

Rice, T., 1999, Voyages of discovery: Three centuries of natural history exploration: London, The Natural History Museum, 335 p. Rickert, H., 1910, Kulturwissenschaft und Naturwissenschaft, zweite umgearbeitete und vermehrte Auflage: Tubingen, J.C.B. Mohr (Paul Siebeck), vii + 151 p.

Rickert, H., 1921, Die Grenzen der Naturwissenschaftlichen Begriffsbildung: Eine logische Einleitung in die historischen Wissenschaften, 3 und 4. Auflage: Tubingen, J.C.B. Mohr (Paul Siebeck), xxviii + 563 p.

Roberts, C., 1996, The logic of historical explanation: University Park, Pennsylvania University Press, xi + 320 p.

Rocchia, R., Doukhan, J.-C., Leroux, H., Robin, E., Claeys, P., Smit, J., Buffetaut, E., and Archibald, J.D., 1996, Dossier: La Fin des Dinosaures: Un debat chasse l'autre: La Recherche, no. 293, p. 51-69.

Rohde, E., 1921, Psyche: Seelenkult und Unsterblichkeitsglaube der Griechen, siebente und achte Auflage: Tiibingen, J.C.B. Mohr (Paul Siebeck), xi + 448 p.

Ross, I.S., 1995, The life of Adam Smith: Oxford, Clarendon Press, xxviii + 495 p.

Rossi, P., 1984, The dark abyss of time: The history of the Earth and the history of nations from Hooke to Vico: Chicago, Illinois, University of Chicago Press, xvi + 338 p.

Ruby, J.E., 1986, The origins of scientific "law": Journal of the History of Ideas, v. 47, p. 341-359.

Rudwick, M.J.S., 1962, Hutton and Werner compared: George Greenough's geological tour of Scotland in 1805: British Journal for the History of Science, v. 1, p. 117-135.

Rudwick, M.J.S., 1971, Uniformity and progression: Reflections on the structure of geological theory in the age of Lyell, in Roller, D.H.D., ed., Perspectives in the history of science and technology: Norman, University of Oklahoma Press, p. 209-232.

Rudwick, M.J.S., 1990, Introduction, in Charles Lyell, 1830, Principles of geology, Volume I reprint: Chicago, Illinois, University of Chicago Press, p. vii-viii.

Rupke, N.A., 1983a, The great chain of history. William Buckland and the English School of Geology (1814-1849): Oxford, Clarendon Press, xii + [1] + 322 p.

Rupke, N.A., 1983b, The apocalyptic denominator in English culture of the early nineteenth century, in Pollock, M., ed., Common denominators in art and science: Aberdeen, Aberdeen University Press, p. 30-41.

Russell, B.[A.W.], 1910[1994], Philosophical Essays: London, Routledge, 159 p.

Russell, B.A.W., 1945[1972], A history of western philosophy: A Touchstone book: New York, Simon and Schuster, xxiii + 895 p.

Russell, B.[A.W.], 1967[1995], Autobiography: London, Routledge, 750 p.

Sainte-Claire Devine, C., 1878, Coup-d'Eil Historique sur la Geologic et sur les Travaux d'Elie de Beaumont: Paris, G. Masson, vii + 597 + [1] p.

Schellhas, W., 1967, Abraham Gottlob Werner als Inspektor der Bergakademie Freiberg und als Mitglied des Sachsischen Oberbergamtes zu Freiberg, in Abraham Gottlob Werner Gedenkschrift aus Anlal3 der Wiederkehr seines todestages nach 150 Jahren am 30. Juni 1967, Freiberger Forschungshefte C 223 Mineralogie-Lagerstattenkunde, Leipzig, p. 245-278.

Schilling, K., 1963, Monumenta Judaica-2000 Jahre Geschichte und Kultur der Juden am Rhein-Handbuch: eine Austellung im kolnischen Stadtmuseum 15. Oktober 1963-15. Marz 1964, Köln, Kolnisches Stadtmuseum, 820 p. + 137 photos.

Schmitz, H., 1988, Anaximander und die Anfange der Griechischen Philosophic: Bonn, Bouvier, v + 79 p.

Schrodinger, E., 1954, Nature and the Greeks: Cambridge, Cambridge University Press, [i] + 97 p.

Semper, M., 1914, Die Geologischen Studien Goethes: Beitrage zur Biographic Goethes und zur Methodenlehre und Geschichte der Geologic: Leipzig, Veit and Co., xii + 389 p.

Şengör, A.M.C., 1982, Eduard Suess' relations to the pre-1950 schools of thought in global tectonics: Geologische Rundschau, v. 71, p. 381-420.

Şengör, A.M.C., 1991, Timing of orogenic events: A persistent geological controversy, in Willer, D.W., et al., eds., Modern controversies in geology: London, Academic Press, p. 405-473.

Şengör, A.M.C., 1992, Onsekizinci yuzyrl sonunda jeolojide Neptiinist-Volkafist tarusmasinin felsefi temelleri [The philosophical foundations of the Neptunist-Vulcanist debate at the end of the eighteenth century]: Bilim Tarihi, Nisan, no. 6, p. 16-24.

Şengör, A.M.C., 1993, Tarihsel disiplinlerin bilimselligi tizerine [On the scientific status of historical disciplines]: Bilim Tarihi, Kamm 1993, no. 25, p. 11-30.

Şengör, A.M.C., 1996, Eine Erganzung der Carleschen Liste der Veroffentlichungen von Hans Stille und einige Schliisse: Ein Beitrag zur Geschichte und Philosophie der tektonischen Forschung: Zentralblatt fiir Geologie und Paldontologie, Jahrgang 1994, no. 9/10, p. 1051-1106.

Şengör, A.M.C., 1997, Gerekli olan orrair boyu akilciegitimdir [What is needed is life-long rationalist education]: ITU Vakif Dergisi, 1997 Yaz p. 44-49.

Şengör, A.M.C., 1998a, Iki egitim yontemi ye bilim merkezleri [Two methods of instruction and science centers], in Bilim Merkezleri Nedir?: Istanbul, Panel, Bilim Merkezi Vakfi, p. 11-26.

Şengör, A.M.C., 1998b, Die Tethys: Vor hundert Jahren und heute: Mitteilungen der osterreichischen geologischen Gesellschaft, v. 89, p. 5-177.

Şengör, A.M.C., 2000, Die Bedeutung von Eduard Suess (1831-1914) flir die Geschichte der Tektonik: Berichte der Geologischen Bundesanstalt, v. 51, p. 57-72.

Şengör, A.M.C., in press, On Sir Charles Lyell's alleged distortion of Abraham Gottlob Werner in Principles of Geology and its implications for the nature of the scientific enterprise: Journal of Geology.

Sezgin, F., 1987, The contribution of the Arabic-Islamic geographers to the formation of the world map: Veroffentlichungen des Institutes ftir Geschichte der Arabisch-Islamischen Wissenschaften, Rheide D Kartographie, Band 2,50 p. + 48 maps.

Sezgin, F., 1993, Ma' mOnische Weltkarte (Faksimile), in Focus Behaim Globus Teil 1: Aufsatze, Teil 2: Katalog, Germanisches Nationalmuseum, Niirnberg 2. Dezember 1992 bis 28. Februar 1993: Verlag des Germanischen Nationalmuseums, p. 650-651.

Sezgin, F., 2000, Geschichte des Arabischen Schrifttums, Band X, Mathematische Geographie und Kartographie im Islam und Ihr Fortleben im Abendland—Historische Darstellung, Teil I, Frankfurt am Main, Institut fiir Geschichte der Arabisch-Islamischen Wissenschaften an der Johann Wolfgang Goethe-Universitat, xxx + 634 p.

Sharpton, V.L., and Ward, P.D., eds., 1990, Global catastrophes in Earth history: An interdisciplinary conference on impacts, volcanism, and mass mortality: Geological Society of America Special Paper 247,641 p.

Sharpton, V.L., Burke, K., Camargo-Zanoguera, A., Hall, S.A., Lee, D.S., Marin, L.E., Suarez-Reynoso, G., Quezada-Muneton, J.M., Spudis, RD., and Urrutia-Fucuguachi, J., 1993, Chicxulub multiring impact basin: Size and other characteristics derived from gravity analysis: Science, v. 261, p. 1564-1567.

Simpson, G.G., 1963, Historical science, in Albritton, C.C., Jr., ed., The fabric of geology: Reading, Pennsylvania, Addison-Wesley, p. 24-48.

Simpson, J.A., and Weiner, E.S.C., editors, 1989, The Oxford English dictionary, compact edition, 2nd edition: Oxford, UK, Oxford University Press, xvi + 2386 p.

Skinner, A.S., 1996, A system of social science: Papers relating to Adam Smith: Oxford, UK, Clarendon Press, x + 293 p.

Smith, A., 1756[1976], The theory of moral sentiments, Raphael, D.D., and Macife, A.L., eds.: Oxford, UK, Clarendon Press, 52 + 412 p.

Smith, A., 1784[1976], An inquiry into the nature and causes of the wealth of nations, Volume 1: Campbell, R.H., and Skinner, A.S., eds.: Oxford, UK, Oxford University Press, 617 p.

Smith, A., 1795[1980], Essays on philosophical subjects: Wightman, W.P.D., and Bryce, J.C., eds., with Dugald Stewart's account of Adam Smith: Oxford, UK, Clarendon Press, 20 + 358 p.

Smith, A., 1978, Lectures on Jurisprudence, Meek, R.L., et al., eds.: Oxford, UK, Clarendon Press, viii + 610 p.

Smith, A., 1983, Lectures on rhetoric and belles letters, Bryce, J.C., ed.: Oxford, UK, Clarendon Press, 37 + 243 p.

Smith, N.K., 1941, The philosophy of David Hume: A critical study of its ori-gins and central doctrines: London, Macmillan, xxiv + 568 p.

Sobel, D., 1995, Longitude: London, Fourth Estate, viii + 184 p.

Solov'ev, J.J., 1985, Retrospektive Analyse des Begriffs "Aktualismus" in der Palaogeographie: Schriftenreihe fiir Geologische Wissenschaften, no. 24, p. 105-112.

Sowell, T., 1985, Marxism: Philosophy and economics: New York, William Morrow, 281 p.

Stadler, U., 1997, Zur Anthropologie Friedrich von Hardenbergs (Novalis), in Uerlings, H., ed., Novalis und die Wissenschaften: Tubingen, Max Niemeyer Verlag, p. 87-105.

Stafford, R.A., 1989, Scientist of empire: Sir. Roderick Murchison, scientific exploration and Victorian imperialism: Cambridge, UK, Cambridge University Press, 293 p.

Stenonis, N., 1669, De Solidum intra Solidus Naturaliter Contento: Prodromus Dissertationis: Florentix, Stellae, 78 + [i] p. + I foldout.

Stewart, D., 1980, Account of the life and writings of Adam Smith, in Wightman, W.P.D., and Bryce, J.C., eds., Essays on philosophical subjects, with Dugald Stewart's account of Adam Smith: Oxford, UK, Clarendon Press, p. 269-351.

Stille, H., 1919, Alte und junge Saumtiefen: Nachrichten von der koniglichen Gesellschaft der Wisenschaften zu Gottingen, mathematisch-physikalis-che Klasse, 1919, p. 337-372.

Stille, H., 1922, Die Schrumpfung der Erde: Berlin, Gebrader Borntraeger, 37 p. Stille, H., 1924, Grundfragen der Bergleichenden Tektonik: Berlin, Gebrtider Borntraeger, viii + 443 p.

Stille, H., 1940, Einftihrung in den Bau Amerikas: Berlin, Gebrader Borntraeger, xx + 717 p. Stokes, G. 1998, Popper:

Philosophy, politics, and scientific method: Cam-bridge, UK, Polity Press, xiii + 197 p.

Suess, E., 1862, Der Boden der Stadt Wien nach seiner Bildunsweise, Beschaffenheit und seinen Beziehungen zum Btirgerlichen Leben: Eine Geologische Studie: Vienna, Wilhelm Braumiiller, [vi] + 326 p. + 1 foldout map.

Suess, E., 1877, Die Zukunft des Goldes: Vienna, Wilhelm Braumtiller, vi + 389 p.

Thomson, H.F., 1965, Adam Smith's philosophy of science: Quarterly Journal of Economics, v. 79, p. 212-233.

Tomkeieff, S.I., 1948-49, James Hutton and the philosophy of geology: Royal Society of Edinburgh Proceedings, section B, v. 3, p. 387-400.

Tomkeieff, S.I., 1962, Unconformity: An historical study: Geologists' Association Proceedings, v. 73, p. 383-417.

Trigueiro de Sousa, W., Gilmar de Menezes, M., and Guimaraes., Ai., 1996, Cronologia da mineracao no Brasil: Revista Escola da Minas, v. 50, no. 3, p. 39-45.

Trumpy, R., 1996, James Hutton und die Anhange der modernen Geologie, in Brahlmeier, D., and Holzhey, H., eds., Schottische Aufklarung "A hotbed of genius": Berlin, Akademie Verlag, p. 75-89

Uerlings, H., 1997, Novalis und die Wissenschaften. Forschunsstand und Perspektiven, in Uerlings, H., ed., Novalis und die Wissenschaften: Ttibingen, Max Niemeyer Verlag, p. 1-22.

Uerlings, H., in press, Novalis in Freiberg: Die Romantisierung des Bergbaus: Aurora (in press).

Vallisnieri, A., 1721, De Corpi Marini, Che su' Monti si Trovano; della loro Origine; E dello Stato del Mondo Avanti'l Diluvio, nel Diluvio, e dopo it Diluvio: Venice, Domenico Lovisa, [viii] + 254 + [10] p. + 4 foldouts.

Visser, W.A., ed., 1980, Geological nomenclature: Royal Geological and Mining Society of the Netherlands: Utrecht, Bohn, Scheltema and Holkema and The Hague, Martinus Nijhoff, xxvi + 540 p.

Vlastos, G., 1952, Theology and philosophy in early Greek thought: Philosophical Quarterly, v. 2, p. 97-123.

Vogelsang, H., 1867, Philosophic der Geologic und mikroskopische Gesteinsstudien: Bonn, Max Cohen and Sohn, [iii] + 229 p. + 10 plates.

von Buch, L., 1867a, Fragment d'une lettre a M. A. Pictet. Sur la controverse entre R. Kirwan et Sir James Hall, in Ewald, J., et al., eds., Leopold von Buch's Gesammelte Schriften, Volume 1: Berlin, G. Reimer, p. 126-129.

von Buch, L., I 867b, Geognostische Beobachtungen auf Reisen durch Deutschland und Italien, zweiter Band-Mit einem Anhange von mineralogischen Briefen aus Auvergne an den Geh. Ober-Bergrath Karsten, Berlin, in Ewald, J., et al., eds., Leopold von Buch's Gesammelte Schriften, Volume I: Berlin, G. Reimer, p. 341-523.

von Buch, L., 1877a, Ueber die Zusammensetzung der basaltischen Inseln und fiber Erhebungs-Kratere, in Ewald, J., et al., eds., Leopold von Buch's Gesammelte Schriften, Volume III: Berlin, G. Reimer, p. 3-19.

von Buch, L., 1877b, Ueber die Verbreitung grosser Alpengeschiebe, in Ewald, J., et al., eds., Leopold von Buch's Gesammelte Schriften, Volume III: Berlin, G. Reimer, p. 659-668.

von Engelhardt, W., 1989, Goethe—die Schriften zur Naturwissenschaft—Zweite Abteilung: Erganzungen und Erlauterungen—Siebenter Band—Zur Geologie und Mineralogie von den Anfangen bis 1805 (unter mitwirkung von Dorothea Kuhn): Weimar, Hermann Bohlaus Nachfolger, xxxiii + 673 p.

von Engelhardt, W., 2001, Goethe und Alexander von Humboldt: Bau und Geschichte der Erde, Internationale Zeitschrift für Humboldt-Studien, Bd. 2 Nr. 03, 21-32. https://doi.org/10.18443/17

von Engelhardt, W., and Wenzel, M., eds., 1989, Johann Wolfgang Goethe Schriften zur Allgemeinen Naturlehre, Geologie und Mineralogie, in Birus, H., et al., eds., Johann Wolfgang Goethe Samtliche Werke. Briefe, Tagebiicher und Gesprache, I. Abteilung: Samtliche Werke, Volume 25: Frankfurt am Main, Bibliothek Deutscher Klassiker, Deutscher Klassiker Verlag, 1553 p.

von Humboldt, W., 1959, Ober die Aufgabe des Geschichtsschreibers, in Ross-mann, K., ed., Deutsche Geschichtsphilosophie von Lessing bis Jaspers: Bremen, Studienausgabe Sammlurrg Dieterich, Carl Schtinemann Verlag, p. 153-175.

von Ranke, L., 1880, [undated] Weltgeschichte, Volume 1, Die Alteste Historische Volkergruppe und die Griechen, in Meyer, A., and Michael, H., eds., Leopold von Rankes Historische Meisterwerke, Volume 1-2: Vienna, Gutenberg-Verlag Christensen and Co., [i] + 526 + [1] p.

von Zittel, K.A., 1899, Geschichte der Geologie und Paldontologie bis Ende des 19. Jahrhunderts: Munich, R. Oldenbourg, xi + 868 p.

Wagenbreth, O., 1967a, Werner-Schiller als Geologen und Bergleute und ihre Bedeutung fiir di Geologie und den Bergbau des 19. Jahrhunderts, in Abraham Gottlob Werner Gedenkschrift aus AnlaB der Wiederkehr seines todestages nach 150 Jahren am 30. Juni 1967: Leipzig, Freiberger Forschungshefte C 223 Mineralogie—Lagerstattenkunde, p. 163-178.

Wagenbreth, O., 1967b, Abraham Gottlob Werners System der Geologie, Petrographie und Lagerstattenlehre, in Abraham Gottlob Werner Gedenkschrift aus AnlaB der Wiederkehr seines todestages nach 150 Jahren am 30. Juni 1967: Leipzig, Freiberger Forschungshefte C 223 Mineralogie—Lagerstattenkunde, p. 83-148.

Waller, D., 1990, The Pundits: British exploration of Tibet and Central Asia: Lexington, University Press of Kentucky, viii + 327 p.

Walsh, W.H., 1967, Philosophy of history: New York, Harper Torchbooks, 215 p.

Watkins, J., 1995, Popper and Darwinism, in O'Hear, A., ed., Karl Popper: Phi-losophy and problems: Royal Institute of

Philosophy Supplement, 39, p. 191-206.

Werner, A.G., 1791, Neue Theorie von der Entstehung der Gange mit Anwendung auf den Bergbau besonders den freibergischen: Freiberg, Gerlachische Buchdruckerei, 256 p.

Werner, A.G., 1809, New theory of the formation of Veins; with its application to the art of working mines, translated from the German, to which is added an appendix, containing notes illustrative of the subject: Edinburgh, Archibald Constable and Company, and London, Constable, Hunter, Park, and Hunter, 259 p.

Whewell, W., 1832, Principles of geology, Volume II, by Charles Lyell: Quarterly Review, v. 47, p. 103-132.

Whewell, W., 1837, History of the inductive sciences, from the earliest to the present times, Volume 3: London, John W. Parker, xii + 624 p.

Whewhell, W., 1840, The philosophy of the inductive sciences, founded upon their history, Volume 2: London, John W. Parker, iv + 586 p.

Whewell, W., 1857, History of the inductive sciences, from the earliest to the present time Volume 3 [third edition]: London, John W. Parker and Son, xiv + 565 p.

Whiston, W., 1696, A new theory of the Earth, from its original, to the consummation of all things wherein the creation of the world in six days. the universal deluge, and the general conflgration as laid down in the Holy Scriptures are shown to be perfectly agreeable to reason and philosophy: London, Benj. Tooke, [ii] + 388 + p. + 7 plates.

Wightman, W.P.D., 1980a, Introduction, in Smith, A., 1980, Essays on philosophical subjects: Wightman, W.P.D., and Bryce, J.C., eds., with Dugald Stewart's account of Adam Smith: Oxford, UK, Clarendon Press, p. 5-30.

Wightman, W.P.D., 1980b, Introduction, in Smith, A., 1980, Essays on Philosophical Subjects: Wightman, W.P.D.. and Bryce, J.C., eds., with Dugald Stewart's account of Adam Smith: Oxford, UK, Clarendon Press, p. 133-134.

Wilsdorf, H., ed., 1955, Georg Agricola Bermannus oder uber den Bergbau. Ein Dialog, in Prescher, H., ed., Georgius Agricola: Ausgewahlte Werke. Gedenkausgabe des Staatlichen Museums fur Mineralogie and Geologic zu Dresden, Volume II: Berlin, VEB Deutscher Verlag der Wissenschaften, 388 p.

Windschuttle, K., 1996, The killing of history: How literary critics and social theorists are murdering our past: New York, The Free Press, [i] + 298 p.

Wittgenstein, L., 1990, Tractatus Logico-Philosophicus, translated from the German by C.K. Ogden: London, Routledge and Kegan Paul, 189 p.

Zenger, D.H., 1986a, Lyell and episodicity: Journal of Geological Education, v. 34, p. 10-13.

Zenger, D.H., 1986b, Darwin, Lyell and gradualism: Nature, v. 322, p. 10.

Zillmann, K.-F., undated, Bestandstibersicht des handschriftlichen wissenschaftlichen Werner-Nachlasses: Veroffentlichungen der Bticherei der Bergakademie Freiberg, no. 24,48 p.

Ziolkowski, T., 1990, German Romanticism and its institutions: Princeton, New Jersey, Princeton University Press, xiii + 440 p.

MANUSCRIPT ACCEPTED BY THE SOCIETY MARCH 1, 2001